21世纪高等学校计算机应用型本科规划教材精选

Java EE 企业级应用
开发实例教程

吕海东　张　坤　编著

清华大学出版社
北京

内 容 简 介

　　Java EE 是目前开发企业级 Web 应用的主流框架技术,在当今企业级项目开发中与微软公司的 MS.NET 一起构成两大核心框架技术。本书全面系统地介绍了 Java EE 的体系结构,Java EE 的主流应用服务器和集成开发工具。主要内容包括 Java EE 框架核心结构、应用服务器、集成开发工具、Servlet 组件编程、请求处理编程、响应处理编程、会话跟踪编程、ServletContext 对象和应用、过滤器编程、监听器编程、JSP、EL 和 JSTL、JNDI 服务基础和编程、JDBC 服务编程、JavaMail 编程和 Java EE MVC 模式架构应用。

　　本书全面采用案例驱动,主要知识的讲解都辅助以实际案例应用编程,便于读者的理解和自主运用,讲解详细且通俗易懂。

　　本书每章都附以 Power Point 课件来总结本章中的大纲和重点内容,便于教师教学和学生复习。

　　本书旨在为 Java EE 的初学者和大中专院校学生提供易于入门,全面了解和掌握 Java EE 框架技术和应用的教材和辅导资料,为开发企业级应用打下良好的基础。

本书封面贴有清华大学出版社防伪标签,无标签者不得销售。
版权所有,侵权必究。举报: 010-62782989,beiqinquan@tup.tsinghua.edu.cn。

图书在版编目(CIP)数据

　　Java EE 企业级应用开发实例教程/吕海东,张坤编著. ―北京:清华大学出版社,2010.8
（2022.7重印）
　　(21 世纪高等学校计算机应用型本科规划教材精选)
　　ISBN 978-7-302-22785-4

　　Ⅰ. ①J…　Ⅱ. ①吕…②张…　Ⅲ. ①JAVA 语言－程序设计－高等学校－教材　Ⅳ. ①TP312

　　中国版本图书馆 CIP 数据核字(2010)第 090423 号

责任编辑:索　梅　薛　阳
责任校对:白　蕾
责任印制:丛怀宇

出版发行:清华大学出版社
　　　　　网　　　址:http://www.tup.com.cn,http://www.wqbook.com
　　　　　地　　　址:北京清华大学学研大厦 A 座　　　邮　　编:100084
　　　　　社 总 机:010-83470000　　　邮　　购:010-62786544
　　　　　投稿与读者服务:010-62776969,c-service@tup.tsinghua.edu.cn
　　　　　质 量 反 馈:010-62772015,zhiliang@tup.tsinghua.edu.cn
　　　　　课 件 下 载:http://www.tup.com.cn,010-83470236
印 装 者:北京富博印刷有限公司
经　　　销:全国新华书店
开　　　本:185mm×260mm　　　印　　张:23.25　　　字　　数:566 千字
版　　　次:2010 年 8 月第 1 版　　　印　　次:2022 年 7 月第 12 次印刷
印　　　数:10201～10700
定　　　价:59.00元

产品编号:035900-03

前言
FOREWORD

基于 Java 语言的 Java EE 框架技术经过众多知名公司的开拓和发展,以及全世界范围内广大开发人员的不懈努力,已经成为主流的企业级应用开发核心技术之一,在全世界的软件开发中占据核心地位。

Java EE 借助 Java 语言的平台无关性和面向对象的特点,扩展了 Java 在企业级应用开发中的应用范围,打造了全新的规范化的应用开发标准,提高了企业级应用的互操作性。

经过十几年的发展和改进,越来越多的企业使用 Java EE 开发软件应用系统,与此相应,越来越多的软件开发人员学习和使用 Java EE 技术并以此作为自己的终身职业。这一点从招聘市场上需要众多具有 Java EE 开发经验的人才中可见一斑。

作者在近 10 年软件公司开发基于 Java EE 的企业级 Web 应用的丰富经验基础上,结合多年来讲授 Java EE 的经验和体会,深刻理解广大 Java EE 初学者在学习和应用 Java EE 时的困惑和苦恼,并吸收其他资料的精华后,特别编写了本教材,希望广大 Java EE 的初学者能在尽可能短的时间内,学好并运用 Java EE,在今后的职业生涯中找到理想的人生价值。

本书的特点

(1) 循序渐进,深入浅出,通俗易懂。

本书在讲解 Java EE 中的各种组成部分时,从基础开始,结合读者上网的实际经历,进行各种技术的讲解,便于读者理解。介绍新的技术和概念时,避免使用生涩难懂的技术词汇,而是使用易于理解的大众语言,形象生动,便于接受和理解。

(2) 案例丰富,面向实际,案例驱动。

实际应用是对技术的最好理解。本书在介绍 Java EE 的各种技术时,都使用具体的案例和编程来形象表示该技术的组成、功能和方法。这些案例都经过实际测试和应用,便于读者上手,并在自己的项目中加以应用。

(3) 重点突出,内容翔实,易于理解。

由于 Java EE 涉及的技术和概念过于繁杂和庞大,本书挑选了实际项目开发中经常使用的技术和服务加以详细讲解,并附以详尽的编程案例加以说明,旨在加强读者的印象和使用经验。对不经常使用的技术一笔带过,没有浪费过多的篇幅。

(4) 案例典型,实现完整,配置详细。

书中的案例全部选择软件开发企业的实际应用项目,包括各种 OA、CRM、ERP 和物流信息 Web 应用,帮助读者积累实际业务经验和知识,尤其对在校大中专学生,能拓展他们的认知领域,而不是局限在学生管理、图书管理等狭窄的范围之内,帮助他们尽早地适应今后就业的需要。

本书的内容

第1章：介绍了Java EE框架的体系结构，以及每个组成部分的职责和地位。包括Java EE的组件、服务和通信协议。

第2章：介绍了目前市场上流行的符合Java EE规范的应用服务器和开发工具。包括主流服务器的功能简介、下载、安装和配置。主流开发工具的下载、安装、配置和使用。

第3章：详细介绍了Java EE核心Web组件Servlet的编程、配置、部署和使用。

第4章：全面而详尽地介绍了Web的请求数据，Servlet API的请求对象的工作流程、功能和分发，取得请求数据的编程和实际应用。

第5章：介绍了响应对象的工作流程、功能和方法，响应对象生成各种不同响应内容的编程和实际应用。

第6章：介绍了Java EE应用开发中的会话跟踪编程技术，各种会话跟踪技术的特点和限制，重点介绍了Java EE内置的Session对象的编程和使用。

第7章：介绍了Java EE中Web的配置内容和语法，ServletContext对象的功能和方法，以及ServletConfig对象的主要功能和使用。

第8章：介绍了Java EE中的新技术过滤器的编程、配置和实际应用。重点介绍了几种较常用的应用案例。

第9章：介绍了另一个新技术监听器的编程和使用，分别介绍了Java EE提供的各种不同类型监听器的编程、配置和使用，以及使用监听器的指南和建议。

第10章：介绍了Java EE中另一个Web组件JSP技术，JSP的组成，每个组成部分的语法和使用。结合实际项目开发经验给出JSP使用的最佳编程实践。

第11章：介绍了建立在Java EE基础之上的扩展技术EL表达式和JSTL核心标记，不同EL表达式的语法和使用，不同类型JSTL标记的语法和使用。

第12章：介绍了Java EE提供的服务JNDI的基本知识，命名服务和目录服务的类型和特点，JNDI连接命名服务系统的编程和实际案例应用。

第13章：详细介绍了JDBC服务的编程，JDBC驱动的类型，以及连接不同主流数据库产品的配置和参数。全面介绍了JDBC中的各种接口、类的主要功能和编程使用。

第14章：介绍了Java EE提供的发送和接收Mail的子框架JavaMail，全面讲解了JavaMail API的主要接口，类的功能和编程，并讲解发送和接收Mail的实际案例。

第15章：介绍了Java EE在企业级应用开发中的MVC设计模式和分层结构设计架构，详细讲解Model、View和Controller的职责和功能，分层结构架构的组成以及每层组件的设计和命名规范，最后以一个详尽的实际案例展示Java EE的全面应用。

适合读者

（1）Java EE的初学者。

（2）Java EE的企业级应用开发人员。

（3）大中专院校计算机专业和相关专业的学生。

预备知识

（1）Java编程语言。

（2）网页编程语言HTML、JavaScript、CSS和DOM。

（3）数据库基础知识，SQL语言，SQL Server，Oracle或MySQL。

致谢

  本书在编写过程中得到了大连理工大学城市学院软件工程系的全体教师的帮助和支持,全部的案例代码由大连英科时代发展有限公司系统集成部员工审核和全面测试,在此作者表示衷心的感谢。由于作者水平有限,书中难免出现疏漏之处,欢迎广大读者批评指正,作者的 E-mail 为 haidonglu@126.com。

编 者

2010 年 5 月

目录

第 1 章 Java EE 体系结构 ... 1

- 1.1 软件开发现状和发展趋势 ... 1
  - 1.1.1 软件开发现状 ... 1
  - 1.1.2 未来发展趋势 ... 2
- 1.2 Jave EE 概述 ... 3
  - 1.2.1 Java EE 定义 ... 3
  - 1.2.2 Java EE 规范 ... 4
- 1.3 Java EE 容器 ... 5
  - 1.3.1 客户端应用容器 ... 5
  - 1.3.2 Applet 容器 ... 5
  - 1.3.3 Web 容器 ... 6
  - 1.3.4 企业 JavaBean 容器 ... 6
- 1.4 Java EE 组件 ... 6
  - 1.4.1 客户端(JavaBean)组件 ... 7
  - 1.4.2 Applet 组件 ... 7
  - 1.4.3 Web 组件 ... 7
  - 1.4.4 EJB 组件 ... 7
- 1.5 Java EE 服务 API ... 8
  - 1.5.1 数据库连接服务 API-JDBC ... 8
  - 1.5.2 消息服务连接服务 API-JMS ... 9
  - 1.5.3 数据持久化服务 API-JPA ... 9
  - 1.5.4 命名和目录服务 API-JNDI ... 9
  - 1.5.5 安全性验证和授权服务 API-JAAS ... 9
  - 1.5.6 电子邮件服务 API-JavaMail ... 10
  - 1.5.7 事务服务 API-JTA ... 10
  - 1.5.8 XML 处理服务 API-JAXP ... 10
  - 1.5.9 XML Web 服务 API-JAX-WS ... 10
  - 1.5.10 XML 绑定服务 API-JAXB ... 10
  - 1.5.11 带附件的 SOAP 服务 API-SAAJ ... 10
  - 1.5.12 XML Web 服务注册 API-JAXR ... 11
  - 1.5.13 与其他遗留系统交互服务 API-J2EE Connector Architecture ... 11

- 1.6 组件间通信协议 ………………………………………………………… 11
  - 1.6.1 HTTP ……………………………………………………………… 12
  - 1.6.2 HTTPS …………………………………………………………… 12
  - 1.6.3 RMI ………………………………………………………………… 12
  - 1.6.4 RMI-IIOP …………………………………………………………… 12
  - 1.6.5 SOAP ………………………………………………………………… 12
- 1.7 Java EE 角色 …………………………………………………………… 13
  - 1.7.1 Java EE 产品提供者 ………………………………………………… 13
  - 1.7.2 Java EE 开发工具提供者 …………………………………………… 13
  - 1.7.3 Java EE 应用组件提供者 …………………………………………… 13
  - 1.7.4 Java EE 应用组装者 ………………………………………………… 13
  - 1.7.5 Java EE 应用部署者和管理者 ……………………………………… 14
- 1.8 Java EE 体系架构 ……………………………………………………… 14
  - 1.8.1 客户层 ……………………………………………………………… 14
  - 1.8.2 Web 表示层 ………………………………………………………… 15
  - 1.8.3 业务处理层 ………………………………………………………… 15
  - 1.8.4 资源数据层 ………………………………………………………… 15
- 习题 1 …………………………………………………………………………… 15

第 2 章 Java EE 服务器和开发环境的安装和配置 …………………… 16

- 2.1 Java EE 服务器的概述 ………………………………………………… 16
  - 2.1.1 符合 Java EE 规范的服务器产品 ………………………………… 16
  - 2.1.2 Java EE 服务器产品的比较和选择 ………………………………… 16
- 2.2 Tomcat 服务器 …………………………………………………………… 18
  - 2.2.1 Tomcat 的下载 ……………………………………………………… 18
  - 2.2.2 Tomcat 的安装 ……………………………………………………… 19
  - 2.2.3 Tomcat 的测试 ……………………………………………………… 20
- 2.3 Java EE 开发工具比较和选择 ………………………………………… 22
- 2.4 Eclipse 工具的安装和配置 …………………………………………… 22
  - 2.4.1 Eclipse 的下载 ……………………………………………………… 23
  - 2.4.2 Eclipse 的安装和启动 ……………………………………………… 23
  - 2.4.3 Eclipse 配置 Java EE 服务器 ……………………………………… 24
  - 2.4.4 Eclipse 创建 Java EE Web 项目 …………………………………… 25
  - 2.4.5 部署 Java EE Web 项目 …………………………………………… 26
- 2.5 MyEclipse IDE 安装和配置 ……………………………………………… 28
  - 2.5.1 MyEclipse 下载和安装 ……………………………………………… 28
  - 2.5.2 启动 MyEclipse 并配置 Java EE 服务器 ………………………… 28
  - 2.5.3 创建 Java EE Web 项目 …………………………………………… 29
  - 2.5.4 部署 Java EE Web 项目 …………………………………………… 31

2.5.5 启动并测试 Java EE Web 项目 …… 32
习题 2 …… 33

第 3 章 Servlet 编程 …… 34

3.1 Web 基础回顾 …… 34
3.1.1 Web 基本概念 …… 34
3.1.2 Web 工作模式 …… 35
3.1.3 Web 请求方式 …… 35
3.1.4 Web 响应类型 …… 35

3.2 Servlet 概述 …… 36
3.2.1 什么是 Servlet …… 36
3.2.2 Servlet 体系结构 …… 36
3.2.3 Servlet 功能 …… 37

3.3 Servlet 编程 …… 37
3.3.1 引入包 …… 37
3.3.2 类定义 …… 37
3.3.3 重写 doGet 方法 …… 37
3.3.4 重写 doPost 方法 …… 38
3.3.5 重写 init 方法 …… 38
3.3.6 重写 destroy 方法 …… 38

3.4 Servlet 生命周期 …… 39
3.4.1 加载类和实例化阶段 …… 39
3.4.2 初始化阶段 …… 39
3.4.3 处理请求阶段 …… 40
3.4.4 销毁阶段 …… 40

3.5 Servlet 配置 …… 40
3.5.1 Servlet 声明 …… 41
3.5.2 Servlet 映射 …… 42

3.6 Servlet 部署 …… 43

3.7 Servlet 应用案例：取得数据表记录并显示 …… 44
3.7.1 案例功能简述 …… 44
3.7.2 案例分析设计 …… 44
3.7.3 案例编程实现 …… 44
3.7.4 案例部署和测试 …… 46

习题 3 …… 47

第 4 章 HTTP 请求处理编程 …… 48

4.1 HTTP 请求内容 …… 48
4.1.1 HTTP 请求中包含信息的分析 …… 49

4.1.2　请求头 …… 49
　　4.1.3　请求体内容 …… 50
4.2　Java EE 请求对象 …… 50
　　4.2.1　请求对象类型与生命周期 …… 50
　　4.2.2　请求对象功能与方法 …… 51
　　4.2.3　取得请求头方法 …… 51
　　4.2.4　取得请求中包含的提交参数数据 …… 52
　　4.2.5　取得其他客户端信息 …… 53
　　4.2.6　取得服务器端信息 …… 54
4.3　请求对象应用实例：取得 HTML 表单提交的数据 …… 54
　　4.3.1　业务描述 …… 54
　　4.3.2　案例编程 …… 55
4.4　请求对象应用实例：取得客户端信息并验证 …… 60
　　4.4.1　业务描述 …… 60
　　4.4.2　项目编程 …… 60
　　4.4.3　应用部署和测试 …… 64
　　习题 4 …… 64

第 5 章　HTTP 响应处理编程 …… 66

5.1　HTTP 响应的内容 …… 66
　　5.1.1　响应状态 …… 67
　　5.1.2　响应头 …… 68
　　5.1.3　响应体 …… 69
5.2　Java EE Web 响应对象 …… 70
　　5.2.1　响应对象类型 …… 70
　　5.2.2　响应对象生命周期 …… 71
5.3　响应对象功能和方法 …… 71
　　5.3.1　设置响应状态码功能方法 …… 71
　　5.3.2　设置响应头功能方法 …… 72
　　5.3.3　设置响应头便捷方法 …… 73
　　5.3.4　设置响应体发送功能方法 …… 74
5.4　HTTP 文本类型响应案例 …… 75
　　5.4.1　案例功能 …… 75
　　5.4.2　案例程序设计 …… 75
　　5.4.3　案例编程 …… 76
　　5.4.4　案例测试 …… 80
5.5　HTTP 二进制类型响应案例 …… 81
　　5.5.1　案例功能 …… 81
　　5.5.2　案例组件设计 …… 81

5.5.3　案例编程 ········· 82
　　　5.5.4　案例测试 ········· 84
　　习题 5 ········· 85

第 6 章　HTTP 会话跟踪编程 ········· 86
　6.1　会话基本概念 ········· 86
　　　6.1.1　什么是会话 ········· 86
　　　6.1.2　会话跟踪 ········· 87
　　　6.1.3　Java EE Web 会话跟踪方法 ········· 87
　6.2　URL 重写 ········· 88
　　　6.2.1　URL 重写实现 ········· 88
　　　6.2.2　URL 重写的缺点 ········· 88
　6.3　隐藏域表单元素 ········· 89
　　　6.3.1　隐藏域表单的实现 ········· 89
　　　6.3.2　隐藏域表单的缺点 ········· 89
　6.4　Cookie ········· 90
　　　6.4.1　什么是 Cookie ········· 90
　　　6.4.2　Java EE 规范 Cookie API ········· 90
　　　6.4.3　将 Cookie 保存到客户端 ········· 92
　　　6.4.4　Web 服务器读取客户端保存的 Cookie 对象 ········· 92
　　　6.4.5　Cookie 的缺点 ········· 92
　6.5　Java EE 会话对象 ········· 93
　　　6.5.1　会话对象的类型和取得 ········· 93
　　　6.5.2　会话对象的功能和方法 ········· 94
　　　6.5.3　会话对象的生命周期 ········· 96
　　　6.5.4　会话 ID 的保存方式 ········· 97
　6.6　会话对象应用实例：验证码生成和使用 ········· 100
　　　6.6.1　业务描述 ········· 100
　　　6.6.2　案例设计与编程 ········· 100
　　　6.6.3　案例测试 ········· 107
　　习题 6 ········· 108

第 7 章　ServletContext 和 Web 配置 ········· 110
　7.1　Web 应用环境对象 ········· 110
　　　7.1.1　Web 应用环境对象的类型和取得 ········· 110
　　　7.1.2　服务器环境对象的生命周期 ········· 111
　　　7.1.3　服务器环境对象的功能和方法 ········· 111
　7.2　Java EE Web 的配置 ········· 115
　　　7.2.1　配置文件和位置 ········· 115

  7.2.2 Web级初始参数配置 …………………………………………… 116
  7.2.3 Web应用级异常处理配置 ……………………………………… 117
  7.2.4 MIME类型映射配置 …………………………………………… 118
  7.2.5 Session会话超时配置 ………………………………………… 118
  7.2.6 外部资源引用配置 ……………………………………………… 119
 7.3 Servlet配置对象ServletConfig ………………………………………… 119
  7.3.1 配置对象类型和取得 …………………………………………… 119
  7.3.2 ServletConfig功能和方法 …………………………………… 120
  7.3.3 ServletConfig对象应用案例 ………………………………… 121
 7.4 转发 ………………………………………………………………………… 123
  7.4.1 转发的实现 ……………………………………………………… 123
  7.4.2 转发与重定向的区别 …………………………………………… 127
  7.4.3 转发编程注意事项 ……………………………………………… 127
 7.5 ServletContext应用案例 ………………………………………………… 128
  7.5.1 项目设计与编程 ………………………………………………… 128
  7.5.2 案例部署与测试 ………………………………………………… 133
 习题7 …………………………………………………………………………… 134

第8章 Java EE过滤器编程 …………………………………………………… 136

 8.1 过滤器概述 ………………………………………………………………… 136
  8.1.1 过滤器的基本概念 ……………………………………………… 136
  8.1.2 过滤器的基本功能 ……………………………………………… 137
 8.2 Java EE过滤器API ……………………………………………………… 138
  8.2.1 javax.servlet.Filter接口 ……………………………………… 138
  8.2.2 javax.servlet.FilterChain接口 ……………………………… 138
  8.2.3 javax.servlet.FilterConfig接口 ……………………………… 139
 8.3 Java EE过滤器编程和配置 ……………………………………………… 139
  8.3.1 Java EE过滤器编程 …………………………………………… 140
  8.3.2 过滤器配置 ……………………………………………………… 142
  8.3.3 过滤器生命周期 ………………………………………………… 145
 8.4 过滤器主要过滤任务 ……………………………………………………… 146
  8.4.1 处理HTTP请求 ………………………………………………… 146
  8.4.2 处理HTTP响应 ………………………………………………… 147
  8.4.3 阻断HTTP请求 ………………………………………………… 147
 8.5 过滤器应用实例：用户登录验证和权限验证 ………………………… 148
  8.5.1 项目功能描述 …………………………………………………… 148
  8.5.2 项目设计与编程 ………………………………………………… 148
  8.5.3 过滤器测试 ……………………………………………………… 150
 8.6 过滤器应用实例：修改响应头和响应体 ……………………………… 150

8.6.1 项目功能描述……………………………………………………………………151
　　8.6.2 项目设计与编程……………………………………………………………………151
　　8.6.3 过滤器测试…………………………………………………………………………153
习题 8 ……………………………………………………………………………………………154

第 9 章　Java EE 监听器编程 ………………………………………………………………155

9.1　监听器概述 ……………………………………………………………………………155
　　9.1.1　监听器的基本概念……………………………………………………………156
　　9.1.2　监听器的基本功能……………………………………………………………156
9.2　Java EE Web 监听器类型 ……………………………………………………………156
9.3　ServletContext 对象监听器 …………………………………………………………157
　　9.3.1　ServletContext 对象监听器概述………………………………………………157
　　9.3.2　ServletContext 对象监听器编程………………………………………………158
　　9.3.3　ServletContext 对象监听器配置………………………………………………159
　　9.3.4　ServletContext 对象监听器应用………………………………………………159
9.4　ServletContext 对象属性监听器 ……………………………………………………160
　　9.4.1　ServletContext 对象属性监听器概述…………………………………………160
　　9.4.2　ServletContext 对象属性监听器编程…………………………………………161
　　9.4.3　ServletContext 对象属性监听器配置…………………………………………162
　　9.4.4　ServletContext 对象属性监听器应用…………………………………………162
9.5　会话对象监听器 ………………………………………………………………………162
　　9.5.1　会话对象监听器概述…………………………………………………………162
　　9.5.2　会话对象监听器编程…………………………………………………………163
　　9.5.3　会话对象监听器配置…………………………………………………………164
　　9.5.4　会话对象监听器应用…………………………………………………………164
9.6　会话对象属性监听器 …………………………………………………………………164
　　9.6.1　会话对象属性监听器概述……………………………………………………164
　　9.6.2　会话对象属性监听器编程……………………………………………………165
　　9.6.3　会话对象属性监听器配置……………………………………………………166
　　9.6.4　会话对象属性监听器应用……………………………………………………166
9.7　请求对象监听器 ………………………………………………………………………167
　　9.7.1　请求对象监听器概述…………………………………………………………168
　　9.7.2　请求对象监听器编程…………………………………………………………168
　　9.7.3　请求对象监听器配置…………………………………………………………169
　　9.7.4　请求对象监听器应用…………………………………………………………169
9.8　请求对象属性监听器 …………………………………………………………………170
　　9.8.1　请求对象属性监听器概述……………………………………………………170
　　9.8.2　请求对象属性监听器编程……………………………………………………170
9.9　会话对象监听器应用实例：在线用户显示 …………………………………………171

9.9.1 项目设计与编程 171
9.9.2 项目部署和测试 176
习题 9 177

第 10 章 JSP 178

10.1 JSP 概述 178
10.1.1 JSP 概念 178
10.1.2 JSP 与 Servlet 的比较 179
10.1.3 JSP 工作流程 179
10.1.4 JSP 组成 180

10.2 JSP 指令 180
10.2.1 指令语法和类型 180
10.2.2 page 指令 181
10.2.3 include 指令 182
10.2.4 taglib 指令 186

10.3 JSP 动作 187
10.3.1 JSP 动作语法和类型 187
10.3.2 include 动作 188
10.3.3 useBean 动作 190
10.3.4 setProperty 动作 192
10.3.5 getProperty 动作 192
10.3.6 forward 动作 193
10.3.7 param 动作 193

10.4 JSP 脚本 194
10.4.1 JSP 脚本类型 194
10.4.2 代码脚本 194
10.4.3 表达式脚本 196
10.4.4 声明脚本 196
10.4.5 注释脚本 198

10.5 JSP 内置对象 198
10.5.1 请求对象 request 199
10.5.2 响应对象 response 200
10.5.3 会话对象 session 201
10.5.4 服务器环境对象 application 202
10.5.5 页面对象 page 204
10.5.6 页面环境对象 pageContext 205
10.5.7 输出对象 out 205
10.5.8 异常对象 exception 205
10.5.9 配置对象 config 207

10.6 JSP 应用实例：使用脚本和动作显示数据库记录列表 ………………… 208
    10.6.1 设计与编程 ………………………………………………… 208
    10.6.2 项目部署和测试 …………………………………………… 212
  习题 10 ………………………………………………………………… 212

第 11 章 EL 与 JSTL …………………………………………………… 214

11.1 EL 表达式基础 ……………………………………………………… 214
    11.1.1 EL 基本概念 ……………………………………………… 215
    11.1.2 EL 基本语法 ……………………………………………… 215
    11.1.3 EL 运算符 ………………………………………………… 218
    11.1.4 EL 内置对象访问 ………………………………………… 220

11.2 JSTL 基础 …………………………………………………………… 221
    11.2.1 JSTL 的目的 ……………………………………………… 221
    11.2.2 JSTL 标记类型 …………………………………………… 222
    11.2.3 JSTL 引入 ………………………………………………… 222

11.3 JSTL 核心标记 ……………………………………………………… 223
    11.3.1 核心基础标记 ……………………………………………… 224
    11.3.2 逻辑判断标记 ……………………………………………… 226
    11.3.3 容器循环遍历标记<c:forEach> …………………………… 229
    11.3.4 字符串分隔遍历标记<c:forTokens> ……………………… 231

11.4 JSTL 格式输出和 I18N 标记 ……………………………………… 232
    11.4.1 数值输出格式标记 ………………………………………… 232
    11.4.2 日期输出格式标记 ………………………………………… 234
    11.4.3 国际化 I18N 标记 ………………………………………… 237

11.5 JSTL 数据库标记 …………………………………………………… 243
    11.5.1 <sql:setDataSource>标记 ………………………………… 243
    11.5.2 <sql:query>标记 …………………………………………… 244
    11.5.3 <sql:update>标记 ………………………………………… 246

11.6 JSTL 应用实例：使用 JSTL 标记显示数据库记录列表 ………… 247
    11.6.1 案例功能简述 ……………………………………………… 247
    11.6.2 案例中组件设计与编程 …………………………………… 248
    11.6.3 项目部署和测试 …………………………………………… 251
  习题 11 ………………………………………………………………… 252

第 12 章 JNDI 命名服务编程 …………………………………………… 253

12.1 Naming Service 概述 ……………………………………………… 253
    12.1.1 命名服务核心概念 ………………………………………… 253
    12.1.2 命名服务系统的基本功能 ………………………………… 254

12.2 Directory Service 概述 …………………………………………… 255

12.2.1 目录服务系统基本概念 ……………………………… 255
12.2.2 目录服务基本功能 …………………………………… 256
12.2.3 常见的目录服务 ……………………………………… 257
12.3 JNDI 概述 …………………………………………………… 257
12.3.1 JNDI 基础 ……………………………………………… 258
12.3.2 JNDI API 组成 ………………………………………… 258
12.4 命名服务 JNDI 编程 ……………………………………… 259
12.4.1 命名服务 API ………………………………………… 259
12.4.2 命名服务连接 ………………………………………… 260
12.4.3 命名服务注册编程 …………………………………… 261
12.4.4 命名服务注册对象查找编程 ………………………… 261
12.4.5 命名服务注册对象注销编程 ………………………… 262
12.4.6 命名服务注册对象重新注册编程 …………………… 262
12.4.7 命名服务子目录编程 ………………………………… 263
习题 12 ……………………………………………………………… 265

第 13 章 JDBC 数据库连接编程 ……………………………… 266

13.1 JDBC 基础和结构 ………………………………………… 266
13.1.1 JDBC 基本概念 ……………………………………… 266
13.1.2 JDBC 框架结构 ……………………………………… 267
13.2 JDBC 驱动类型 …………………………………………… 268
13.2.1 TYPE Ⅰ(1)类型 ……………………………………… 268
13.2.2 TYPE Ⅱ(2)类型 ……………………………………… 270
13.2.3 TYPE Ⅲ(3)类型 ……………………………………… 271
13.2.4 TYPE Ⅳ(4)类型 ……………………………………… 271
13.3 JDBC API …………………………………………………… 273
13.3.1 java.sql.DriverManager ……………………………… 273
13.3.2 java.sql.Connection ………………………………… 274
13.3.3 java.sql.Statement …………………………………… 275
13.3.4 java.sql.PreparedStatement ………………………… 276
13.3.5 java.sql.CallableStatement ………………………… 277
13.3.6 java.sql.ResultSet …………………………………… 279
13.4 JDBC 编程 ………………………………………………… 282
13.4.1 执行 SQL DML 编程 ………………………………… 282
13.4.2 执行 SQL SELECT 语句编程 ……………………… 283
13.4.3 调用数据库存储过程编程 …………………………… 284
13.5 JDBC 连接池 ……………………………………………… 286
13.5.1 连接池基本概念 ……………………………………… 286
13.5.2 连接池的管理 ………………………………………… 286

　　　　13.5.3　Tomcat 6.x 连接池配置 …………………………………………… 287
　　　　13.5.4　JBoss 4.x 连接池配置 …………………………………………… 289
　　13.6　JDBC 新特性 ………………………………………………………………… 290
　　习题 13 ……………………………………………………………………………… 291

第 14 章　JavaMail 编程 ……………………………………………………………… 292

　　14.1　Mail 基础 …………………………………………………………………… 292
　　　　14.1.1　电子邮件系统结构 ……………………………………………… 293
　　　　14.1.2　电子邮件协议 …………………………………………………… 294
　　　　14.1.3　主流的电子邮件服务器 ………………………………………… 295
　　　　14.1.4　邮件服务器安装与配置 ………………………………………… 296
　　14.2　JavaMail API ………………………………………………………………… 300
　　　　14.2.1　什么是 JavaMail API …………………………………………… 300
　　　　14.2.2　JavaMail API 框架结构 ………………………………………… 300
　　　　14.2.3　安装 JavaMail API ……………………………………………… 301
　　　　14.2.4　JavaMail API 主要接口和类 …………………………………… 301
　　　　14.2.5　JavaMail 的基本编程步骤 ……………………………………… 305
　　14.3　JavaMail 编程实例：发送邮件 ……………………………………………… 306
　　　　14.3.1　发送纯文本邮件 ………………………………………………… 306
　　　　14.3.2　发送 HTML 邮件 ………………………………………………… 308
　　　　14.3.3　需要验证的发送邮件 …………………………………………… 309
　　　　14.3.4　发送带附件的邮件 ……………………………………………… 310
　　14.4　JavaMail 编程实例：接收邮件 ……………………………………………… 312
　　　　14.4.1　接收纯文本邮件 ………………………………………………… 312
　　　　14.4.2　接收带附件的邮件 ……………………………………………… 313
　　习题 14 ……………………………………………………………………………… 316

第 15 章　Java EE 企业级应用 MVC 模式 ………………………………………… 317

　　15.1　MVC 模式概述 ……………………………………………………………… 317
　　　　15.1.1　MVC 模式基本概念 ……………………………………………… 317
　　　　15.1.2　MVC 模式各组成部分职责 ……………………………………… 318
　　　　15.1.3　Java EE 应用 MVC 模式实现 …………………………………… 319
　　15.2　MVC 模式实际应用设计 …………………………………………………… 320
　　　　15.2.1　Java EE 应用 MVC 模式的分层结构 …………………………… 320
　　　　15.2.2　传输层设计 ……………………………………………………… 321
　　　　15.2.3　持久层 DAO 设计 ………………………………………………… 324
　　　　15.2.4　业务层 BO 设计 ………………………………………………… 327

15.2.5 控制层 CO 设计 …………………………………… 332
15.2.6 表示层 UIO 设计 …………………………………… 333
15.3 MVC 模式应用实例：企业 OA 的员工管理系统 …………………………………… 336
　15.3.1 项目功能描述 …………………………………… 336
　15.3.2 项目设计与编程 …………………………………… 336
　15.3.3 项目部署与测试 …………………………………… 351
　15.3.4 案例项目开发总结 …………………………………… 353
　习题 15 …………………………………… 353

第1章

Java EE 体系结构

本章要点

- 软件开发现状;
- Java EE 基本知识;
- Java EE 内容;
- Java EE 组件类型;
- Java EE 服务内容;
- Java EE 通信协议类型;
- 基于 Java EE 的系统体系结构。

1.1 软件开发现状和发展趋势

1.1.1 软件开发现状

当今世界已经进入名副其实的软件世界,软件无所不在,离开软件我们每个人的生活都会受到无法想象的影响。未来社会将更加依赖软件,需要大批软件开发人员来维持世界的经济和秩序。如今的软件开发也不像从前那样一个人或几个人就可以编写出来,它的功能之丰富、结构之复杂、工程之浩大都超出我们的想象,需要大规模的团队才能开发出来,并且时间是有限的,这就需要使用标准的技术和结构才能实现。

软件开发的现状有如下特点。

1. 面向 Internet 应用

软件已经全面从 C/S 应用向面向互联网的 B/S 应用转移,Web 开发技术是软件从业者必须掌握的,如静态 Web 技术 HTML、CSS、JavaScript、XML 和 DOM,动态 Web 技术如 JSP、JSF、ASP.NET 和 PHP 等。

2. 面向对象方法和编程

将复杂系统简单化的最好途径就是使用面向对象(Object Oriented)。软件企业全面采用面向对象分析(Object Oriented Analysis,OOA)、面向对象设计(Object Oriented Design,OOD)和面向对象编程(Object Oriented Programming,OOP)。面向对象软件过程技术全面应用,UML,RUP技术全面开花。软件开发语言逐步集中在支持面向对象的Java,C#,C++几种语言上,便于软件开发人员选择。

3. 采用标准的体系结构和平台

软件开发技术和运行平台标准化无论对软件企业和开发人员意义都非常重大,有利于软件开发成本的降低和软件互操作性的提高。Sun公司的Java EE和Microsoft的.NET已经成为开发企业级Web应用的事实上的标准。

4. 组件化和工厂化流水线开发方式

将整个软件系统拆分设计编程为一个个小的组件(Component),类似于机械制造领域的零件。通过软件工厂的流水线作业方式制造出来,最后通过配置组装的方式组成大的软件系统,已经成为软件公司开发软件的标准做法。

5. 可视化建模

图形化系统分析和设计有效改进了软件开发人员的交流和协作。UML和建模工具的使用极大地加快了软件的开发进度。

6. 框架技术的全面使用

为加快软件项目的开发进度,尽可能地使用现成的组件,而不是从头开发软件项目,成为最普遍的做法。尤其是各种开源框架的出现,减轻了软件项目的开发难度。目前针对各种任务都有专门的组件框架,如操作数据的Hibernate、整合和管理对象的Spring、MVC模式的Struts、管理异步调用和局部更新的AJAX和DOJO等,掌握这些框架技术已经成为软件开发人员的基本技能。

从以上可以看到软件开发的特点是对象化、标准化、组件化、图形化、工厂化和框架化。

1.1.2 未来发展趋势

软件技术发展迅速,新技术层出不穷,使广大软件开发人员面临巨大挑战。未来几年软件将会在以下几个方面出现大的发展。

1. SOA

SOA(Service Oriented Architecture,面向服务的架构)体系将改变软件系统的开发和运行模式,未来软件将由分布在Internet上的服务(Web Service)组成。软件在使用其他Web服务的同时自己也向互联网用户公开自己的服务,全球的服务都在UDDI上注册,供其他软件检索和调用,最终目标是世界软件成为一个相互联系的整体,相互依赖。

SOA的如下特点成为它今后发展的保证:

- 可以在企业外部访问;
- 粗粒度的服务接口;

- 分级；
- 松散耦合；
- 可重用的服务；
- 服务接口设计管理；
- 标准化的服务接口。

进一步发展就是未来的云计算（Cloud Computing），它以公开的标准和服务为基础，以互联网为中心，提供安全、快速、便捷的数据存储和网络计算服务，让互联网这片"云"成为每一个网民的数据中心和计算中心。

2. AOP

面向对象编程（OOP）只能解决对象方法重用，但每个方法内部共同的重复调用却无法解决，AOP 的出现使这一难题迎刃而解。AOP（Aspect Oriented Programming）是 OOP 的延续，意思是面向方面编程。AOP 实际是 GoF 设计模式的延续，未来 AOP 将在软件中无处不在。各种框架中的拦截器、过滤器就是 AOP 的具体实现。

3. RIA

RIA（Rich Internet Application，富互联网应用）克服了传统 Web HTML 网页的如下缺点：

- 基于 HTTP 无状态协议；
- 请求/响应模式；
- 页面跳转和刷新的交互模式；
- 有限的事件响应。

RIA 给 Web 应用以全新的体验，将 C/S 丰富的事件和操作模式引入到 Web 应用中，结合 Web 应用的集中部署和高可维护性，成为下一代 Web 应用的标准模式。

在市场上流行的 RIA 技术主要有 Adobe 公司的 Flex，Sun 公司的 JavaFX，Microsoft 公司的 SilverLight 和开源的 EXT JS。

1.2 Jave EE 概述

为促进 Internet 应用的规范化和标准化，Sun 公司在 Java 标准版 J2SE 的基础上，发布了面向 Web 的企业级软件开发标准规范（Java 2 Enterprise Edition，J2EE），在 2005 年 J2EE 5.0 发布之后，又统一改为 Java EE。

1.2.1 Java EE 定义

按照 Sun 公司的定义，Java EE 是基于 Java SE 标准版基础上的一组开发以服务器为中心的企业级应用的相关技术和规范，用于规范化、标准化以 Java 为开发语言的企业级软件的开发、部署和管理，以实现减少开发费用、软件复杂性和快速交付的目的。

实质上 Java EE 是符合软件发展趋势标准化、组件化、Web 化、组装化和工厂化的软件开发技术，是 Java 语言和平台发展的必然成果，适应了当今软件开发的根本诉求。

Java EE 不是编程语言,它规定开发符合 Java EE 规范的软件系统需要使用 Java 编程语言,目前还不支持其他类型的编程语言。

Java EE 定位在开发高端的企业级应用,这是它与另外两个 Java 平台 Java SE 和 Java ME 的重要区别。如图 1-1 所示是 Java EE 在企业级应用开发中的定位。

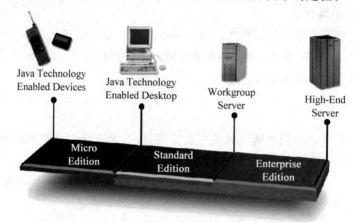

图 1-1　Java EE 在企业级应用开发中的定位

1.2.2　Java EE 规范

Java EE 规范规定了面向 Internet 的企业级软件应用的组成部分和各组成部分之间的交互协议。具体包含:

1. 容器规范

容器(Container)是组件的运行环境,负责组件的生命周期管理和调用。Java EE 规范定义了各种组件的容器类型以及每种容器提供的服务。

2. 组件规范

组件(Component)是 Java EE 应用的标准化部件,完成系统的业务和逻辑功能,在 Java EE 应用中组件运行在容器内,由容器管理组件的创建、调用和销毁整个生命周期。在 Java EE 应用中组件之间是不能直接调用的,必须通过容器才能完成。

3. 服务规范

Java EE 规定了连接各种外部资源的标准接口 API,简化了连接各种不同类型外部资源的设计与编程。如 JDBC API 提供了连接数据库的标准接口,可以使用统一的方法连接到各种数据库中,不论是 Oracle,SQL Server 还是 MySQL,使用 JDBC API 编程是完全相同的。类似的 JMS API 可以连接各种外部的消息服务系统。

4. 通信协议规范

Java EE 中组件之间必须通过容器来实现相互的调用,需要使用协议与容器进行通信,不同的容器使用的协议和请求处理过程是不同的。Java EE 针对各种协议访问处理进行了专门的优化,以实现最高效率,提高系统的处理能力。Java EE 规范使用目前市场上主流的通信协议 HTTP,HTTPS 等,改进了与其他平台的互操作性。

5. 开发角色规范

企业级软件系统结构复杂,系统规模庞大,它需要不同角色的开发者和管理者分工协作才能完成。Java EE 规范分别定义了 7 种不同的角色合作进行应用系统的开发,确保系统开发高效而有序,提高软件的成功率。各种角色及其职责将在 1.7 节中详细讲述。

1.3 Java EE 容器

容器是运行组件的环境对象,提供了组件运行所需要的服务,并管理组件的生成、调用和销毁整个生命周期。在 Jave EE 规范下,所有 Java EE 组件都由容器来创建和销毁。由容器管理组件的使用,简化了企业级软件开发中复杂的对象管理事务,克服了 C++语言内存泄漏的致命缺陷,减轻了软件开发人员的负担。

按照管理组件的类型,Java EE 规范定义了 5 种容器类型,如图 1-2 所示是 Java EE 容器类型。

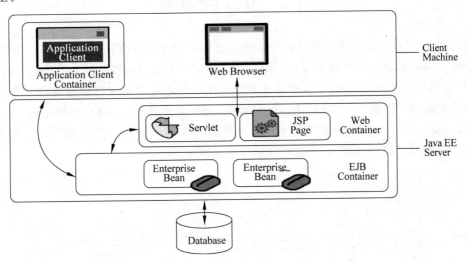

图 1-2 Java EE 容器类型

1.3.1 客户端应用容器

客户端应用容器(Application Client Container)即是普通 Java SE 的 JVM,它驻留在客户端,管理和运行客户 JavaBean 组件,与一般 Java 类没有区别。Java EE 规范只是将它纳入自己的规范之内,进行统一的约定。客户端应用容器只能运行 JavaBean 组件。

1.3.2 Applet 容器

Applet 容器(Applet Container)就是具有 Java SE Plugin 插件的 Web 浏览器,也驻留在客户端,管理和运行 Java Applet 组件,使 Web 具有丰富的图形界面(GUI)和事件响应机制,进而开发出具有极高交互性的 Web 应用软件。

1.3.3 Web 容器

Web 容器(Web Container)管理 Web 组件的运行和调用,Java EE 定义了两种 Web 组件:Servlet 和 JSP,可以产生动态 Web 内容,结合数据库技术,用于动态 Web 应用的开发。Web 容器运行在符合 Java EE 规范的应用服务器上,驻留在服务器端,外部应用可以通过 HTTP 和 HTTPS 协议与 Web 容器通信,进而访问 Web 容器管理的 Web 组件。

1.3.4 企业 JavaBean 容器

EJB 容器(EJB Container)管理企业级 JavaBean(Enterprise JavaBean,EJB)对象的生命周期和方法调用。Java EE 规范定义了 3 种运行在 EJB 容器内的组件:会话 EJB、消息驱动 EJB 和实体 EJB,分别完成不同领域的业务处理。EJB 容器也运行在符合 Java EE 的应用服务器内,驻留在服务器端。其他组件通过 RMI/IIOP 协议与 EJB 容器通信,通过 EJB 容器来访问 EJB 组件的业务方法。

1.4 Java EE 组件

Java EE 规范约定组成企业级软件系统的组成单元是组件(Component)。组件符合特定 Java EE 规范,对外发布服务接口。组件的使用者不需要了解组件的内部结构,通过特定的接口调用组件的功能,实现系统的业务功能。组件使用特定的配置信息部署在符合 Java EE 规范的服务器上运行,并与其他组件组装在一起,组成整个 Java EE 应用系统。

按功能区别,Java EE 规范定义了 4 种类型的组件,参见图 1-3 所示的组件结构图。从中可以了解 Java EE 的组件类型和它所运行的容器环境。

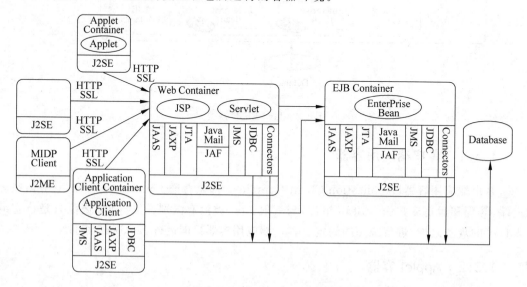

图 1-3　Java EE 组件和驻留容器

1.4.1 客户端(JavaBean)组件

客户端组件即 JavaBean 类,基于 Java SE 平台,运行在客户端容器内,有自己的独立的 JVM 空间。客户端组件一般用于富客户端图形界面显示,采用 Java 图形框架 Swing 开发,可以远程调用 Web 组件和 EJB 组件。

1.4.2 Applet 组件

Applet 组件采用 Java Applet 框架技术开发,运行在 Applet 容器,即客户端 Web 浏览器,需要有 Java SE 的插件支持。Applet 重点也是 GUI 交互界面的开发,负责与系统用户的交互。Applet 通过 Java EE 标准协议远程调用 Web 组件和 EJB 组件,协作完成分布式企业级软件应用开发。

目前客户端 JavaBean 组件和 Applet 组件已经逐步被 RIA 技术所取代,它们在 Java EE 规范中的作用日益淡化。笔者也不推荐在企业级应用中使用客户端(JavaBean)组件和 Applet 组件。

1.4.3 Web 组件

Web 组件运行在服务器端的 Web 容器内,能接收 HTTP 请求并进行处理,产生动态的 Web 响应。Web 组件在近十几年的互联网应用中得到了广泛应用,一度成为 Java EE 的核心,目前全球许多 Web 应用还是使用 Java EE Web 组件开发的。

近几年来,随着开发人员发现 Web 组件开发过于烦琐和细化,在 Web 组件基础上发布了各种用于简化 Web 组件开发的框架和技术,这其中最著名的就是 Struts 框架。它将 Web 组件的底层功能封装为新的 Web 组件,简化了 Web 应用开发,提高了项目开发效率。其他如 Spring Web MVC、JSF 等,都是对标准 Web 组件的扩展和更新。

Java EE 规定了两种类型的 Web 组件:Servlet 组件和 JSP 组件。

1. Servlet 组件

使用标准 Java 类编写模式的 Web 组件,可使一般 Java 类开发者顺利过渡到 Web 组件的编程,具有 Java 类的结构化特点,标准且规范。缺点是难以开发复杂的 Web 页面应用。

2. JSP 组件

JSP 使用编写 HTML 网页的方式编写 Web 组件,在 HTML 标记中嵌入 Java 语言代码,容易开发复杂的 Web 表示页面。缺点是代码结构混乱、难以维护。因此现在 Web 应用普遍使用其他框架的扩展标记技术来取代 JSP 页面中的 Java 代码,实现了 JSP 页面结构清晰的目标,提高了系统的可维护性。

1.4.4 EJB 组件

EJB 组件运行在 Java EE 服务器的 EJB 容器内,驻留在服务器端。Java EE 其他组件包括 EJB 组件通过 RMI/IIOP 协议与 EJB 容器通信,远处调用 EJB 的功能方法,进而完成业务处理。

在 Java EE 5.0 之前，由于 EJB 设计过于庞大，使 EJB 组件性能极差，难以适应企业级应用的大量并发用户访问，进而导致整个系统处理能力下降，遭到众多开发人员指责。Spring 框架的发明者 Rod Johnson 特别针对 EJB 的缺点，开发了轻量级的企业组件管理技术 Spring，可以使用普通 JavaBean 组件完全取代 EJB 组件，速度快且占用系统资源少，同时具有 EJB 组件的所有功能和优点。

从 Java EE 5.0 开始，Sun 公司特别修改了原有 EJB 的设计规范，全面引入 Spring 框架思想和 Java SE 5.0 的注释编程技术，推出了 EJB 3.0 组件规范。实现了轻量化目标，结构简单，部署方便，调用容易，确立了 EJB 在大型企业软件项目开发中的地位。

1.5 Java EE 服务 API

任何软件系统都需要与外部资源进行通信和交互，完成对外部资源的数据处理，如数据库管理系统、消息服务系统、历史遗留软件应用系统，Java EE 企业级应用更是如此。

为简化 Java EE 组件与外部资源的交互和使用，Java EE 提供了标准化的服务接口 API 来统一各种外部资源的访问和控制，简化了组件的编程，这也是 Java EE 如此广受欢迎的重要原因。根据外部资源的类型不同，Java EE 提供了众多的服务 API，如图 1-4 所示是 Java EE 服务规范 API 的组成。

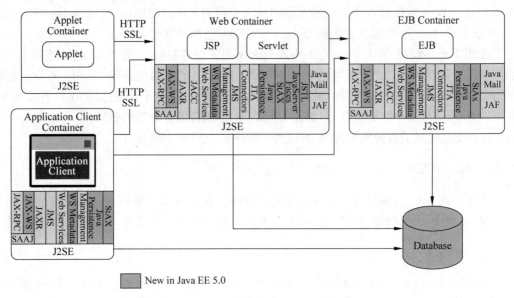

图 1-4　Java EE 服务规范 API 的组成

1.5.1　数据库连接服务 API-JDBC

JDBC(Java DataBase Connectivity Interface)为 Java EE 各种组件提供了操作数据库统一的编程接口，可以使组件无缝连接到各种数据库产品，消除了数据库之间的差异性，简化了对数据库的操作，提高了组件的开发效率。通过 JDBC 可以执行标准的 SQL 语句，也可以执行数据库内部的存储过程和函数，完成复杂的数据库操作。

1.5.2 消息服务连接服务 API-JMS

消息服务历来是企业级应用的关键技术之一，它通过异步调用方式完成多个应用之间的数据传输和方法调用，保证分布式企业应用的可靠性。同时消息服务降低了组件间的耦合程度，提高了系统的可维护性。JMS(Java Messaging Service Interface)可以使用统一的接口连接市场上流行的各种消息服务系统，如 IBM 的 WebSphere MQ，BEA 的 Message，开源产品 ActiveMQ 等。

1.5.3 数据持久化服务 API-JPA

JPA(Java Persistence Interface)通过 JDK 5.0 注解或 XML 描述对象-关系表的映射关系，并将运行期的实体对象持久化到数据库中。

Sun 引入新的 JPA ORM 规范出于两个原因：其一，简化现有 Java EE 和 Java SE 应用的对象持久化的开发工作；其二，Sun 希望整合 ORM 技术，实现天下归一。

JPA 由 EJB 3.0 软件专家组开发，作为 JSR-220 实现的一部分。但它不囿于 EJB 3.0，你可以在 Web 应用，甚至桌面应用中使用。JPA 的宗旨是为 POJO 提供持久化标准规范，由此可见，经过这几年的实践探索，能够脱离容器独立运行，方便开发和测试的理念已经深入人心了。目前 Hibernate 3.2，TopLink 10.1.3 以及 OpenJPA 都提供了 JPA 的实现。JPA 的总体思想和现有 Hibernate，TopLink，JDO 等 ORM 框架一致。

1.5.4 命名和目录服务 API-JNDI

JNDI(Java Naming and Directory Interface)提供统一的接口连接各种外部的命名和目录服务系统(Naming and Directory Service System)。命名服务系统负责管理对象的生命周期，并对外提供检索对象的方法。Java 程序可以通过 JNDI 访问命名服务系统，取得命名系统中保存的对象。

在 Java 组件编程中，查找对象比自己创建对象要快得多，且得到的是单实例共享对象，节省系统资源，提高系统性能。因此在 Java EE 组件编程中经常使用的、创建耗费时间较长的对象，如数据库连接对象，交给命名服务去管理。使用这些对象时，利用 JNDI 接口，连接到命名服务系统，提供指定的 JNDI 名称即可得到此对象的引用，无须创建，节省运行时间，提高系统运行速度。

1.5.5 安全性验证和授权服务 API-JAAS

安全性是企业级应用设计和实施首先考虑的问题，以往在安全性开发方面最缺乏统一的标准，各种 Java EE 应用系统安全性方案更是五花八门，缺少标准和一致性，尤其是数字认证方面。JAAS(Java Authentication and Authorization Service，Java 验证和授权 API)提供了灵活和可伸缩的机制来保护客户端或服务器端的 Java 程序。Java 早期的安全框架强调的是通过验证代码的来源和作者，使用户避免受到下载下来的代码的攻击。JAAS 强调的是通过验证谁在运行代码以及他的权限来保护系统免受用户的攻击。它让你能够将一些标准的安全机制，例如 Solaris NIS(网络信息服务)，Windows NT，LDAP(轻量级目录存取协议)和 Kerberos 等通过一种通用的、可配置的方式集成到系统中。

1.5.6 电子邮件服务 API-JavaMail

面向 Internet 应用,发送和接收邮件是必须具备的功能。Java EE 提供 JavaMail API 来连接各种 Mail 服务器,使用统一标准的编程模式进行 Mail 的发送和接收,包括复杂的非纯文本的附带多附件的邮件。

1.5.7 事务服务 API-JTA

企业级应用中事务处理是保证系统安全可靠的技术保障,如何保证事务的提交和回滚,是每个开发人员必须要考虑的问题。当业务逻辑中需要跨多个数据资源的读写时,使用传统的数据库内置的事务处理是无法完成的。JTA(JavaTransaction API)引入了二阶段提交技术保证了跨多个数据资源的事务处理,维持了系统的一致性。

1.5.8 XML 处理服务 API-JAXP

XML 系列处理 API 是 Java EE 为了网络服务(Web Service)而新开发的。JAXP(Java API for XML Processing)提供标准的方法来操作 XML 问答。

1.5.9 XML Web 服务 API-JAX-WS

JAX-WS(Java API for XMLWeb Services)是一组规范 XML Web Services 的 JAVA API。JAX-WS 允许开发者选择 RPC-oriented 或者 message-oriented 来实现自己的 Web Services。

在服务器端,用户只需要通过 Java 语言定义远程调用所需要实现的接口 SEI (Service Endpoint Interface),并提供相关的实现,通过调用 JAX-WS 的服务发布接口就可以将其发布为 Web Service 接口。

在客户端,用户可以通过 JAX-WS 创建一个代理(用本地对象来替代远程的服务)来实现对于远程服务器端的调用。

1.5.10 XML 绑定服务 API-JAXB

JAXB(Java Architecture for XML Binding,Java XML 绑定架构)是一项可以根据 XML Schema 产生 Java 类的技术。该技术提供将 XML 实例文档反向生成 Java 对象树的方法,并能将 Java 对象树的内容重新写到 XML 实例文档。从另一方面来讲,JAXB 提供了快速而简便的方法将 XML 模式绑定到 Java 表示,从而使得 Java 开发者在 Java 应用程序中能方便地加载 XML 数据,并以 XML 文件作为数据存储方式。

1.5.11 带附件的 SOAP 服务 API-SAAJ

SAAJ(The SOAP with Attachments API for Java)是一个可使用户利用 Java 来创建、读取或修改 SOAP 消息的 API。通过 SAAJ 可以使 Web 服务的 SOAP 消息附带一个或多个附件,扩展了 Web 服务的应用范围。

SAAJ 适合基于文档的同步或者异步 Web Service。SAAJ 使用简单,有助于在 Java 环境中集成各种 Web Services,它扩展了对文档风格的 Web Service 通信的自然支持(natural support)。SAAJ 还支持基于标准接口的 XML 消息传递。

1.5.12 XML Web 服务注册 API-JAXR

JAXR(Java API for XML Registries)提供了与多种类型注册服务进行交互的 API。JAXR 运行客户端访问与 JAXR 规范相兼容的 Web Services,这里的 Web Services 即为注册服务。一般来说,注册服务总是以 Web Services 的形式运行的。JAXR 支持 3 种注册服务类型:JAXR Pluggable Provider,Registry-specific JAXR Provider 和 JAXR Bridge Provider(支持 UDDI Registry 和 ebXML Registry/Repository 等)。

1.5.13 与其他遗留系统交互服务 API-J2EE Connector Architecture

J2EE 连接器架构(J2EE Connector Architecture,JCA,J2C,J2CA)是基于 Java 的连接应用服务器和企业信息系统(EIS)的技术解决方案,作为企业应用集成(EAI)解决方案的一部分。就像 JDBC 专门用于连接 J2EE 应用和数据库一样,JCA 是一种连接 legacy system(包括数据库)的更通用的体系架构。

在 J2EE 连接器结构中定义了连接器(也称为资源适配器)和应用服务器之间的契约,以及客户端和连接器之间的契约。前者通过服务提供者接口定义,后者通过客户端调用接口定义。

1.6 组件间通信协议

按照 Java EE 规范定义,各种 Java EE 组件运行在 Java EE 的容器内,组件之间是不允许直接取得对象引用和直接调用的,只能使用规定的通信协议与组件所在容器进行通信并请求目标组件。Java EE 针对不同的容器指定了不同的通信协议,如图 1-5 所示是 Java EE 容器和组件通信协议。

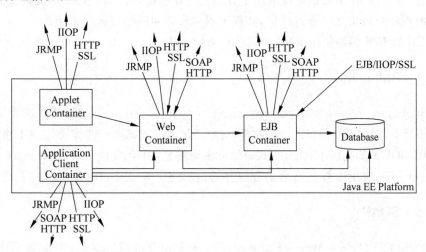

图 1-5 Java EE 容器与组件通信协议

1.6.1 HTTP

HTTP(HyperText Transfer Protocol,超文本传输协议)用于传送 WWW 方式的数据。HTTP 协议采用了请求/响应模型。客户端向服务器发送一个请求,请求头包含请求的方法、URL、协议版本,以及包含请求修饰符、客户信息和内容的类似于 MIME 的消息结构。服务器以一个状态行作为响应,响应的内容包括消息协议的版本、成功或者错误编码加上包含服务器信息、实体元信息以及可能的实体内容。

Java EE 规范继续使用 HTTP 作为与 Web 容器通信的标准协议,延续了 Web 应用的标准化,使访问静态 HTML 网页和访问 Java EE Web 组件 Servlet 和 JSP 都使用相同的 HTTP 协议。

1.6.2 HTTPS

HTTPS(Secure Hypertext Transfer Protocol,安全超文本传输协议)由 Netscape 开发并内置于其浏览器中,用于对数据进行压缩和解压缩操作,并返回网络上传送回的结果。HTTPS 实际上应用了 Netscape 的安全套接字层(SSL)作为 HTTP 应用层的子层。HTTPS 使用端口 443,而不是像 HTTP 那样使用端口 80 来和 TCP/IP 进行通信。SSL 使用 40 位关键字作为 RC4 流加密算法,这对于商业信息的加密是合适的。HTTPS 和 SSL 支持使用 X.509 数字认证,如果需要的话用户可以确认发送者是谁。

1.6.3 RMI

RMI(Remote Method Invocation,远程方法调用)是用 Java 在 JDK 1.1 中实现的,它大大增强了 Java 开发分布式应用的能力。Java 作为风靡一时的网络开发语言,其巨大的威力就体现在它强大的开发分布式网络应用的能力上,而 RMI 就是开发百分之百 Java 的网络分布式应用系统的核心解决方案之一。其实它可以被看作是 RPC(远程过程调用)的 Java 版本,但是传统 RPC 并不能很好地应用于分布式对象系统,而 Java RMI 则支持存储于不同地址空间的程序级对象之间进行通信,实现远程对象之间的无缝远程调用。

Java EE 的 EJB 容器使用 RMI 协议进行通信。

1.6.4 RMI-IIOP

RMI-IIOP(Java Remote Method Invocation Over the Internet Inter-ORB Protocol)则是 RMI 的功能扩展版本,增加了如分布式垃圾收集、对象活化和可下载类文件等,所以可以把 RMI 理解成为 RMI-IIOP 的简化版本,在分布式对象方法调用上它们都完成了最基本的功能。

目前 Java EE 应用中与 EJB 容器和组件通信都使用 RMI-IIOP。

1.6.5 SOAP

SOAP(Simple Object Access Protocol)是一种标准化的通信规范,主要用于与 Web 服务(Web Services)交互调用。SOAP 的出现是为了简化网页服务器(Web Server)从 XML

数据库中提取数据,无须花时间去格式化页面。并能够让不同应用程序之间通过 HTTP 通信协定,以 XML 格式交换彼此的数据,使其与编程语言、平台和硬件无关。此标准由 IBM、Microsoft、UserLand 和 DevelopMentor 在 1998 年共同提出,并得到 IBM、莲花(Lotus)和康柏(Compaq)等公司的支持,于 2000 年提交给万维网联盟(W3C)。目前 SOAP 1.2 版是业界共同的标准,属于第二代的 XML 协定(第一代主要代表性的技术为 XML-RPC 以及 WDDX)。

1.7 Java EE 角色

Java EE 的组件模型使得 Java EE 应用的开发可以细分成不同的领域,并且根据不同的开发过程将参与人员细分成不同的角色。每个开发人员根据自己的分工参与到 Java EE 应用的开发过程当中。

首先采购和安装 Java EE 的产品和工具,待到采购和安装完成之后,Java EE 组件的开发可以由组件供应商提供,并交由组件集成商集成,然后由部署人员负责部署到容器中。

某一角色的输出一般都是另一角色的输入,比如一个 EJB(企业 Java 组件模型)组件的开发者完成开发工作之后,将 EJB 打包成 JAR 包,其他开发人员将这些包一齐打成 EAR 包,然后由部署人员将其部署到服务器上。

Java EE 规范为统一划分应用开发角色,制定了标准的 Java EE 应用角色,来管理 Java EE 项目的开发小组。

1.7.1 Java EE 产品提供者

Java EE 产品供应商是那些设计并实现 Java EE 平台 API 的厂商,它们提供的产品包括根据 Java EE 标准实现的操作系统、数据库系统、应用服务器和 Web 服务器等。如 Sun 公司提供 GlassFish、Oracle BEA 提供 WebLogic、IBM 提供 WebSphere、JBoss 提供 JBoss 和 Apache 基金会提供 Tomcat 等。这些公司都是 Java EE 产品提供者(Java EE Product Provider)。

1.7.2 Java EE 开发工具提供者

开发工具供应商提供了开发、集成和部署 Java EE 应用系统的各类工具。Sun 提供 NetBean、Eclipse 提供 Eclipse 和 Oracle 提供 JDeveloper 等,他们是开发工具提供者(Tool Provider)。

1.7.3 Java EE 应用组件提供者

普通软件开发人员就是应用组件提供者(Application Component Provider),他们根据应用的业务需求开发出客户端组件、Applet 组件、Web 组件和 EJB 组件。

1.7.4 Java EE 应用组装者

应用组装者(Application Assembler)从应用组件提供者接收组件,并将这些组件集成可部署的 Java EE EAR 包,他们的工作包括:将 JAR 包和 WAR 包集成 EAR 文件、配置部

1.7.5 Java EE 应用部署者和管理者

应用部署者和系统管理者(Application Deployer and Administrator)负责配置和部署 Java EE 应用系统、管理 Java EE 系统运行的计算和网络环境并监视其运行情况,这些工作包括管理事务控制、安全级别、制定数据库的连接信息等。

在配置过程中,部署人员根据组件提供者制定的外部需求来进行配置。而在安装过程中,部署人员将组件移到服务器并且产生与容器相关的类和接口。

部署人员和系统管理员的主要工作有:
(1) 将 EAR 文件部署到 Java EE 服务器中;
(2) 根据环境,更改部署配置文件以配置 Java EE 系统;
(3) 验证 EAR 文件的结构和与 Java EE 标准的符合性。

1.8 Java EE 体系架构

基于 Java EE 的企业级应用系统采用分布式分层(Multi-Tier)的结构,Java EE 组件根据不同的功能分布在不同的层中,每层中的组件完成各自的功能,实现职责的分离,便于复杂系统的简化和团队开发。

Java EE 应用普遍采用 4 层分层结构,如图 1-6 所示是 Java EE 应用体系机构框架结构。

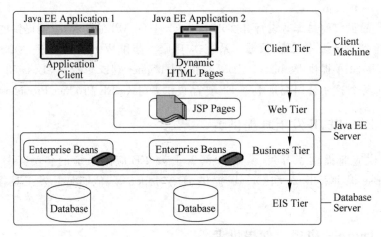

图 1-6　Java EE 应用体系机构框架

1.8.1 客户层

Java EE 客户组件、HTML 组件和 Applet 组件运行在客户层(Client Tier),完成与用户的交互、接收用户的输入数据、向用户显示系统的业务数据和数据的格式合法性验证。客户层驻留在客户机器上。

1.8.2 Web 表示层

Web 组件 Servlet 和 JSP 运行在 Web 表示层(Web Presentation Tier)，Web 层运行在服务器上，Web 层就是 Web 容器。Web 组件读取业务层业务数据，向客户层发送其显示所需要的业务数据。

1.8.3 业务处理层

业务处理层(Business Tier)运行 EJB 组件，如 JPA 组件、会话 EJB 组件和消息驱动 EJB 组件。完成业务处理和数据库的持久化以及模型化实际应用的业务逻辑，是企业级应用的核心。

1.8.4 资源数据层

数据资源层(Data Source Tier)保存 Java EE 应用系统的数据，一般是指数据库系统，还包括各种外部资源系统，如消息服务系统、命名服务系统和原来遗留的应用软件系统，如 ERP、CRM 等。

习 题 1

1. 简述当今软件开发的主要特点。
2. 简述 Java EE 的组件和功能。
3. 简述 Java EE 的容器类型和主要功能。

第2章

Java EE 服务器和开发环境的安装和配置

本章要点

- Java EE 服务器产品；
- 市场上常用 Java EE 服务器的安装；
- Java EE 开发工具；
- 常见开发工具的安装和使用。

2.1 Java EE 服务器的概述

Java EE 只是 Sun 公司等联合制定的使用 Java 技术开发面向 Internet 应用的企业级框架规范，它是一个开放性的标准。任何软件厂家都可以开发出符合 Java EE 规范的产品，称之为 Java EE 服务器。这些服务器产品如果能通过 Sun 开发的一套严格的兼容性测试软件，便被授权为 Java EE 兼容服务器（Java EE Compatible Implementations）。

2.1.1 符合 Java EE 规范的服务器产品

截至目前，在 Sun 公司的官方网站上，发布了如图 2-1 所示的符合 Java EE 5.0 的服务器产品。

图 2-1 中没有列出著名的 Tomcat 服务器，是由于 Tomcat 只部分实现了 Java EE 5.0 协议，重点是 Web 容器和 Web 组件，没有实现 EJB 容器和 EJB 组件规范，因此无法完全通过 Java EE 的兼容测试。我们也自豪地看到金蝶软件公司在中国首家开发出符合 Java EE 规范的服务器产品。

2.1.2 Java EE 服务器产品的比较和选择

开发 Java EE 应用，首要的任务是选择合适的应用服务器。要根据应用需求，从以下几个方面去考虑。

(a) Apache Geronimo-2.1.4

(b) WebLogic Server v10.0

(c) IBM WASCE 2.0

(d) IBM WebSphere
Application Server v7

(e) JBoss
JBossAS 5.0.0

(f) Apusic Application
Server (v5.0)

(g) Oracle Application
Server 11

(h) OW2 JOnAS 5.1

(i) SAP NetWeaver 7.1

(j) Sun GlassFish
Enterprise Server 9.1

(k) TmaxSoft JEUS 6

(l) GlassFish Application Server v2

图 2-1　Java EE 5.0 兼容服务器产品

1. 项目投资预算

Java EE 服务器从免费的开源产品，到价格昂贵的高端产品应有尽有。选择时要根据用户的需求和期望，选择最合适的产品。免费的服务器产品如 Sun 的 GlassFish Application Server、JBoss 公司的 JBoss 和 Apache 软件基金会的 Geronimo 都能提供全面的 Java EE 规范需要的功能。但在有大规模访问吞吐量难以满足要求时，这就需要高端的产品如 BEA 的 WebLogic，IBM 的 WebSphere 和 Sun 的 GlassFish Enterprise Server，需要的投资较大。

2. 系统在线并发规模

免费产品一般适合于规模较小、处理能力较低和并发请求较少的应用，而高端产品都提供群集和负载均衡功能来满足大规模在线并发请求的业务处理。要根据测算的访问量来决定选择何种级别的 Java EE 服务器。如奥运会门票在线销售系统，刚上线就因为无法满足亿万网民的请求处理而瘫痪。

3. 系统的可靠性

关键的企业应用必须保证可靠性，如在线银行和航空售票等，要求全年可以 24×7 模式运行，如果系统瘫痪将导致巨大的经济损失和社会的不稳定。这类系统必须选择能多服务器群集的高端产品。

4. 系统的可伸缩性

企业级应用选择的 Java EE 服务器平台应能提供极佳的可伸缩性去满足在他们系统上进行商业运作的大批新客户。Java EE 服务器可被部署到各种操作系统上，例如可被部署到高端 UNIX 与大型机系统，这种系统单机可支持 64 至 256 个处理器。要求 Java EE 服务器提供更为广泛的负载平衡策略，能消除系统中的瓶颈、允许多台服务器集成部署。这种部署可达数千个处理器，实现可高度伸缩的系统，满足未来商业应用的需要。

2.2 Tomcat 服务器

Tomcat 是 Apache 软件基金会（Apache Software Foundation）的 Jakarta 项目中的一个核心项目，由 Apache、Sun 和其他一些公司及个人共同开发而成。由于有了 Sun 的参与和支持，最新的 Servlet 和 JSP 规范总是能在 Tomcat 中得到体现，Tomcat 6.x 支持最新的 Java EE 5.0 规范的 Web 容器和 Web 组件。因为 Tomcat 技术先进、性能稳定，而且免费，因而深受 Java 爱好者的喜爱并得到了部分软件开发商的认可，成为目前比较流行的 Web 应用服务器。

Tomcat 很受广大程序员的喜欢，因为它运行时占用的系统资源小、扩展性好、支持负载平衡与邮件服务等开发应用系统常用的功能；而且它还在不断的改进和完善中，任何一个感兴趣的程序员都可以更改它或在其中加入新的功能。

Tomcat 是一个小型的轻量级应用服务器，在中小型系统和并发访问用户不是很多的场合下被普遍使用，是开发和调试 JSP（Java 服务器网页）程序的首选。对于一个初学者来说，当在一台机器上配置好了 Tomcat 服务器，就可以利用它响应对 HTML 页面的访问请求。

2.2.1 Tomcat 的下载

登录 Apache 软件基金会的 Tomcat 官方网站 http://Tomcat.apache.org/，如图 2-2 所示。

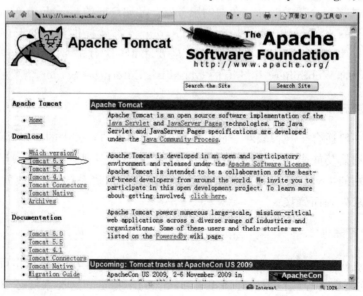

图 2-2　Tomcat 官方网站

在 Download 下选择 Tomcat 6.x，进入其下载页面，如图 2-3 所示。目前最新版是 Tomcat 6.0.20。选择二进制分发(Binary Distribution)类型，并选择 ZIP 压缩包格式，这是绿色版软件，解压即可使用，不需要安装，也不会修改 Windows 注册表信息。

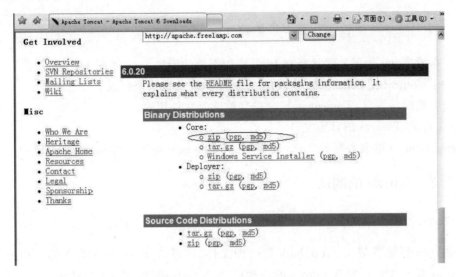

图 2-3　Tomcat 6.x 下载页面

单击 zip 即可下载 Tomcat 软件，并将其保存到任意选择的目录中即可。

2.2.2　Tomcat 的安装

Tomcat 的运行需要 JDK(Java 开发工具包)，因此需要先安装 Java JDK。安装 JDK 的步骤请参阅参考文献[1]。

1. 设置 JAVA_HOME 环境变量

Tomcat 运行需要设置 JAVA_HOME 环境变量，并指定 JDK 安装目录，假如 JDK 的安装目录为 c:\jdk6，如图 2-4 所示，即为 JAVA_HOME 环境变量的设置。

Tomcat 的运行不需要设置 ClassPath 和 Path 环境变量，只要设置 JAVA_HOME 即可。

2. Tomcat 安装

将下载的 ZIP 格式文件解压后即完成 Tomcat 的安装。Tomcat 6.x 的目录结构如图 2-5 所示。

其中：

bin：存放各种平台下启动和关闭 Tomcat 的脚本文件。startup.bat 是 Windows 下启动

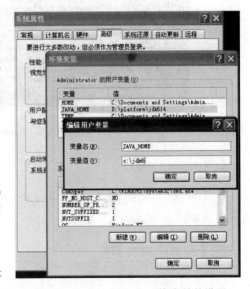

图 2-4　JAVA_HOME 环境变量的设置

Tomcat 的文件，shutdown.bat 是关闭 Tomcat 的文件。

图 2-5　Tomcat 6.x 目录结构

lib：存放 Tomcat 服务器和所有 Web 应用都能访问的 Java 类库 JAR 文件。
work：Tomcat 把各种由 jsp 生成的 servlet 文件放在这个目录下。
temp：临时活页夹，Tomcat 运行时候存放临时文件用的。
logs：存放 Tomcat 的日志文件。
conf：Tomcat 的各种配置文件，最重要的是 Tomcat 配置文件 server.xml。

2.2.3　Tomcat 的测试

1. Tomcat 启动

双击/bin 目录下的 startup.bats 批处理文件，即可启动 Tomcat 服务器。如图 2-6 所示，Tomcat 服务作为一个 Windows 的进程启动，默认在端口 8080 响应请求。

图 2-6　Tomcat 启动进程画面

2. Tomcat 访问

在 Tomcat 启动后，使用浏览器访问 http://localhost:8080/。Tomcat 默认 Web 应用访问主页如图 2-7 所示。

3. 手动创建 Web 站点

（1）在 Tomcat webapps 目录下创建子目录/web01。

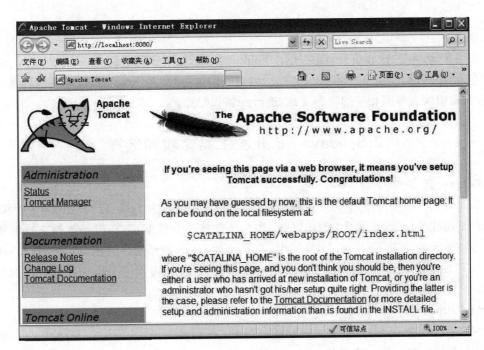

图 2-7　Tomcat 默认 Web 应用访问主页

(2) 在 web01 目录下创建 index.jsp 文件。在文件内手动输入如下内容：

< html >
< body >
< h1 >欢迎您</h1 >
</body >
</html >

这是一个最简单的 Web JSP 组件。

(3) 访问 http://localhost:8080/web01/，即可看到此 Web 的运行，如图 2-8 所示。

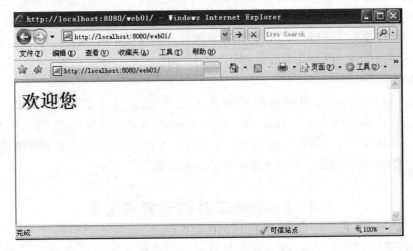

图 2-8　自己开发 Web 的部署和测试结果

4. Tomcat 停止

关闭 Tomcat 的进程窗口,随之关闭 Tomcat 服务器,Web 服务停止。

本节只是概括介绍了 Tomcat 的安装、启动和测试,对其他 Java EE 服务器的具体配置和使用,希望读者参阅相应的产品文档,进行安装和配置。

2.3 Java EE 开发工具比较和选择

Eclipse ☆☆☆☆☆

Eclipse 是一个优秀的平台无关的 IDE(集成开发环境),为 Java、J2EE 提供了强大的开发和调试功能。Eclipse 遵循 OSGi 规范,其本身只是一个框架平台,但是依赖丰富的插件完成各种强大的功能。Eclipse 本身采用 SWT 本地 GUI(图形用户界面)库,使得运行速度较 AWT(抽象窗口显示工具箱)和 Swing 有了很大提高,并提供了与操作系统一致的用户界面。

MyEclipse ☆☆☆☆☆

MyEclipse 企业级工作平台(MyEclipse Enterprise Workbench,MyEclipse)是对 Eclipse IDE 的扩展,利用它我们可以在数据库和 J2EE 的开发、发布,以及应用程序服务器的整合方面极大地提高工作效率。它是功能丰富的 J2EE 集成开发环境,包括了完备的编码、调试、测试和发布功能,完整地支持 HTML,Struts,JSF,CSS,JavaScript,SQL 和 Hibernate。

IntelliJ Idea

IntelliJ Idea 一度被认为是最好的 Java 集成开发平台,这套 IDE 以其聪明的即时分析和方便的重构功能深受 Java 开发人员的喜爱。IntelliJ Idea 提供了一整套 Java 开发工具,包括重构、J2EE 支持、Ant、JUnit,并集成 CVS。

NetBeans ☆☆☆☆☆

NetBeans 是由 Sun 建立的开放源代码的 IDE 工具,是一个开放的、可扩展的开发平台,支持各种插件。除了可用于 Java,J2EE 和 J2ME 开发外,NetBeans 也通过插件提供 C++ 等的开发,开发人员也可以为 NetBeans 提供各种模块以扩展 NetBeans 的功能,或者通过 NetBeans 来开发 RCP(Rich Client Platform)应用。

JBuilder

JBuilder 是 Borland 公司推出的可视化 Java 集成开发工具,它的功能十分强大。JBuilder 引入了 ALM(Application Lifecycle Management,软件生命周期管理)、SDO(Software Delivery Optimization,软件交付最优化)、团队开发、代码审查和性能优化等优秀的 IDE 设计理念,对常见的应用服务器提供了完善的支持。

2.4 Eclipse 工具的安装和配置

在 Java EE 应用开发领域,Eclipse 是软件公司最普遍使用的开发工具,它的强大功能在 2.3 节中已经做了简要介绍。下面简要介绍 Eclipse 的安装配置和项目开发。

2.4.1 Eclipse 的下载

在 Eclipse 官方网站：http://www.eclipse.org/downloads/下载 Eclipse，如图 2-9 所示。目前最新的 Eclipse 版本是 3.5，称为 galileo 版。

选择可以进行 Java EE 应用开发的版本：Eclipse IDE for Java EE Developers (189 MB)。

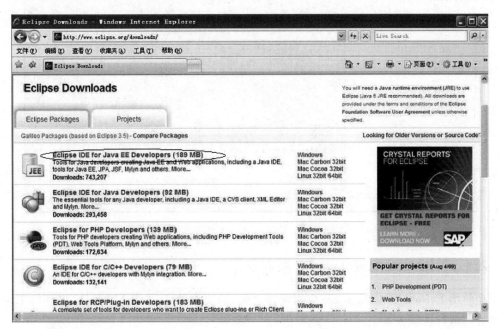

图 2-9　Eclipse 下载页面

单击下载并保存，文件名为 eclipse-jee-galileo-win32.zip。

2.4.2 Eclipse 的安装和启动

1. Eclipse 安装

Eclipse 是典型的绿色软件，只需将 ZIP 文件解压，不需要安装即可使用。

2. Eclipse 启动

双击 Eclipse 解压目录下的 eclipse.exe 文件，即启动 Eclipse。

3. 选择工作区目录

Eclipse 要求在项目的开发过程中选择目录作为工作区，每个工作区保存所有配置信息，包括服务器的配置等重要信息。

4. Eclipse 工作环境

Eclipse 完成启动后，即进入项目开发工作台界面，如图 2-10 所示。

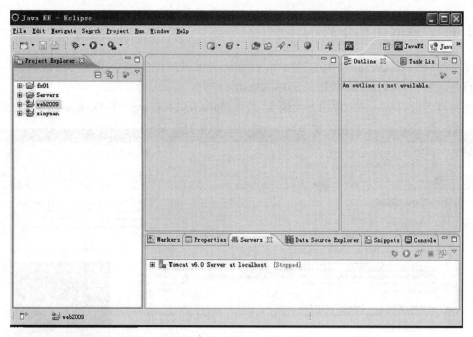

图 2-10　Eclipse 开发工作台界面

2.4.3　Eclipse 配置 Java EE 服务器

在使用 Eclipse 开发 Java EE 应用项目之前,需要配置 Java EE 服务器,以便将未来项目部署并运行在服务器上。

(1) 配置 Tomcat Java EE 服务器

选择 Windows→Preferences→Server→Runtime Environments 命令,进入服务器配置界面,如图 2-11 所示。

图 2-11　Eclipse 服务器配置界面

(2) 选择服务器类型

Eclipse 支持市场上流行的各种 Java EE 服务器,在此我们选择 Apache 的 Tomcat 6.0 服务器类型和版本,如图 2-12 所示。

图 2-12　服务器类型和版本选择

(3) 配置服务器的安装目录和 JDK 版本

单击 Next 按钮打开服务器目录和 JDK 选择界面,如图 2-13 所示。

图 2-13　服务器目录和 JDK 选择界面

2.4.4　Eclipse 创建 Java EE Web 项目

在 Eclipse 工作台界面,选择 File→ New→Dynamic Web Project 命令。启动 Java EE Web 项目创建向导,如图 2-14 所示。

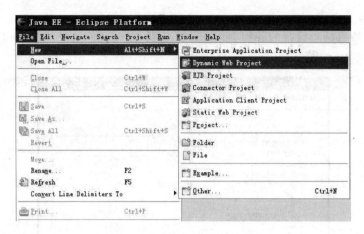

图 2-14 启动动态 Web 项目命令

输入如下 Web 项目参数配置：
(1) 项目名称：oaWeb。
(2) 项目目录：默认。
(3) 服务器：Tomcat 6.x。
选择 Finish 后，生成如图 2-15 所示的 Java EE Web 应用项目。

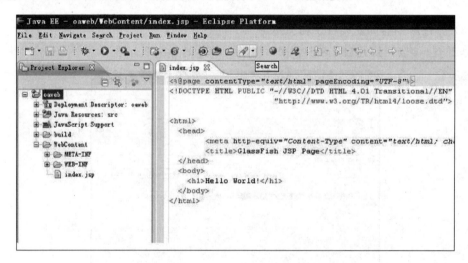

图 2-15 生成 Java EE Web 应用项目

一般不需要修改任何文件，直接使用默认的 index.jsp 页面即可测试项目的部署和运行。

2.4.5 部署 Java EE Web 项目

1. 部署 Java EE Web 项目

选择项目并右击，在弹出的快捷菜单中选择 Run as→Run on Server。启动 Web 项目部署向导界面，如图 2-16 所示。

第2章 Java EE服务器和开发环境的安装和配置　27

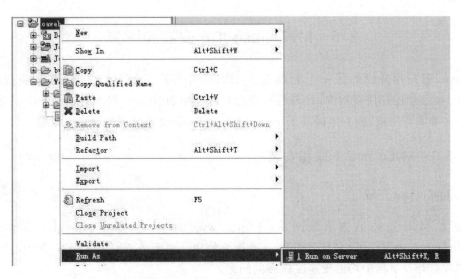

图 2-16　Web 项目部署向导界面

2．选择服务器并输入基本项目信息

选择服务器类型，其他信息不需要修改，选择默认值即可。

3．启动服务器并测试 Web 项目运行

单击 Finish 后，Eclipse 自动启动 GlassFish，并请求 Web 的起始地址。如图 2-17 所示是服务器启动和测试网页，表明项目部署成功。

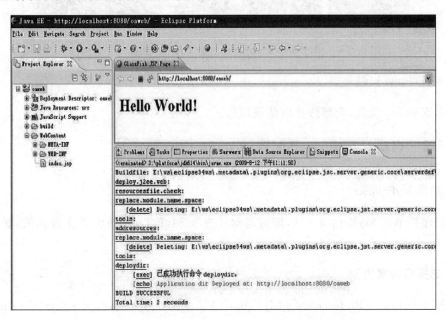

图 2-17　启动 GlassFish 并测试 Java EE 5.0 Web 项目

2.5 MyEclipse IDE 安装和配置

Java EE 应用开发的另一个利器是 MyEclipse，虽然不像 Eclipse 那样是免费的，但 MyEclipse 每年的使用费很少，且与各种流行开源框架如 Struts、Hibernate、Spring、JPA 和 TopLink 等紧密集成，极大地提高了项目的开发效率，深受软件开发企业的欢迎。

2.5.1 MyEclipse 下载和安装

1. MyEclipse 下载

进入 MyEclipse 官方下载网站：http://www.myeclipseide.com/blue.php。选择 MyEclipse 6.6 版本即可，它与 Eclipse 3.3 配合使用。由于最新的 7.x 版本过于庞大，无论启动和项目开发过程中均出现速度缓慢的问题。

如果没有下载和安装过 Eclipse 3.3，可以选择 ALL in ONE 下载模式，其中已经包含了 Eclipse 3.3 和 MyEclipse 6.6，就不需要单独下载 Eclipse 了。如图 2-18 所示为下载版本选择。

图 2-18 MyEclipse 6.6 下载版本选择

2. MyEclipse 安装

双击安装 exe 文件，全部选择默认值即可。

2.5.2 启动 MyEclipse 并配置 Java EE 服务器

1. 启动 MyEclipse

在程序栏单击 MyEclipse 6.6，即可启动并进入 MyEclipse 开发工作台界面，如图 2-19 所示。

2. 选择服务器类型

选择 Windows→Preferences→MyEclipse Enterprise Workbench→Server→Tomcat→Tomcat 6.x 命令，进入 Tomcat 6.x 服务器选择和配置界面，如图 2-20 所示。

在上面的配置界面中输入 Tomcat 6.x 的安装目录，完成服务器的配置工作。在配置服务器方面 MyEclipse 要比 Eclipse 方便得多。

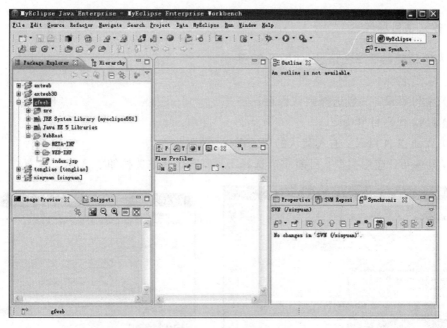

图 2-19　MyEclipse 开发工作台界面

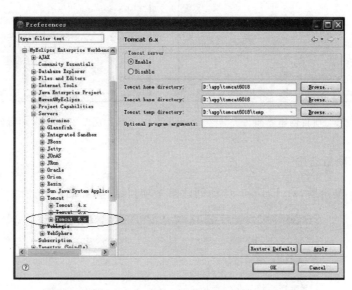

图 2-20　MyEclipse Java EE 服务器选择和配置界面

2.5.3　创建 Java EE Web 项目

在 MyEclipse 环境中,开发 Java EE 项目基本都有对应的项目创建向导,在向导的帮助和引导下,开发 Java EE 应用非常简单。

1．创建项目

选择 File→New→Project→Web Project→Web Project 命令,进入项目创建界面,如图 2-21 所示。

2. 输入项目属性

输入项目的如下属性信息,如图 2-22 所示。

(1) 项目名称;

(2) 项目目录:一般选择默认即可;

(3) Java 代码目录(src);

(4) Web 文件目录:输入默认的 WebRoot 即可;

(5) Java EE 应用类型:目前应该选择 Java EE 5.0 单选按钮。

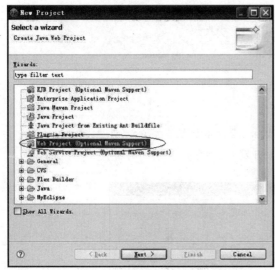

图 2-21 项目创建界面

图 2-22 Web 项目创建界面

3. Java EE 项目结构

选择 Finish 按钮后,MyEclipse 自动创建整个项目结构,如图 2-23 所示。

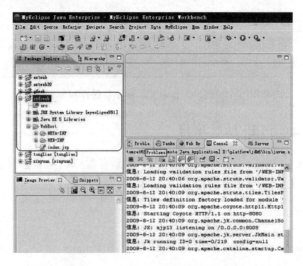

图 2-23 创建 Java EE 项目结构

项目自动创建 Web 应用的默认网页 index.jsp。可以直接编辑此页面,然后进行项目的部署和运行测试。

2.5.4　部署 Java EE Web 项目

将 Java EE 项目放置在服务器上称为部署(Deployment)。MyEclipse 部署项目非常简单,在 MyEclipse 工作台上,单击"部署"快捷图标,弹出管理部署界面,如图 2-24 所示。

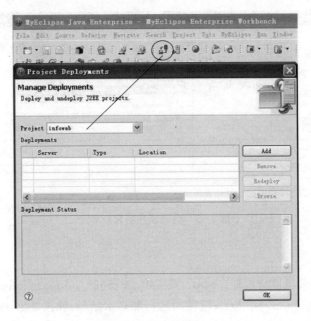

图 2-24　管理部署界面

在 Server 下拉框中,选择已经配置的服务器,完成项目的部署,如图 2-25 所示。

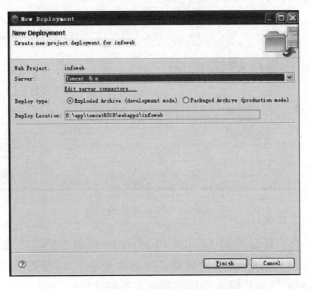

图 2-25　MyEclipse 项目部署服务器选择界面

2.5.5　启动并测试 Java EE Web 项目

1．启动服务器

单击"服务器管理"快捷图标,选择相应的服务器,再选择 Start 命令,启动该服务器。如图 2-26 所示是服务器启动选择界面。

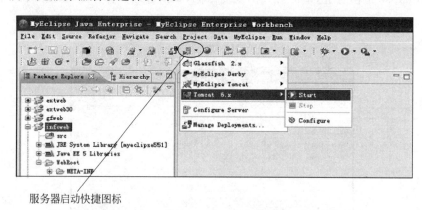

图 2-26　启动服务器选择界面

2．项目测试

在浏览器中输入项目的地址：http://localhost:8080/infoweb/index.jsp,访问 Web 项目,可以看到默认的 index.jsp Web 组件的运行和显示结果,如图 2-27 所示。

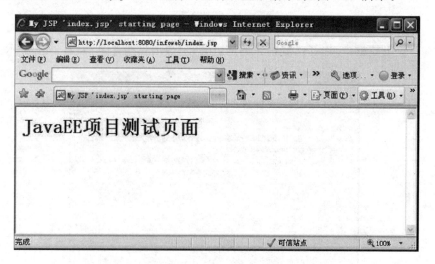

图 2-27　Java EE 项目测试网页显示结果

通过以上步骤,我们可以看到 Eclipse 和 MyEclipse 都提供了丰富的工具和向导帮助 Java EE 应用的开发和快速部署,极大提高了项目的开发进度,节省了项目的投资。因此所有程序开发人员都必须熟练并精通流行的开发工具的使用。

本书重点是关于 Java EE 应用组件的开发,具体每个工具的使用,请参阅相关的文献和资料[2,3,4]。

习 题 2

1. 市场上流行的 Java EE 服务器主要有哪些?请比较它们各自的优点。
2. 主流的 Java EE 应用开发工具有哪些?选择开发工具主要看哪些特征?

第3章 Servlet 编程

本章要点

- Web 基础回顾;
- 什么是 Servlet;
- Servlet 功能;
- Servlet 编程;
- Servlet 配置;
- Servlet 生命周期;
- Servlet 应用案例。

在 Java EE 应用编程中 Servlet 是基础,JSP 和 JSF 都是建立在 Servlet 基础之上的,其他 Web 框架如 Struts、WebWork 和 Spring MVC 都是基于 Servlet 的,因此理解 Servlet 的工作过程、生命周期、部署和调用是掌握 Java Web 开发的基础。

3.1 Web 基础回顾

在系统学习 Servlet 开发之前,了解一下 Web 基础是很有必要的,对学习 Servlet 开发有非常重要的引导作用,Servlet 本身就是 Web 组件,完全遵循 Web 工作过程。

3.1.1 Web 基本概念

Web(World Wide Web,万维网)本质上就是 Internet 上的所有文档的集合。Web 文档的主要类型有 HTML 网页、CSS、JavaScript、各种动态网页、图片、声音和视频等。

Web 文档保存在 Web 站点(Site)上,Web 站点驻留在 Web 服务器上。Web 服务器是一种软件系统,提供 Web 文档的管理和请求服务。常见的 Web 服务器软件有 Apache、IIS、WebLogic、GlassFish、JBoss 和 Tomcat 等。Web 服务器运行在连接 Internet 的计算机上,我们一般称之为服务器。每个服务器都有一个唯一的 IP 地址。Web 服务器对外都有一个服务端口,默认是 80,也可以设定为其他端口。

Web 文档都有一个唯一的地址,通过 URL(Uniform Resource Locator)格式来进行定位,其格式为：协议://IP 地址:端口/站点名/目录/文件名。其中协议主要有 HTTP,HTTPS 和 FTP。根据不同的协议，默认端口号可以省略，HTTP 和 HTTPS 为 80,FTP 为 21。

Web 文档请求例子：

http://210.30.108.30:8080/crm2009/admin/login.jsp。以 HTTP 协议请求 Web 文档。

ftp://210.30.108.30/software/sun/jsk6.zip。以 FTP 协议请求 Web 文档。

Web 服务器接收到请求后，根据 URL 定位到相应的文档，根据文档的类型进行对应的处理，将文档通过网络发送到客户端，一般是浏览器，用户即可查看或下载请求的文档。

3.1.2 Web 工作模式

Web 使用请求/响应模式进行工作，即由客户（一般是浏览器）使用 URL 对 Web 文档进行请求，Web 服务器接收并处理请求，处理结束后将响应内容发送到客户。Web 服务器不会主动将 Web 文档发送到客户端，这种方式也称为拉(PULL)模式。

3.1.3 Web 请求方式

Web 的请求方式主要有 GET,POST,PUT,DELETE 和 HEAD。其中：

(1) GET 请求：直接返回请求的文档，同时可以在请求时传递参数数据，参数数据在 URL 地址上直接传递。如：http://localhost:8080/web01/main.do?id=lhd&password=9002。

Web 请求基本上使用 GET 方式，如在浏览器地址栏直接输入 URL 地址和超链接等都使用 GET 方式进行工作。

(2) POST 请求：将传递到 Web 服务器的数据保存到数据流中，可以发送大的请求数据，例如上传文件到 Web 服务器。POST 方式只有使用表单提交才能实现。如下为 POST 请求实例：

```
<form action="add.do" method="post">
    <input type="text" name="username"/>
    <input type="submit" value="提交"/>
</form>
```

Web 请求方式只有 GET 和 POST 请求使用最为广泛，本书编程只涉及这两种方式。

3.1.4 Web 响应类型

当 Web 服务器接收客户端请求并处理完毕后，向客户端发送 HTTP 响应(Response)，当客户端接收完服务器的响应后，显示在浏览器上，完成一次请求/响应过程。

HTTP 响应一般情况下是 HTML 文档，也可以是其他类型格式。Web 使用 MIME (Multipurpose Internet Mail Extensions)标准来确定具体的响应类型，在 www.w3c.org 互联网组织官方网站上包含所有的 MIME 类型。

HTTP 响应类型总体上分为两类：

(1) 文本类型：纯文本类型响应，包括纯文本字符、HTML 和 XML 等。

(2) 二进制原始类型：包括图片、声音和视频等。

3.2 Servlet 概述

在 Sun 公司制定 Java EE 规范初期,为实现动态 Web 而引入了 Servlet,用于替代笨拙的 CGI(通用网关接口),实现了 Java 语言编程的动态 Web 技术,奠定了 Java EE 的基础,使动态 Web 开发达到了一个新的境界。后来为进一步简化动态 Web 网页的生成,并且在微软公司推出了 ASP(Active X 服务系统页面)技术的竞争情况下,Sun 推出了 JSP 规范,进一步简化了 Web 网页的编程。但 JSP 在进行 HTTP 请求处理方面不如 Servlet 方便和规范,Servlet 在当今的 MVC 模式 Web 开发中牢牢占据着一席之地。并且现在流行的 Web 框架基本基于 Servlet 技术,如 Struts、WebWork 和 Spring MVC 等。只有掌握了 Servlet,才能真正掌握 Java Web 编程的核心和精髓。

3.2.1 什么是 Servlet

按照 Java EE 规范定义,Servlet 是运行在 Web 容器的 Java 类,它能处理 Web 客户的 HTTP 请求,并产生 HTTP 响应。

Servlet 是 Java EE 规范定义的 Web 组件,运行在 Web 容器中。由 Web 容器负责管理 Servlet 的生命周期,包括创建和销毁 Servlet 对象。

客户不能直接创建 Servlet 对象和调用 Servlet 的方法,只能通过向 Web 服务器发出 HTTP 请求,间接调用 Servlet 的方法。这是 Servlet 与普通 Java 类的重要区别。

3.2.2 Servlet 体系结构

Sun 在如下两个包中提供了 Servlet 的全部接口和类:
(1) javax.servlet 包含支持所有协议的通用的 Web 组件接口和类。
(2) javax.servlet.http 包含支持 HTTP 协议的接口和类。
Servlet API 的主要接口和类结构如图 3-1 所示。

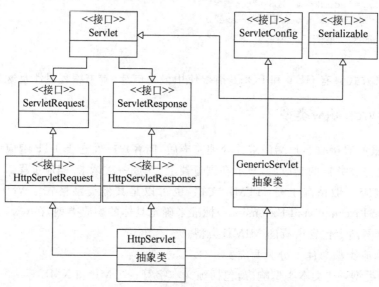

图 3-1 Servlet API 主要接口和类结构

3.2.3 Servlet 功能

Servlet 可以完成 Web 组件具有的所有功能,具体功能如下:
(1) 接收 HTTP 请求。
(2) 取得请求信息,包括请求头和请求参数数据。
(3) 调用其他 Java 类方法,完成具体的业务功能。
(4) 生成 HTTP 响应,包括 HTML 和非 HTML 响应。
(5) 实现到其他 Web 组件的跳转,包括重定向和转发,后续章节将详细介绍这些跳转方式。

3.3 Servlet 编程

Servlet 的编程方式与普通 Java 类的编写相同。与一般的 Java 类相比特别之处在于 Servlet 的类编写要严格按照 Java EE 的规范进行,包括需要实现的接口、继承的类、方法和方法的参数都要符合规范,否则无法在 Web 容器内部署和运行。Servlet 编程遵循以下步骤。

3.3.1 引入包

编写 Servlet 要引入 Servlet 的两个包和 Java I/O 包。

```
import java.io.*;
import javax.servlet.*;
import javax.servlet.http.*;
```

3.3.2 类定义

编写接收 HTTP 请求并进行 HTTP 响应的 Servlet 要继承 javax.servlet.http.HttpServlet。Servlet 类的定义代码如下:

```
public class LoginAction extends HttpServlet
{ }
```

一般情况下不需要编写构造方法,即使用默认的无参数的构造方法。

3.3.3 重写 doGet 方法

每个 Servlet 一般都需要重写 doGet 方法,因为父类 HttpServlet 的 doGet 方法是空的,没有实现任何代码,子类需要重写此方法。doGet 方法的定义代码如下:

```
public void doGet(HttpServletRequest request, HttpServletResponse response) throws ServletException,IOException
{ }
```

当客户使用 GET 方式请求 Servlet 时,Web 容器调用 doGet 方法处理请求。

3.3.4 重写 doPost 方法

同样编写 Servlet 需要重写父类的 doPost 方法。此方法的定义代码如下：

```
public void doPost ( HttpServletRequest request, HttpServletResponse response ) throws ServletException,IOException
{    }
```

当客户使用 POST 方式请求 Servlet 时，Web 容器调用 doPost 方法。

doGet 和 doPost 方法都接收 Web 容器自动创建的请求对象和响应对象，使得 Servlet 能够解析请求数据和发送响应给客户端。

3.3.5 重写 init 方法

当 Web 容器创建 Servlet 对象后，会自动调用 init 方法完成初始化功能，一般需要将耗时的连接数据库和打开外部资源文件的操作放在 init 方法中。init 方法在 Web 容器创建 Servlet 类对象后立即执行，且只执行一次，每次 Servlet 处理 HTTP 协议的 GET 或 POST 请求时，就不再运行 init 方法，只执行 doGet 或 doPost 方法。init 方法的定义代码如下：

```
public void init(ServletConfig config) throws ServletException
{
    super.init(config);
    //这里放置进行初始化工作的代码
}
```

在 init 方法中可以使用 Web 容器传递的 config 对象取得 Servlet 的各种配置初始参数，进而使用这些参数完成读取数据库或其他外部资源。

3.3.6 重写 destroy 方法

当 Web 容器需要销毁 Servlet 对象时，一般是 Web 容器停止运行或 Servlet 源代码修改而重新部署的时候。Web 容器自动运行 destroy 方法完成清理工作，如关闭数据库连接和关闭 I/O 流等。如下为关闭数据库连接的 destroy 方法，可以在 init 方法中取得数据库连接对象，每次处理 HTTP 请求时可以使用此连接对象，最后在 Servlet 销毁之前将其关闭并销毁，这将极大地提高 Servlet 的运行性能和系统的响应速度。

```
public void destroy()
{
    try {
        cn.close();
    } catch(Exception e) {
        application.Log("登录处理关闭数据库错误" + e.getMessage());
    }
}
```

代码中的 application 为 Web 应用的上下文环境对象，详见第 7 章。

3.4 Servlet 生命周期

编写 Servlet 必须真正了解 Servlet 的生命周期，理解 Servlet 生命周期中每个阶段的状态，进而开发出性能好的 Servlet 组件。

Servlet 的生命周期完全由 Web 容器掌管，客户必须通过 Web 容器发送对 Servlet 的请求，不能直接使用 new Servlet 对象，也不能像调用普通 Java 类那样直接调用 Servlet 的方法。Servlet 的所有方法都由 Web 容器调用。Servlet 要经过加载实例化、初始化、服务和销毁 4 个阶段，如图 3-2 所示是 Servlet 生命周期时序图。

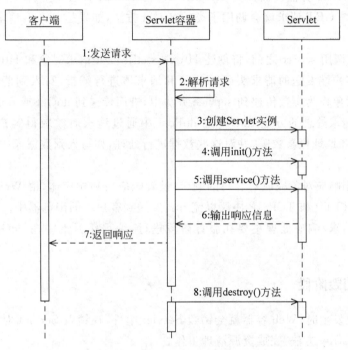

图 3-2　Servlet 生命周期时序图

3.4.1 加载类和实例化阶段

Servlet 由 Web 容器进行加载，当 Web 容器检测到客户首次请求 Servlet 时，根据 web.xml 文件的配置包名和类名，在/WEB-INF/classes 目录下查找 Servlet 类文件并加载到内存中。类加载结束后，使用反射机制调用默认的无参数的构造方法创建 Servlet 类对象，并保存在 Web 容器的 JVM 内存中。

3.4.2 初始化阶段

在创建 Servlet 对象后，Web 容器会调用 Servlet 的 init 方法，完成初始化工作，如连接数据和打开 I/O 流等。对每个 Servlet 对象 init 方法只执行一次，适合完成耗时较长的对象创建操作。当对象建立以后，每次请求的服务处理方法就可以直接使用 init 中创建的对象，从而极大地提高系统的性能。可以重写两种形式的 init 方法中的一种：
(1) public void init()throws ServletException；
(2) public void init(ServletConfig config)throws ServletException；
推荐重写第二种形式的 init 方法，通过 ServletConfig 对象可以取得 Servlet 的很多配置信息，而第一种方法无法得到 ServletConfig 对象。

3.4.3 处理请求阶段

Web 容器每次接收到对 Servlet 的 HTTP 请求时，自动调用 Servlet 的 service 方法，一般不需要重写 service 方法。而父类 HttpServlet 的 service 方法非空，在此方法中会取得请求的方式，如果是 GET 请求就会调用子类的 doGet 方法，如果是 POST 请求就调用 doPost 方法。

Web 容器在调用 service 之前，将创建 HttpServletRequest 请求对象和 HttpServletResponse 响应对象。将客户端发送的请求头(Header)和请求体进行解析，写入到请求对象中，将请求对象和响应对象作为参数传递到 service 方法中，进而传递到 doGet 或 doPost 方法中。

Servlet 在请求处理的方法 doGet 或 doPost 中通过请求对象取得客户提交的请求信息，如表单数据和地址栏参数等，并对这些数据进行处理，如写入到数据库中等，从而完成业务处理。

Servlet 使用响应对象完成对客户的响应，设置响应头和响应体，由 Web 容器将响应对象的内容通过 HTTP 和 TCP/IP 协议以流方式发送到客户端的浏览器中。

Servlet 的请求/响应处理主要在服务阶段进行，编程任务集中在 doGet 和 doPost 方法中。

3.4.4 销毁阶段

当以下情况发生时，Web 容器就会销毁 Servlet 组件，在销毁 Servlet 对象之前，就会调用 Servlet 的 destroy 方法，完成资源清理工作。
(1) Web 容器停止。
(2) Servlet 类更新。
(3) Web 应用重新部署。

destroy 方法完成在 init 方法中取得的各种资源对象的关闭和销毁工作，如关闭数据库连接和关闭 I/O 流等操作并释放这些对象所占的内存。

3.5 Servlet 配置

Servlet 作为 Web 组件可以处理 HTTP 请求/响应，因而对外要求一个唯一的 URL 地址。但由于 Servlet 是一个 Java 类文件，不像 JSP 那样直接存放在 Web 目录下就能获得 URL 请求访问地址。Servlet 必须在 Web 的配置文件/WEB-INF/web.xml 中进行配置和映射才能响应 HTTP 请求。Servlet 的配置分为声明和映射两个步骤。

3.5.1 Servlet 声明

Servlet 声明的任务是通知 Web 容器 Servlet 的存在，声明的语法如下：

```
<servlet>
  <servlet-name>loginaction</servlet-name>
  <servlet-class>com.city.oa.action.LoginAction</servlet-class>
</servlet>
```

其中：

<servlet-name>声明 Servlet 的名字，可以为任何字符串，一般与 Servlet 的类名相同即可，要求在一个 web.xml 文件内名字唯一。

<servlet-class>指定 Servlet 的全名，即包名.类名。Web 容器会根据此定义载入类文件到内容中，进而调用默认构造方法创建 Servlet 对象。

在 Servlet 声明中还可以有以下内容：

1. Servlet 初始参数

在 Servlet 声明配置中可以配置 Servlet 初始参数，如数据库的 Driver，URL，账号和密码等信息，在 Servlet 中可以读取这些信息，从而避免在 Servlet 代码中定义这些信息。当这些信息要修改时，不需要重新编译 Servlet，直接修改配置文件即可，提高系统的可维护性。

Servlet 初始参数的配置语法如下所示，其中定义了 1 个初始参数，即数据库的 JDBC 驱动。

```
<servlet>
  <init-param>
    <param-name>driver</param-name>
    <param-value>sun.jdbc.odbc.JdbcOdbcDriver</param-value>
  </init-param>
</servlet>
```

在 Servlet 中可以通过 ServletConfig 取得定义的初始化参数，取得以上定义的参数的示例代码如下：

```
//取得 Servlet 定义的初始参数
String driver = config.getInitParameter("driver");
//根据 Servlet 初始参数连接数据库
Class.forName(driver);
Connection cn = DriverManager.getConnection("jdbc:odbc:cityoa");
```

其中 config 是在 Servlet 中定义的 ServletConfig 类型的属性变量，由 init 方法取得它的实例。由此可见要连接不同的数据库，直接修改配置文件即可，不需要代码的修改和重新编译。

2. Servlet 启动时机

在配置 Servlet 时，可以指示 Servlet 跟随 Web 容器一起自动启动，这时 Servlet 就可以在没有请求的情形下,进行实例化和初始化,完成特定的任务。许多 Web 框架如 Struts 就是用这种方法在 Web 容器启动后,使用自启动 Servlet 完成框架的导入和对象创建工作。自启动 Servlet 的配置语法是:

```xml
<load-on-startup>2</load-on-startup>
```

其中:数字表示启动的顺序,数字越小越先启动,最小为 0,表示紧跟 Web 容器启动后,第一个启动。原则上不同的 Servlet 应该使用不同的启动顺序数字。

如下示例代码是 Struts 1 的核心 Servlet 的配置案例:

```xml
<servlet>
    <servlet-name>action</servlet-name>
    <servlet-class>org.apache.struts.action.ActionServlet</servlet-class>
    <init-param>
      <param-name>config</param-name>
      <param-value>/WEB-INF/struts-config.xml</param-value>
    </init-param>
    <load-on-startup>2</load-on-startup>
</servlet>
```

在以上 Servlet 配置中,配置启动顺序为 2,并且配置了 Servlet 初始参数,指定了 Struts 的配置文件位置。

3.5.2　Servlet 映射

任何 Web 文档在 Internet 上都要有一个 URL 地址才能被请求访问,Servlet 不能像 JSP 一样直接放在 Web 的发布目录下,因此 Servlet 需要单独映射 URL 地址。在/WEB-INF/web.xml 中进行 Servlet 的 URL 映射。

(1) 映射语法:

```xml
<servlet-mapping>
    <servlet-name>servlet 名称</servlet-name>
    <url-pattern>URL</url-pattern>
</servlet-mapping>
```

其中:servlet 名称与 Servlet 声明中的名称要一致。

(2) 映射地址方式:

Servlet 映射地址可以是绝对地址,也可以是匹配式地址对应多个请求地址。

① 绝对地址方式映射:绝对地址只能映射到 1 个地址,URL 的格式如下:/目录/目录/文件名.扩展名。

例子:

```xml
<servlet-mapping>
    <servlet-name>LoginAction</servlet-name>
    <url-pattern>/login.action</url-pattern>
</servlet-mapping>
```

上述 Servlet LoginAction 只能响应地址 /login.action 的请求。

② 匹配目录模式映射方式：URL 格式如下：/目录/目录/ *。这类映射重点匹配目录，只要目录符合映射模式，不考虑文件名，这个 Servlet 可以响应多个请求 URL。

例子：

```
<servlet-mapping>
    <servlet-name>MainAction</servlet-name>
    <url-pattern>/main/*</url-pattern>
</servlet-mapping>
```

在这个映射地址配置中，只要是以/main/为开头的任何 URL 都能请求此 Servlet。
如下请求均被此 Servlet 响应：

http://localhost:8080/web01/main/login.jsp
http://localhost:8080/web01/main/info/add.do

③ 匹配扩展名模式映射方式：以匹配扩展名的方式进行 URL 映射，不考虑文件的目录信息，也可以响应多地址的请求。URL 格式：*.扩展名。

例子：

```
<servlet-mapping>
    <servlet-name>MainAction</servlet-name>
    <url-pattern>*.action</url-pattern>
</servlet-mapping>
```

以上配置中扩展名为 action 的任何请求均被此 Servlet 响应，如：

http://localhost:8080/web01/login.action
http://localhost:8080/web01/main/info/add.action

注意：不能混合使用以上两种匹配模式，否则会在 Web 项目部署并运行时产生运行时错误。如下映射地址是错误的：

```
<servlet-mapping>
    <servlet-name>MainAction</servlet-name>
    <url-pattern>/main/*.action</url-pattern>
</servlet-mapping>
Caused by: java.lang.IllegalArgumentException: Invalid <url-pattern> /main/*.do in servlet mapping.
```

3.6　Servlet 部署

编译好的 Servlet class 文件要放置到指定的 Web 应用目录下，才能被 Web 容器找到，这个目录就是/WEB-INF/classes 目录。在此目录下根据 Servlet 类的包名创建对应的目录。即：

/WEB-INF/classes/包名目录/类名.class

例如 Servlet 类为：com.city.oa.action.MainAction，则其部署为：

/WEB-INF/classes/com/city/oa/action/MainAction.class

如果使用 IDE（集成开发环境）工具如 Eclipse、MyEclipse 和 NetBean 等，会自动进行 Servlet 的部署，不需要手工编译和复制。

3.7　Servlet 应用案例：取得数据表记录并显示

3.7.1　案例功能简述

编写一个 Servlet，连接 Oracle 数据库，使用 Oracle 的内置练习账号 scott，显示所有员工的记录列表，包括数据表 EMP 的姓名（ENAME）、职位（JOB）、工资（SAL）和加入公司日期（HIREDATE）。

3.7.2　案例分析设计

为演示直接使用 Servlet 编程，本案例没有按照 MVC 模式进行设计，而是直接在 Servlet 中连接数据库、执行查询、遍历取得的记录和显示所有的员工信息。

数据库的连接信息都在 Servlet 初始参数中进行配置，避免硬编码方式，提高了系统的可维护性。在 init 方法中取得初始参数，并取得数据库连接，供每次请求时使用，而不是每次请求时都连接数据库，提高了系统的性能。

在 destroy 方法中关闭数据连接和释放连接对象，节省了内存占用。

3.7.3　案例编程实现

(1) 案例 Servlet 编码：完成案例功能的 Servlet 如程序 3-1 代码所示：

程序 3-1　ShowEmployeeList.java

```java
package com.city.j2ee.ch02;
import java.io.IOException;
import java.io.PrintWriter;
import java.sql.*;
import javax.servlet.ServletConfig;
import javax.servlet.ServletException;
import javax.servlet.http.HttpServlet;
import javax.servlet.http.HttpServletRequest;
import javax.servlet.http.HttpServletResponse;
//显示 Oracle 数据库 scott 员工表 EMP 的所有记录
public class ShowEmployeeList extends HttpServlet
{
    //定义数据库连接对象属性，供 Servlet 其他方法使用
    private Connection cn = null;
    public void init(ServletConfig config) throws ServletException {
        super.init(config);
        //取得 Servlet 配置的数据库连接初始参数
        String driver = config.getInitParameter("driver");
        String url = config.getInitParameter("url");
        String user = config.getInitParameter("user");
        String password = config.getInitParameter("password");
```

```java
        //加载 Oracle 驱动,取得数据库连接
        try    {
            Class.forName(driver);
            cn = DriverManager.getConnection(url,user,password);
        }catch(Exception e)
        {
            System.out.println("Init Error:" + e.getMessage());
        }
    }
    //销毁方法,关闭数据库连接,释放对象占用内存
    public void destroy() {
        super.destroy();
        try {
            if(cn! = null&&(!cn.isClosed()))
            {
                cn.close();
                cn = null;
            }
        } catch(Exception e)    {
            System.out.println("Destroy Error:" + e.getMessage());
        }
    }
    //GET 请求处理
    public void doGet(HttpServletRequest request, HttpServletResponse response)
            throws ServletException, IOException
    {
        response.setContentType("text/html"); //设置响应类型
        response.setCharacterEncoding("GBK"); //设置汉字字符编码
        PrintWriter out = response.getWriter();
        out.println("< HTML >");
        out.println("   < HEAD >< TITLE > A Servlet </TITLE ></HEAD >");
        out.println("   < BODY >");
        try {
            String sql = "select ename, job, sal,hiredate from emp";
            PreparedStatement ps = cn.prepareStatement(sql);
            ResultSet rs = ps.executeQuery();
            out.print("< h1 >员工列表</h1 >");
            out.print("< table border = '1'>");
            out.print("< tr >");
            out.print("< td >姓名</td>< td >职位</td>< td>工资</td>< td>加入公司日期</td>");
            out.print("</tr >");

            while(rs.next())       {
                out.print("< tr >");
                out.println("< td >" +   rs.getString("ENAME") + "</td >");
                out.println("< td >" +   rs.getString("JOB") + "</td >");
                out.println("< td >" +   rs.getDouble("sal") + "</td >");
                out.println("< td >" +   rs.getString("hiredate") + "</td >");
                out.println("</tr >");
```

```
                rs.close();
                ps.close();
                out.print("</table>");
            } catch(Exception e) {
                out.println("<h2>处理请求发生错误:" + e.getMessage() + "</h2>");
            }
            out.println("  </BODY>");
            out.println("</HTML>");
            out.flush();
            out.close();
    }
    //POST 请求转移到 GET 请求处理
    public void doPost(HttpServletRequest request, HttpServletResponse response)
            throws ServletException, IOException {
        doGet(request,response);
    }
}
```

(2) 案例 Servlet 的配置:/WEB-INF/web.xml。配置代码如下:

```xml
<servlet>
    <servlet-name>ShowEmployeeList</servlet-name>
    <servlet-class>com.city.j2ee.ch02.ShowEmployeeList</servlet-class>
    <init-param>
        <param-name>driver</param-name>
        <param-value>oracle.jdbc.driver.OracleDriver</param-value>
    </init-param>
    <init-param>
        <param-name>url</param-name>
        <param-value>jdbc:oracle:thin:@192.168.1.200:1521:city1112</param-value>
    </init-param>
    <init-param>
        <param-name>user</param-name>
        <param-value>scott</param-value>
    </init-param>
    <init-param>
        <param-name>password</param-name>
        <param-value>tiger</param-value>
    </init-param>
</servlet>
```

3.7.4 案例部署和测试

将包含编写的 Servlet 的 Web 应用部署到 Tomcat 服务器上,启动 Tomcat 服务器后,可以通过访问 Servlet 的配置 URL 地址,实现对 Servlet 的请求。

本案例中采用 Oracle 数据库系统,并使用 Oracle 自带的案例 scott 样本数据,显示其 EMP 表的所有员工记录。通过 Servlet 配置参数得知使用了 Oracle 公司的 JDBC 驱动,因此需要将 Oracle 的驱动类库复制到 Tomcat 的 lib 目录下。请到如下的网址去下载:

http://www.oracle.com/technology/global/cn/software/tech/java/sqlj_jdbc/index.html

在 IE 浏览器下,请求此 Servlet,如果没有异常,则显示 EMP 表中所有的员工列表,运行结果如图 3-3 所示。

图 3-3　显示员工列表 Servlet 的请求结果

习　题　3

1. 思考题

（1）Servlet 与一般 Java 类的相同点和不同点是什么?
（2）简述 Servlet 的生命周期。
（3）简述 Servlet URL 地址的映射方式类型。

2. 练习题

（1）编写一个能计数访问次数的 Servlet,每次请求次数增 1,并显示访问次数。
（2）编写一个连接 SQL Server 2000 样本数据库 northwind 并显示其中产品表 Products 所有记录的 Servlet,显示每个产品的名称、价格和库存数量 3 个字段。可以使用 JDBC-ODBC 桥连接模式,也可以使用微软的 SQL Server 2000 JDBC 驱动。请自行决定 Servlet 的包、类和 URL 地址等信息,但要求数据库连接参数要在 Servlet 的配置参数中,不要在 Servlet 代码中以硬编码方式取得。

第4章

HTTP 请求处理编程

本章要点

- HTTP 请求内容；
- HTTP 请求头；
- HTTP 请求体；
- Java EE 请求对象类型；
- Java EE 请求对象功能和方法；
- Java EE 请求对象的生命周期；
- 请求对象应用案例。

Web 应用的工作在请求/响应模式下，要访问 Web 文档必须使用 URL 对该文档进行 HTTP 请求。当 Web 服务器接收并处理该请求后，向请求的客户端发送 HTTP 响应，客户端接收到 HTTP 响应后进行显示，用户即可看到请求的文档的内容。

在动态 Web 应用中，用户需要将信息输入到 Web 系统中，一般使用 HTML FORM 表单和表单元素，如文本框、单选按钮、复选按钮和文本域等，将客户端信息提交到 Web 服务器端。服务器接收客户提交的数据，按具体业务进行处理，如保存到数据库中。

要取得客户提交的数据，Java EE 提供了 HTTP 请求对象来保存客户在进行 HTTP 请求时发送给 Web 服务器的所有信息，并提供不同的方法来取得不同的提交信息。

确定 HTTP 请求中包含的数据类型和内容，并使用 Java EE 规范中的请求对象取得 HTTP 请求中包含的数据是开发动态 Web 的关键。

4.1 HTTP 请求内容

当客户端对 Web 文档进行 HTTP 请求时，在请求中不但包含请求协议如 HTTP，请求 URL 如 localhost:8080/web01/login.jsp，还包含其他客户端的信息和提交的数据，开发人员需要了解客户请求中包含的数据和类型。

4.1.1 HTTP 请求中包含信息的分析

当在浏览器地址中输入 http://localhost:8080/web01/admin/login.jsp 对此 JSP Web 组件进行请求时，Web 服务器会收到请求中包含的如下内容：

```
GET /dumprequest HTTP/1.0
Host: djce.org.uk
User-Agent: Mozilla/5.0 (Windows; U; Windows NT 5.1; zh-CN; rv:1.9.1.3) Gecko/20090824 Firefox/3.5.3 (.NET CLR 3.5.30729)
Accept: text/html,application/xhtml+xml,application/xml;q=0.9,*/*;q=0.8
Accept-Language: zh-cn,en-US;q=0.5
Accept-Encoding: gzip,deflate
Accept-Charset: GB2312,utf-8;q=0.7,*;q=0.7
Referer: http://www.google.cn/search?hl=zh-CN&source=hp&q=Http+request&btnG=Google+%E6%90%9C%E7%B4%A2&aq=f&oq=
Via: 1.1 cache3.dlut.edu.cn:3128 (squid/2.6.STABLE18)
X-Forwarded-For: 210.30.108.201
Cache-Control: max-age=259200
Connection: keep-alive
```

以上请求信息按类别分为：

1. 请求头

请求指示信息，用于通知 Web 容器请求中信息的类型、请求方式、信息的大小、客户的 IP 地址等。根据这些信息 Web 组件可以采取不同的处理方式，实现对 HTTP 的请求处理。

2. 请求体

请求中包含的提交给服务器的数据，如表单提交中的数据、上传的文件等。

下面具体分析一下每部分的内容和作用。

4.1.2 请求头

当 Web 客户向服务器发出 HTTP 请求时，请求头（Request Head）部分被首先发送到服务器端，指明服务器此请求中包含的指示信息。服务器根据这些指示信息，采取不同的处理。表 4-1 列出了 W3C 规范中规定的 HTTP 请求头中的主要信息。

表 4-1 HTTP 请求头标记和说明

头 标 记	说 明	包含的值举例
User-Agent	客户端的类型，即浏览器名称	LII-Cello/1.0; libwww/2.5
Accept	浏览器可接受的 MIME 类型	
Accept-Charset	浏览器支持的字符编码	
Accept-Encoding	浏览器知道如何解码的数据编码类型	x-compress; x-zip
Accept-Language	浏览器指定的语言	
Connection	是否使用持续连接	Keep-Alive：持续连接
Content-Length	使用 POST 方法提交时，传递数据的字节数	
Cookie	保存的 Cookie 对象	
Host	主机和端口	

在 Java EE Web 组件 Servlet 和 JSP 中可以使用请求对象的方法读取这些请求头的内容，进而进行相应的处理，4.2.3 节将讲述请求头的取得方法。

4.1.3 请求体内容

每次 HTTP 请求时，在请求头之后会有 1 个空行，接下来就是请求中包含的提交数据，即请求体（Request Body）。

当为 GET 请求时，请求数据直接在请求的 URL 地址中，作为 URL 的一部分发送到 Web 服务器，如：http://localhost:8080/web01/login.do?id=9001&pass=9001。这时请求体为空，因为提交数据直接在 URL 上，作为请求头部分传输到 Web 服务器，通过解析 URL 的 QueryString 部分就可以得到提交的参数数据。这种方式对提交的数据大小有限制，不同浏览器会有所不同，如 IE 为 2083 字节。GET 请求时数据会出现在 URL 中，保密性差，在实际项目编程中要尽量避免。

POST 请求时，请求体数据单独打包为数据块，通过 Socket 直接传递到 Web 服务器端，数据不会在地址栏上出现。可以提交大的数据，包括二进制文件，实现文件上传功能。原则上 POST 请求对提交的数据没有大小限制。但为了应用需要，一般在编程时对文件的大小加以限制。

Java EE Web 组件规范中定义了如何取得请求体数据的方法，在 4.2 节中将有详细说明和编程应用。

4.2 Java EE 请求对象

为取得客户 HTTP 请求中包含的信息，Java EE 定义了请求对象接口规范，通过实现了该接口的请求对象可以取得请求中包含的所有信息，包括请求头和请求体。

4.2.1 请求对象类型与生命周期

1. 请求对象接口类型

Java EE 规范中的通用请求对象要实现接口 javax.servlet.ServletRequest，而本书重点介绍的是 HTTP 请求对象要实现接口 javax.servlet.http.HttpServletRequest。这两个接口的所有方法和属性请参阅 Sun Java EE API 文档[2]。

2. 请求对象生命周期

在 Java Web 组件开发中，不需要 Servlet 或 JSP 自己创建请求对象，它们由 Web 容器自动创建，并传递给 Servlet 和 JSP 的服务方法 doGet 和 doPost，在服务处理方法中直接使用请求对象即可。

3. 请求对象创建

每次 Web 服务器接收到 HTTP 请求时，会自动创建实现 HttpServletRequest 接口的对象，具体的请求对象实现类由 Java EE Server 厂家实现，编程者不需要了解具体的类型，只需掌握请求对象接口的方法即可。

在创建请求对象后,Web服务器将请求头和请求体信息写入请求对象,Servlet和JSP可以通过请求对象的方法取得这些请求信息,继而可以取得用户提交的数据。

4. 请求对象销毁

当Web服务器处理HTTP请求,向客户端发送HTTP响应结束后,会自动销毁请求对象,保存在请求对象中的数据随即丢失。当下次请求时新的请求对象又会被创建,重新开始请求对象的新的生命周期。

4.2.2 请求对象功能与方法

Java EE提供的HttpServletRequest对象用于取得HTTP请求中包含的请求头、请求体数据和其他有关客户端的信息。这些方法一般分类为:

(1) 取得请求头信息。
(2) 取得请求体中包含的提交参数数据,包含表单元素或地址栏URL的参数。
(3) 取得客户端的有关信息,如请求协议、IP地址和端口等。
(4) 取得服务器端的相关信息,如服务器的IP等。
(5) 取得请求对象的属性信息,用于在一个请求的转发对象之间传递数据,这些方法将在7.4节中进行讲述。

4.2.3 取得请求头方法

HttpServletRequest提供的如下方法用于取得请求头信息。

1. String getHeader(String name)

取得指定请求头字符串类型的内容。如在Servlet的doGet或doPost方法中取得客户端浏览器类型:

```
String browser = request.getHeader("User-Agent");
```

2. int getIntHeader(String name)

取得整数类型的指定请求内容:

```
int size = request.getIntHeader("Content-Length");
```

请求头Content-Length中包含的请求体长度为int类型,这个方法在取得有文件上传的应用中特别有用。

3. long getDateHeader(String name)

取得日期类型的指定请求头内容,返回long型表示从1970年1月1日0点开始计时的毫秒数,根据此long值计算出Date类型日期。例子:

```
long datetime = request.getDateHeader("If-Modified-Since");
```

上面取得请求文档的最后修改日期。

4. Enumeration getHeaderNames()

取得所有请求头的列表,以枚举类型返回。
如下代码取得并输出所有请求头的名称:

```
for (Enumeration enum = request.getHeaderNames(); enum.hasMoreElements();)
{    String headerName = (String)enum.nextElement();
     System.out.println("Name = " + headerName);
}
```

4.2.4 取得请求中包含的提交参数数据

在 Web 开发中,用户通过表单输入将客户端数据提交到服务器端,这些数据被 Web 服务器自动保存到请求对象中。Web 组件 Servlet 和 JSP 可以通过请求对象取得提交的数据。HttpServletRequest 请求对象提供如下方法用于取得客户提交的数据。

1. String getParameter(String name)

取得指定名称的参数数据,此方法用于表单数据的参数。
参数 name 为 FORM 表单元素的 name 属性或 URL 参数名称,如:

产品名称:< input type = "text" name = "productName" />
productSearch.do?productName = Acer

如下代码取得以上的参数名为 productName 的数据:

```
String productName = request.getParameter("productName");
```

2. String[] getParameterValues(String name)

取得指定参数名称的数据数组,用于多值参数的情况。如复选框和复选列表等。
如下代码取得复选框的选择数据:

爱好:< input type = "checkbox" name = "behave" value = "旅游"/>旅游
    < input type = "checkbox" name = "behave" value = "读书"/>读书
    < input type = "checkbox" name = "behave" value = "体育"/>体育

如下代码取得选定的爱好:

```
String[] behaves = request.getParameterValues("behave");
for(int i = 0;i < behaves.length;i ++ )
{
    out.println(behaves[i]);
}
```

注意:此数据不需要事先确定大小,由 Web 容器自动根据一个参数名的值的个数取得数组的容量个数。

3. Enumeration getParameterNames()

取得所有请求参数的名称。

如下为遍历所有请求参数名的代码：

```
for (Enumeration enum = request.getParameterNames(); enum.hasMoreElements();)
{   String paramName = (String)enum.nextElement();
    System.out.println("Name = " + paramName);
}
```

4．Map getParameterMap()

取得所有请求的参数名和值，包装在一个 Map 对象中，可以使用这个对象同时取得所有参数名和参数值。

如下代码取得所有参数名和参数值：

```
Map params = request.getParameterMap();
Set names = params.keySet();
for(Object o:names) {
    String paramName = (String)o;
    out.print(paramName + " = " + params.get(paramName) + "<br/>");
}
```

5．ServletInputStream getInputStream() throws IOException

取得客户提交的输入流。当使用 getParameter()方法后，就无法使用 getInputStream()方法，反之亦然。当用户提交的数据中包含文件上传时，提交的数据就以二进制编码方式提交到服务器，这时无法使用 getParameter()方法取得参数数据，只能使用此方法通过二进制流方式取得提交的数据。当表单既有文本字段还有文件上传时，就需要对此二进制流进行解析，从而分离出文本和上传文件，此类编程处理非常复杂，经常要使用已有的框架技术。目前市场上已经存在多种第三方框架来实现上传文件的大额处理，如 Apache 的 Common upload 组件、JSP Smartupload、Struts 1 和 Struts 2 内置的文件上传处理。

如下为有文件上传的表单：

```
<form action = "" method = "" enctype = "multipart/form-data"/>
    姓名:<input type = "text" name = "name" /><br/>
    照片:<input type = "file" name = "photo" /><br/>
    <input type = "submit" value = "提交"/>
</form>
```

使用第三方框架技术，可以取得表单中包含的姓名和照片文件，具体请参阅相关框架文档资料。

4.2.5 取得其他客户端信息

通过 HttpServletRequest 请求对象除了取得请求头和请求参数外，还可以取得其他有关信息，如客户端信息、请求类型和请求内容等。

1．String getRemoteHost()

取得请求客户的主机名。

2．String getRemoteAddr()

取得请求客户端的 IP 地址。

3．int getRemotePort()

取得请求客户的端口号。

4．String getProtocol()

取得请求的协议。

5．String getContentType()

取得请求体的内容类型，以 MIME 表达。

6．int getContentLength()

取得当请求体为二进制流时请求体的长度，当处理文件上传时特别有用。

7．String getProtocol()

取得请求的协议，一般为 HTTP，返回 HTTP1.1。

4.2.6 取得服务器端信息

通过 HttpServletRequest 请求对象还可以取得服务器的信息，如服务器名称和接收端口等，如下方法用于服务器端的信息。

1．String getServerName()

取得服务器的 HOST，一般为 IP 地址。

2．int getServerPort()

取得服务器接收端口。

4.3 请求对象应用实例：取得 HTML 表单提交的数据

本案例使用 HttpServletRequest 请求对象取得表单提交的数据。在实际项目开发中，经常需要向服务器提交数据，如用户注册和产品增加等应用非常普遍。

4.3.1 业务描述

在线购物网站中，要求有客户注册功能，只有已经注册且登录的用户才能进行购物结算和发送订单。本案例为用户注册和处理功能，并且在 Servlet 中直接完成数据库的处理。这样做的目的是演示 Servlet 能完成的功能和编程，未来应用开发中不会使用 Servlet 直接进行数据库的操作,而是使用 MVC 模式,通过持久化 DAO(数据访问对象)层进行数据库的操作。

本案例的注册页面和注册处理 Servlet 流程图如图 4-1 所示。

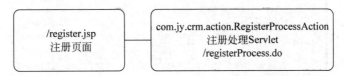

图 4-1　用户注册页面和注册处理 Servlet 流程图

其中用户注册页面如图 4-2 所示。

在用户注册页面输入注册信息,提交到注册处理 Servlet,将注册信息写入到数据库表中,成功后显示注册成功消息,如图 4-3 所示。

图 4-2　用户注册页面　　　　　图 4-3　用户注册成功 Servlet 输出显示

4.3.2　案例编程

本案例使用 1 个 JSP 注册页面和 1 个注册处理 Servlet,用 MyEclipse 6.6 进行开发。

1. 在 MyEclipse 下创建 Web Project

输入 Web 项目的基本信息,如图 4-4 所示。

2. 注册页面 JSP 编程

如程序 4-1 所示。

程序 4-1　register.jsp

```
<%@ page language="java" import="java.util.*" pageEncoding="GBK"%>
<!DOCTYPE HTML PUBLIC "-//W3C//DTD HTML 4.01 Transitional//EN">
<html>
  <head>
    <title>网上书城-用户注册</title>
  </head>
  <body>
    <h1>用户注册</h1>
```

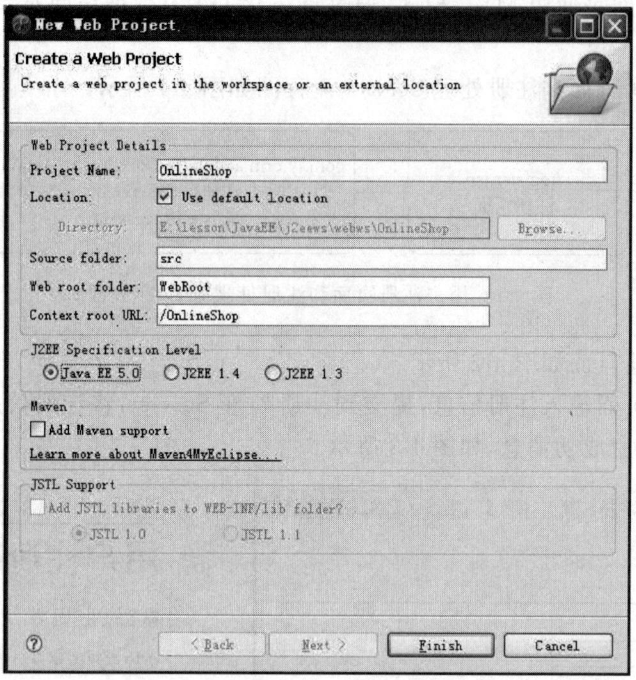

图 4-4 MyEclipse 创建 Web 项目

```
<hr/>
<form action = "registerProcess.do">
登录账号:<input type = "text" name = "userid"/><br/>
登录密码:<input type = "password" name = "password"/><br/>
确认密码:<input type = "password" name = "repassword"/><br/>
用户姓名:<input type = "text" name = "name"/><br/>
<input type = "submit" value = "提交" />
</form>
<hr/>
</body>
</html>
```

3. 注册处理 Servlet 编程

注册处理 Servlet 首先取得注册信息,并将注册信息写入到数据库中,如果出现异常,自动重定向到用户注册页面。注册处理 Servlet 代码如程序 4-2 所示。

程序 4-2 RegisterProcessAction.java

```java
package javaee.ch04;
import java.io.IOException;
import java.io.PrintWriter;
import java.sql.*;
import javax.servlet.ServletConfig;
import javax.servlet.ServletException;
import javax.servlet.http.HttpServlet;
import javax.servlet.http.HttpServletRequest;
```

```java
import javax.servlet.http.HttpServletResponse;
//用户注册处理 Servlet
public class RegisterProcessAction extends HttpServlet
{
    //定义数据库连接对象
    private Connection cn = null;
    private String driverName = null;//数据库驱动器
    private String url = null;           //数据库地址 URL
    //初始化方法,取得数据库连接对象
    public void init(ServletConfig config) throws ServletException
    {
        super.init(config);
        driverName = config.getInitParameter("driverName");
        url = config.getInitParameter("url");
        try {
            Class.forName(driverName);
            cn = DriverManager.getConnection(url);
        } catch(Exception e)    {
            System.out.println("取得数据库连接错误:" + e.getMessage());
        }
    }
    //处理 GET 请求方法
    public void doGet(HttpServletRequest request, HttpServletResponse response)
            throws ServletException, IOException
    {
        //取得用户注册表单提交的数据
        String userid = request.getParameter("userid");
        String password = request.getParameter("password");
        String repassword = request.getParameter("repassword");
        String name = request.getParameter("name");
        //判断登录账号为空,则自动跳转到注册页面
        if(userid == null||userid.trim().length() == 0) {
            response.sendRedirect("register.jsp");
        }
        //如果登录密码为空,自动跳转到注册页面
        if(password == null||password.trim().length() == 0)
        {
            response.sendRedirect("register.jsp");
        }
        //如果确认登录密码为空,自动跳转到注册页面
        if(repassword == null||repassword.trim().length() == 0)
        {
            response.sendRedirect("register.jsp");
        }
        //如果密码和确认密码不符,自动跳转到注册页面
        if(!password.equals(repassword))
        {
            response.sendRedirect("register.jsp");
        }
        //将姓名进行汉字乱码处理
        if(name! = null&&name.trim().length()> 0)
```

```java
            { name = new String(name.getBytes("ISO-8859-1")); }
        //增加新用户处理
        String sql = "insert into USERINFO (USERID,PASSWORD,NAME) values (?,?,?)";
        try {
            PreparedStatement ps = cn.prepareStatement(sql);
            ps.setString(1, userid);
            ps.setString(2, password);
            ps.setString(3, name);
            ps.executeUpdate();
            ps.close();
            //处理结束后,跳转到注册成功提示页面
            response.sendRedirect("success.jsp");
        } catch(Exception e)    {
            System.out.println("错误:" + e.getMessage());
            response.sendRedirect("register.jsp");
        }
    }
    //处理 POST 请求方法
    public void doPost(HttpServletRequest request, HttpServletResponse response)
            throws ServletException, IOException    {
        doGet(request,response);
    }
    //销毁方法
    public void destroy()    {
        super.destroy();
        try    {
            cn.close();
        } catch(Exception e) {
            System.out.println("关闭数据库错误:" + e.getMessage());
        }
    }
}
```

在注册处理 Servlet 中取得注册页面提交的用户信息,当这些注册信息不为空的情况下,将其插入到用户表中。

4. 注册成功显示页面

如程序 4-3 所示。

程序 4-3　success.jsp

```jsp
<%@ page language = "java" import = "java.util.*" pageEncoding = "GBK" %>
<!DOCTYPE HTML PUBLIC "-//W3C//DTD HTML 4.01 Transitional//EN">
<html>
  <head>
    <title>网上书城</title>
  </head>
  <body>
    <h1>注册用户成功</h1>
    <a href = "main.jsp">返回</a>
  </body>
</html>
```

5. 配置 Servlet 并映射 URL 请求地址

Servlet 的配置如程序 4-4 所示。

程序 4-4　web.xml

```xml
<?xml version="1.0" encoding="UTF-8"?>
<web-app version="2.5" xmlns="http://java.sun.com/xml/ns/javaee"
xmlns:xsi="http://www.w3.org/2001/XMLSchema-instance"
xsi:schemaLocation="http://java.sun.com/xml/ns/javaee
http://java.sun.com/xml/ns/javaee/web-app_2_5.xsd">
  <servlet>
    <servlet-name>RegisterProcessAction</servlet-name>
    <servlet-class>javaee.ch04.RegisterProcessAction</servlet-class>
    <init-param>
      <param-name>driverName</param-name>
      <param-value>sun.jdbc.odbc.JdbcOdbcDriver</param-value>
    </init-param>
    <init-param>
      <param-name>url</param-name>
      <param-value>jdbc:odbc:cityoa</param-value>
    </init-param>
  </servlet>
  <servlet-mapping>
    <servlet-name>RegisterProcessAction</servlet-name>
    <url-pattern>/registerProcess.do</url-pattern>
  </servlet-mapping>
  <welcome-file-list>
    <welcome-file>index.jsp</welcome-file>
  </welcome-file-list>
</web-app>
```

6. 案例项目总体结构如图 4-5 所示

图 4-5　案例项目总体结构

4.4 请求对象应用实例：取得客户端信息并验证

有的 Web 应用需要限制客户的访问，只有允许的 IP 地址的客户才能访问指定的页面或控制组件。还有的时候要封杀某些 IP 的客户访问，因为这些 IP 已经被记录在黑名单中。本案例使用请求对象取得客户的 IP 地址，并检查 IP 是否在被封杀之列。

4.4.1 业务描述

编写 Servlet，取得客户端的 IP 地址，并将此 IP 与数据库表中保存的封杀 IP 进行比较，如果此 IP 在封杀之列，则跳转到错误信息显示页面，阻止客户进一步的访问，如果 IP 不在封杀之列则跳转到主页。

4.4.2 项目编程

根据案例的功能要求，设计如下数据库表和 Web 组件。

1. IP 限制数据表

此数据表保存被封杀的 IP 列表，表结构设计如表 4-2 所示。可以在任何数据库中创建，例如 SQL Server、MySQL、Oracle 和 Access 等。

表 4-2 IP 封杀数据表 LimitIP

字段名	类型	约束	说明
IPNO	Int	主键	编号
IP	Varchar(50)	非空	IP 地址

2. 监测 IP 地址是否被封杀的 Servlet

此 Servlet 首先取得客户的 IP 地址，再连接数据库，判断 IP 是否在封杀列表中，如果在封杀之列，则自动跳转到错误信息显示页面，否则自动跳转到系统的主页面。监测客户 IP 是否被封杀的 Servlet 代码如程序 4-5 所示。

程序 4-5 IPCheckAction.java

```
package javaee.ch04;
import java.io.IOException;
import java.io.PrintWriter;
import java.sql.Connection;
import java.sql.DriverManager;
import java.sql.PreparedStatement;
import java.sql.ResultSet;
import javax.servlet.ServletConfig;
import javax.servlet.ServletException;
import javax.servlet.http.HttpServlet;
import javax.servlet.http.HttpServletRequest;
```

```java
import javax.servlet.http.HttpServletResponse;
//客户 IP 检查 Servlet
public class IPCheckAction extends HttpServlet
{
    //定义数据库连接对象
    private Connection cn = null;
    private String driverName = null;//数据库驱动器
    private String url = null;         //数据库地址 URL
    public void init(ServletConfig config) throws ServletException
    {
        super.init(config);
        driverName = config.getInitParameter("driverName");
        url = config.getInitParameter("url");
        try {
            Class.forName(driverName);
            cn = DriverManager.getConnection(url);
        } catch(Exception e)     {
            System.out.println("取得数据库连接错误:" + e.getMessage());
        }
    }
    //GET 请求
    public void doGet(HttpServletRequest request, HttpServletResponse response)
            throws ServletException, IOException
    {
        boolean isLocked = false;
        String ip = request.getRemoteAddr();
        String sql = "select * from LimitIP where IP = ?";
        try {
            PreparedStatement ps = cn.prepareStatement(sql);
            ps.setString(1, ip);
            ResultSet rs = ps.executeQuery();
            if(rs.next())
            {
                isLocked = true;     //如果 IP 在数据表中则表示被封杀
            }
            rs.close();
            ps.close();
            if(isLocked)
            {
                //如果 IP 被封杀,自动跳转到封杀信息页面
                response.sendRedirect("ipLock.jsp");
            }
            else
            {
                //如果 IP 允许访问,则可以跳转到主页面
                response.sendRedirect("main.jsp");
            }
        } catch(Exception e) {
            System.out.println("检查 IP 是否被封杀错误:" + e.getMessage());
            response.sendRedirect("errorInfo.jsp");
        }
```

```java
        }
        //POST 请求处理
        public void doPost(HttpServletRequest request, HttpServletResponse response)
                throws ServletException, IOException
        {
            doGet(request,response);
        }
        //销毁方法
        public void destroy()
        {
            super.destroy();
            try    {
                cn.close();
            } catch(Exception e)    {
                System.out.println("关闭数据库错误:" + e.getMessage());
            }
        }
    }
```

3. 错误信息显示页面

当客户 IP 在被封杀之列时，此页面将被显示。页面 JSP 代码如程序 4-6 所示。

程序 4-6 errorInfo.jsp

```jsp
<%@ page language="java" import="java.util.*" pageEncoding="GBK"%>
<!DOCTYPE HTML PUBLIC "-//W3C//DTD HTML 4.01 Transitional//EN">
<html>
  <head>
    <title>网上商城</title>
  </head>
  <body>
    <h1>错误信息</h1>
    <hr/>
    对不起,您无法访问网上商城.<br/><br/>
    因为您的 IP 已经被封杀!
    <hr/>
  </body>
</html>
```

此错误页面只显示简单的错误信息，关键用于配合 Servlet 进行演示。真正的错误信息页面也要设计得与网站主页的总体布局相符。

4. 系统主页面

系统主页面 JSP 是当 IP 通过检查之后，自动显示的系统功能导航页面。此页面的代码如程序 4-7 所示。

程序 4-7 main.jsp

```jsp
<%@ page language="java" import="java.util.*" pageEncoding="GBK"%>
<!DOCTYPE HTML PUBLIC "-//W3C//DTD HTML 4.01 Transitional//EN">
```

```html
<html>
  <head>
    <title>网上商城</title>
  </head>
  <body>
    <h1>网上商城</h1>
    <hr/>
      欢迎您访问网上商城.<br/>
      <a href="purchaseMain.jsp">购物</a>
    <hr/>
  </body>
</html>
```

目前的商城主页只是一个演示画面,并没有购物功能,只有用于演示 Servlet 和请求对象的功能,实际网上商城项目中主页将非常复杂。

5. Servlet 配置文件

在 Web 项目的配置文件/WEB-INF/web.xml 中配置 Servlet,并进行 Servlet 地址 URL 映射,配置 Servlet 代码如程序 4-8 所示。

程序 4-8 web.xml

```xml
<?xml version="1.0" encoding="UTF-8"?>
<web-app version="2.5" xmlns="http://java.sun.com/xml/ns/javaee"
xmlns:xsi="http://www.w3.org/2001/XMLSchema-instance"
xsi:schemaLocation="http://java.sun.com/xml/ns/javaee
http://java.sun.com/xml/ns/javaee/web-app_2_5.xsd">
    <!-- IP封杀检查Servlet声明 -->
    <servlet>
      <servlet-name>IPCheckAction</servlet-name>
      <servlet-class>javaee.ch04.IPCheckAction</servlet-class>
      <init-param>
        <param-name>driverName</param-name>
        <param-value>sun.jdbc.odbc.JdbcOdbcDriver</param-value>
      </init-param>
      <init-param>
        <param-name>url</param-name>
        <param-value>jdbc:odbc:cityoa</param-value>
      </init-param>
    </servlet>
    <!-- IP封杀检查Servlet映射 -->
    <servlet-mapping>
      <servlet-name>IPCheckAction</servlet-name>
      <url-pattern>/IPCheck.do</url-pattern>
    </servlet-mapping>
<welcome-file-list>
    <welcome-file>index.jsp</welcome-file>
</welcome-file-list>
</web-app>
```

4.4.3 应用部署和测试

将开发完毕的 Web 部署到 Tomcat 服务器上,配置客户端 IP 地址与数据表的 IP 地址相同,请求 IP 封杀检查 Servlet,将自动转到客户端 IP 封杀信息页面,如图 4-6 所示。

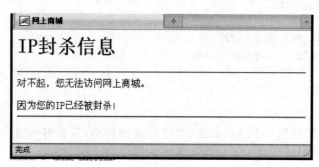

图 4-6　客户端 IP 被封杀信息显示

更换客户端 IP 地址,与 IP 数据表中的不同,再次请求此 Servlet,则自动跳转到网上商城的主页 main.jsp。

通过此案例可以看到请求对象如何取得客户端的信息,并使用这些客户端信息进行某种业务处理。

习　题　4

1. 思考题

(1) 简述请求对象的生命周期。
(2) 描述请求对象的主要方法。

2. 练习题

(1) 创建 Web 项目:
项目名:erpweb;标准:Java EE 5.0。
(2) 创建增加客户表单页面。
/customer/add.jsp
显示增加客户表单:
编号:文本框。
登录密码:密码框。
公司名称:文本框。
是否上市:是 否 单选按钮。
购买产品:复选框(至少有 4 个产品名称)。
公司人数:文本框。
年销售额:文本框。

提交按钮。

提交后请求 Servlet 进行处理。

(3) 编写客户增加注册处理 Servlet。

① 包名：com.city.erp.servlet；

② 类名：CustomerAddAction；

③ 映射地址为：/customer/add.do；

④ 功能：

取得表单提交的数据，根据需要进行相应的数据类型转换，在步骤(4)创建的 Customer 表中增加 1 个新客户。处理成功后显示"处理完毕"和返回超链接，否则显示异常信息。

(4) 创建数据库和客户表：使用本机的 SQL Server

数据库名称：cityerp；

用户：cityerp；密码：cityerp；

表 4-3：Customer。

表 4-3 Customer

字　段　名	类　　型	说　　明
CompanyID	Varchar(20)	公司 ID
Password	Varchar(20)	密码
CompanyName	Varchar(50)	公司名称
staffnum	Int	公司人数
Income	Decimal(18,2)	年销售额
CompanyType	Char(4)	是否上市
Products	Varchar(200)	购买产品列表,使用空格分开

第5章 HTTP 响应处理编程

本章要点

- HTTP 响应基本知识；
- HTTP 响应内容；
- 响应状态行；
- 响应头；
- HTML 响应；
- 字符非 HTML 响应；
- 二进制响应；
- HTTP 响应案例。

Java EE Web 组件的另一个重要功能是产生动态 Web 响应，Web 组件不但可以生成 HTML 响应即动态网页，还可以是任意的 MIME(多功能因特网邮件扩充服务)类型，如图片、Office 文档和 PDF 等，这些功能极大地扩展了 Web 组件的应用领域。

在本章中首先介绍 HTTP 响应的类型和内容，接下来介绍 Java EE 提供的响应对象的主要功能和方法，最后通过几个实际案例来说明响应对象的项目运用。

5.1 HTTP 响应的内容

Web 工作在请求/响应模式，客户端使用 HTTP 协议请求 Web 组件，如 JSP 或 Servlet。Web 组件接收请求并进行处理，处理结束后 Web 组件向客户端发送 HTTP 响应，客户端浏览器接收 Web 组件响应，完成一个请求/响应处理周期。每次响应过程中，Web 服务器通过 TCP/IP 和 HTTP 协议响应内容，以文本或二进制类型发送到客户浏览器。浏览器接收到响应内容，根据响应内容的类型，启动相应的程序进行处理，如是 Word 文档，则启动 MS Word 打开响应文档。

Web 服务器发送的 HTTP 响应内容包含如下 3 个部分。

1. 响应状态

响应状态(Response Status)表示 Web 服务器响应是否成功和处理所处的状态。客户端浏览器首先接收到响应状态行,根据响应的状态行,决定是否进一步处理其余响应内容。

2. 响应头

响应头(Response Header)用于向客户端发送响应体的基本信息和服务器要保留在客户的 Cookie 信息,在第 6 章会话跟踪中将详细介绍 Cookie 的使用。

3. 响应体

响应体(Response Body)为具体的响应内容,一般是 HTML 代码,浏览器接收并解析成 HTML 网页。响应体类型也可以是其他类型的 MIME,如图片、Word、Excel 和 PDF 等。

5.1.1 响应状态

HTTP 响应最先发送给客户端的是响应状态(Response Status)行,浏览器接收响应状态行后,根据响应状态行的内容决定后续的响应处理工作。

响应状态表示 Web 服务器处理客户 HTTP 请求后的响应处理所处的阶段信息,每个状态行由状态码(Status code)和状态消息(Status Message)组成,其中状态码为 int 类型的整数,表示响应处理所处的阶段。常用的 HTTP 状态码和状态消息如表 5-1 所示。

表 5-1 常用的 HTTP 状态码和状态消息

状态码	状态消息	含 义
1xx	用于指定客户端应响应的某些动作	
100	Continue	服务器已经接收请求,正在处理
101	Switching Protocols	服务器接收申请,并切换请求协议
2xx	用于表示请求成功	
200	OK	服务器接收请求并发送响应完毕
201	Created	服务器接收并响应完成,同时创建新的资源
202	Accepted	告诉客户端请求正在被执行,但还没有处理完
3xx	用于已经移动的文件并且常被包含在定位头信息中指定新的地址信息	
300	Multiple Choices	表示被请求的文档可以在多个地方找到,并将在返回的文档中列出来。如果服务器有首选设置,首选项将会被列于定位响应头信息中
301	Moved Permanently	是指所请求的文档在别的地方,文档新的 URL 会在定位响应头信息中给出。浏览器会自动连接到新的 URL
302	Found	与 301 有些类似,只是定位头信息中所给的 URL 应被理解为临时交换地址而不是永久的交换地址
307	Temporary Redirect	浏览器处理 307 状态的规则与 302 相同
4xx	用于指出客户端的错误	
400	Bad Request	服务器无法支持的请求方式
401	Unauthorized	请求未被授权
402	Payment Required	预留代码,将使用未来版本
403	Forbidden	除非拥有授权否则服务器拒绝提供所请求的资源。这个状态经常会由于服务器上的损坏文件或目录许可而引起
404	Not Found	请求地址的文档 URL 不存在
405	Method Not Allowed	请求的方法不支持

续表

状态码	状态消息	含义
5xx	用于支持服务器错误	
500	Internal Server Error	该状态经常由 CGI 程序引起，也可能（但愿不会如此）由无法正常运行的或返回头信息格式不正确的 Servlet 引起
501	Not Implemented	该状态告诉客户端服务器不支持请求中要求的功能
502	Bad Gateway	被用于充当代理或网关的服务器，该状态指出接收服务器接收到远端服务器的错误响应
503	Service Unavailable	表示服务器由于在维护或已经超载而无法响应

从表 5-1 可以得到响应处理的不同阶段状态消息，如最常见的 404 Not found 状态码和消息，当客户请求的文档的 URL 不存在时，Web 服务器不是没有任何响应，为不让用户看到一个空白页面，将发送 404 状态码给浏览器，告知 URL 不存在，如图 5-1 所示。

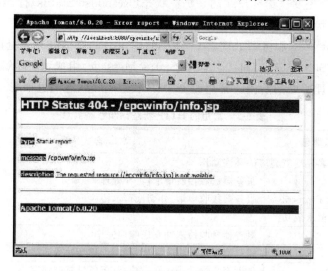

图 5-1　404 状态码和错误消息显示页面

通过响应对象可以直接设置响应状态码和响应状态消息，进而人为干预 HTTP 响应的阶段，实现对响应阶段的进度控制，具体如何设置状态码和状态消息如 5.3 节的响应对象的功能方法所示。

5.1.2　响应头

如同客户浏览器在 HTTP 请求时包含请求头来指定请求体的类型和字符编码等信息一样，Web 服务器在向客户发送 HTTP 响应时也包含响应头（Response Header），来指示客户端如何处理响应体，主要用来告诉浏览器响应的类型、字符编码和字节大小等信息。浏览器在接收响应时可以根据这些响应头信息来决定使用何种软件和格式来处理响应内容。

实际编程常用响应头如下所示。

1. Accept

指示 HTTP 响应可以接收的文档类型集,即 MIME 类型。

2. Accept-Charset

告知客户可以接收的字符集,常见值为 ISO-8859-1,UTF-8 和 GBK 等。

3. Accept-Encoding

所有响应的字符编码集。

4. Content-Type

响应体的 MIME 类型。

5. Content-Language

响应体的语言类型,如中文或英文。

6. Content-Length

响应体的长度和字节数。

7. Expires

通知客户端过期时间,防止客户浏览器使用本地缓存副本。

8. Cookie

包含保存到客户端的 Cookie 集。

9. Redirect

提供指定重定向,可以不向浏览器输出响应内容,而是直接重新请求到另一个 URL 地址,实现重定向响应,即是一种自动重定向。而在地址栏输入 URL 或通过超链接实现的重定向称为手动重定向。

5.1.3 响应体

响应体(Response Body)就是 Web 服务器发送到客户端浏览器的实际内容,可以是 HTML 网页,也可以是其他类型的文档如 Word,Excel 和 PDF 等。浏览器在处理响应体之前,会收到响应头,根据响应头的信息,确定如何处理响应体,如响应头的 Content-Type 为 PDF,则浏览器会启动 PDF Reader 来处理此响应体以显示 PDF 文档,浏览器本身并不直接处理该响应体。

响应体的类型根据 W3C 组织的 MIME 类型来确定,常见的响应体 MIME 类型如表 5-2 所示。

表 5-2　常见的响应体 MIME 类型

扩展名	类型/子类型	扩展名	类型/子类型
*	application/octet-stream	mp2	video/mpeg
avi	video/x-msvideo	mp3	audio/mpeg
bmp	image/bmp	mpeg	video/mpeg
css	text/css	mpg	video/mpeg
doc	application/msword	pdf	application/pdf
dot	application/msword	pfx	application/x-pkcs12
gif	image/gif	pgm	image/x-portable-graymap
htm	text/html	pps	application/vnd.ms-powerpoint
html	text/html	ppt	application/vnd.ms-powerpoint
jpe	image/jpeg	txt	text/plain
jpeg	image/jpeg	xls	application/vnd.ms-excel
jpg	image/jpeg	xwd	image/x-xwindowdump
movie	video/x-sgi-movie	zip	application/zip

以上所有响应体类型，按大类区分如下。

1. 文本类型

响应体以字符方式发送到客户端浏览器，如 text/html，text/plain 等。文本类型响应体要求在响应头中包含 MIME 类型和字符编码集，使用字符输出流向客户端发送响应体数据。

2. 二进制类型

响应体以二进制原始数据格式发送到浏览器，如 image/jpeg，image/gif 等。需要在响应头中包含 MIME 类型，不要设置字符编码集，使用字节输出流向客户端发送响应体数据。

5.2　Java EE Web 响应对象

以上讲述的 HTTP 响应内容，包括状态码、响应头和响应体，由 Web 服务器端发送到客户浏览器端，而发送响应的任务由 Java Web 组件中的响应对象来完成。本节将讲述响应对象如何完成响应内容的发送任务。

5.2.1　响应对象类型

Java EE 中响应对象的通用类型是 javax.servlet.ServletResponse，可以进行任何类型的响应处理工作。实际进行 Web 项目开发时，最主要的是处理 HTTP 的请求和响应，本书的重点也是讲述 HTTP 的请求和响应。

针对 HTTP 的响应处理，Java EE 规范提供了专门的接口类型 javax.servlet.http.HttpServletResponse，由 Java EE 服务器厂家来提供此接口的实现类。Web 应用开发者并不需要了解具体的实现类，只需熟练掌握响应对象接口提供的方法。

5.2.2 响应对象生命周期

响应对象由 Web 容器创建，并传递给 Web 组件（JSP 和 Servlet），最后由 Web 容器销毁。Web 容器在响应 HTTP 请求时，每次请求都创建新的 Servlet 线程（JSP 运行时也将转变为 Servlet），同时单独创建请求对象和响应对象，并把它们传入到 Servlet 线程中，供 Servlet 使用。响应对象与请求对象一样每个生命周期经历 3 个阶段。

1．创建阶段

Web 容器在接收到 HTTP 请求时，自动创建响应对象，并以参数方式传入 Servlet 的 doGet 和 doPost 方法。如下 doGet 处理请求的方法被传入响应对象：

```
public void doGet ( HttpServletRequest request, HttpServletResponse response ) throws ServletException,IOException
{ }
```

2．使用阶段

在 Servlet 进行 HTTP 请求和响应处理阶段，Servlet 会使用响应对象完成向客户浏览器发送响应内容，如状态码、响应头和响应体数据。

在 doGet 或 doPost 内部设定响应内容类型：

```
response.setContentType("text/html");
```

3．销毁阶段

在 Web 容器中完成 HTTP 响应，客户端接收响应内容完毕后，Web 容器自动销毁响应对象，清理响应对象所占用的内存。

5.3 响应对象功能和方法

针对 HTTP 响应的三大内容的管理：响应状态码、响应头和响应体，Java EE 规范在响应对象的接口 HttpServletResponse 中定义了大量的方法来管理和设置响应内容。

5.3.1 设置响应状态码功能方法

一般情况下，Web 开发人员是不需要编程来改变响应状态码的，Web 服务器会根据请求处理的情况自动设置状态码，并发送到客户浏览器。例如当客户请求不存在的 URL 地址时，Web 服务器会自动设置状态码为 404，状态消息为 not found。

为了在编程中人为地影响响应状态码信息，Java EE 规范提供了如下方法。

1．public void setStatus(int code)

直接发送指定的响应状态码。因为只设定状态码，没有设定状态消息，则只有默认的状态消息,如果无对应的状态消息,则显示为空。

2. public void setStatus(int code,String message)

设置指定的状态码,同时设定自定义的状态消息,可以修改默认的状态消息文本。该方法在 Servlet 2.5 以后被舍弃了,一般不要使用,防止未来版本不支持。

如使用:response.setStatus(404, "URL not found!");则浏览器直接显示 404 错误。

3. public void sendError(int sc)　throws IOException

向客户端发送指定的错误信息码,可以是任意定义的整数。例子:

response.setCharacterEncoding("GBK");
response.sendError(580);

只发送错误状态码,但无错误消息文本显示,如图 5-2 所示,可以看到 message 显示为空。

4. public void sendError(int sc,String msg)　throws IOException

向客户浏览器发送错误状态码和自定义状态消息,编程例子:

response.setCharacterEncoding("GBK");
response.sendError(580, "自定义错误信息");

将以上代码写入到 Servlet,访问此 Servlet 显示如图 5-3 所示的自定义错误信息。

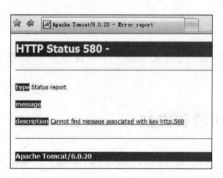
图 5-2　发送错误状态码显示页面

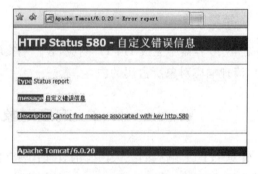
图 5-3　使用 sendError 的状态消息显示

5.3.2　设置响应头功能方法

当客户端接收到响应状态为 200 时,浏览器会继续接收响应头信息,来确定响应体的类型和大小。响应对象接口提供了如下设置响应头的方法。

1. public void setHeader(String name,String value)

将指定名称和值的响应头发送到客户端。如下代码将设置响应类型为 HTML 网页:

response.setHeader("Content-Type","text/html");

2. public void setIntHeader(String name,int value)

设置整数类型的响应头的名字和值。如下代码设置响应体的长度：

sesponse.setIntHeader("Content-Length",20);

访问含有此代码的 Servlet，将显示如图 5-4 所示的响应页面，可以看到由于设定了响应内容的长度为 20，则浏览器只接收了 20 个字符的响应体，因此只显示接收的前 20 个字符。

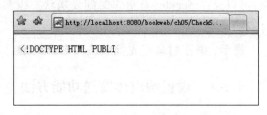

图 5-4　设定了指定长度的响应头的页面显示

如果响应体长度超过设定的长度，浏览器将只能响应设定长度的内容，其余内容将被忽略。实际项目开发中是不需要设定该响应头的，Web 服务器会自动计算响应体长度，并发送到浏览器端。

3. public void setDateHeader(String name,long date)

设定日期类型的响应头。参数 long 为 GMT 格式的日期，表示从 1970 年 1 月 1 日 0 点 0 分 0 秒开始计算到指定时间间隔的毫秒数。示例代码如下：

response.setDateHeader("Modify-Date",909920);

5.3.3　设置响应头便捷方法

编程时可以使用 5.3.2 节介绍的设置响应头功能的方法来设置所有的响应头信息。Java EE API 还定义了响应对象设置响应头的便捷方法，这些方法可以直接设置指定的响应头，使项目代码简洁易懂。

1. public void setContentType(String type)

直接设置响应内容类型 MIME 响应头。如：

response.setContentType("GBK");

2. public void setContentLength(int len)

设置响应体长度，以字节为单位。如：

response.setContentLength(4505);

3. void setCharacterEncoding(String charset)

设置响应字符集，包括响应状态、响应头和响应体。如下代码设定字符编码为汉字字符编码 GBK：

response.setCharacterEncoding("GBK");

4. public void setBufferSize(int size)

设定响应体的缓存字节数。如设定响应体缓存为 4K：response.setBufferSize(4096)；Servlet 在发送响应时，一般按照发送状态码、响应头和响应体的顺序进行，大的响应体缓存，可以允许 Servlet 有更多时间发送状态码和响应头，这种情况发生在响应头和响应体同时写的情况。

提示：编程时最好先把响应头全部设定后，再发送响应体。

5.3.4 设置响应体发送功能方法

响应体即是浏览器实际显示的具体内容，可以是 HTML 网页，也可以是其他文件格式，由响应头的 ContentType 决定。响应体的类型主要分为两大类，即文本类型和二进制类型。文本类型使用字符输出流 PrintWriter 的对象来实现，二进制类型由 OutputStream 的对象来实现。

Java EE 响应对象分别提供了取得字符输出流和二进制输出流的方法：

```
public PrintWriter getWriter();                    //取得字符输出流
public ServletOutputStream getOutputStream();      //取得二进制输出流
```

其中 ServletOutputStream 是 OutputStream 的子类。

使用以上两个流对象，实现发送文本和二进制响应体到客户端浏览器。

下面分别简述不同类型的响应体发送编程步骤。

1. 文本类型响应体发送编程

(1) 设置响应类型 ContentType。

```
response.setContentType("text/html");              //响应类型为 HTML 文档
```

(2) 设置响应字符编码。

```
response.setCharacterEncoding("GBK");              //字符编码使用 GBK
```

(3) 取得字符输出流对象。

```
PrintWriter out = response.getWriter();
```

(4) 向流对象发送文本数据。

```
out.println("<html><body></body></html>");         //输出文本字符
```

(5) 清空流中缓存的字符。

```
out.flush();
```

(6) 关闭流。

```
out.close();
```

2. 二进制类型响应编程

(1) 设置响应类型 ContentType。

```
response.setContentType("image/jpeg");              //响应类型为 JPEG 图片
```

(2) 取得字节输出流对象。

```
OutputStream out = response.getOutputStream();      //取得字节输出流
```

(3) 向流对象发送字节数据。

```
out.println(200);                                   //输出字节数据
```

(4) 清空流中缓存的字节。

```
out.flush();
```

(5) 关闭流。

```
out.close();
```

通过以上编程步骤可以看到，二进制响应编程不需要设置字符编码，其他步骤与字符响应基本相同。

5.4 HTTP 文本类型响应案例

5.4.1 案例功能

本案例使用 Oracle10g 数据库，访问 Oracle 数据库中用户 scott 的样本表 EMP，显示所有员工记录列表，并生成 Excel 格式表格。

5.4.2 案例程序设计

在没有介绍 JSP 和 JSTL 技术之前，本案例不打算使用 MVC 模式，而是直接使用 Servlet 连接数据库，执行 SQL 查询，直接将查询结果通过响应对象发送到浏览器。

设计一个 Servlet，在 init 中取得数据库连接，在销毁方法中关闭数据库连接，在 GET 请求处理方法中执行 Select 查询，将结果集写入到 Excel 类型的文档中。访问此 Servlet，下载生成的 Excel 文档。

设计参数如下：

package：com.city.oa.action；
类名：GetEmpListExcel；
映射地址：/employee/getListExcel.do。

5.4.3 案例编程

1. 使用 MyEclipse 创建 Web Project

在 MyEclipse 中选择 File→New→Web Project 命令,启动 Web 项目创建向导,创建 Web 项目。

2. 引入 Oracle JDBC 驱动类库

选择项目并右击,在弹出的快捷菜单中选择 Properties→Java Build Path→Libraries→Add External JARs 命令,选择 Oracle JDBC 驱动文件:odbc14.jar。如图 5-5 所示为引入 Oracle JDBC 驱动类库的配置窗口。

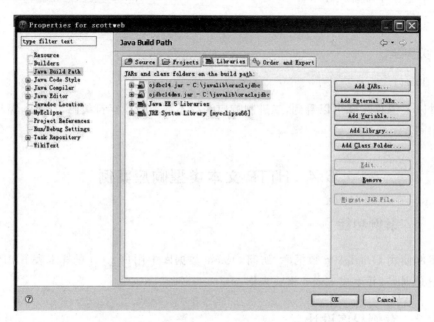

图 5-5　引入 Oracle JDBC 驱动类库配置窗口

3. 创建 Servlet

选中 src 目录并右击,在弹出的快捷菜单中选择 New→Servlet 命令,启动创建 Servlet 向导窗口,如图 5-6 所示。

4. Servlet 地址 URL 映射

单击创建 Servlet 向导窗口的 Next 按钮,进入 Servlet 映射配置窗口,如图 5-7 所示。在 Servlet/JSP Mapping URL 文本框中输入/employee/listExcel.do。

5. 编写 Servlet 处理代码

Servlet 使用 Oracle JDBC 驱动,直接连接 Oracle 数据库,较使用 JDBC-ODBC 桥方式性能有较大的提高,且支持 Oracle 的特殊数据类型。Servlet 代码如程序 5-1 所示。

图 5-6 创建 Servlet 向导窗口

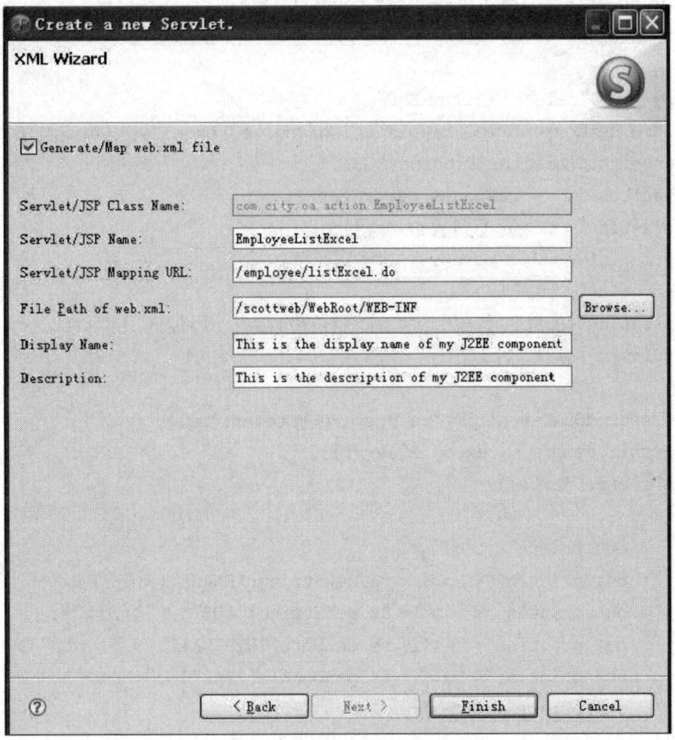

图 5-7 Servlet 映射配置窗口

程序 5-1 EmployeeListExcel.java

```java
package com.city.oa.action;
import java.io.IOException;
import java.io.PrintWriter;
import java.sql.*;
import javax.servlet.*;
import javax.servlet.http.*;
//以 Excel 格式显示所有员工列表
public class EmployeeListExcel extends HttpServlet
{
    private Connection cn = null;
    //初始化方法
    public void init() throws ServletException
    {
        try {
            Class.forName("oracle.jdbc.driver.OracleDriver");
            cn = DriverManager.getConnection("jdbc:oracle:thin:@localhost:1521:city2009","scott","tiger");
        } catch(Exception e) {
            System.out.println("取得数据库连接错误:" + e.getMessage());
        }
    }
    //GET 处理
    public void doGet(HttpServletRequest request, HttpServletResponse response)
            throws ServletException, IOException
    {
        String sql = "select * from EMP";
        response.setContentType("application/vnd.ms-excel");//响应类型为 Excel
        response.setCharacterEncoding("GBK");
        PrintWriter out = response.getWriter();
        out.println("<h1>员工列表</h1>");
        out.println("<table border='1'>");
        out.println("<tr>");
        out.println("<td>姓名</td><td>职位</td><td>加入日期</td><td>工资</td>");
        out.println("</tr>");
        try {
            PreparedStatement ps = cn.prepareStatement(sql);
            ResultSet rs = ps.executeQuery();
            while(rs.next())
            {
                out.print("<tr>");
                out.println("<td>" + rs.getString("ENAME") + "</td>");
                out.println("<td>" + rs.getString("JOB") + "</td>");
                out.println("<td>" + rs.getDate("HIREDATE") + "</td>");
                out.println("<td>" + rs.getDouble("SAL") + "</td>");
                out.print("</tr>");
            }
        } catch(Exception e) {
            System.out.println("遍历记录错误:" + e.getMessage());
        }
```

```java
            out.println("</table>");

            out.flush();
            out.close();
    }
    //POST 处理
    public void doPost(HttpServletRequest request, HttpServletResponse response)
            throws ServletException, IOException
    {
            doGet(request,response);
    }
    //销毁方法,清除资源对象
    public void destroy()
    {
            super.destroy();
            try    {
                cn.close();
            } catch(Exception e)    {
                System.out.println("关闭数据库连接错误:" + e.getMessage());
            }
    }
}
```

6. Servlet 映射地址配置

在/WEB-INF/web.xml 文件中配置 Servlet 映射地址,配置文件内容如程序 5-2 所示。

程序 5-2 web.xml

```xml
<?xml version="1.0" encoding="UTF-8"?>
<web-app version="2.5"
    xmlns="http://java.sun.com/xml/ns/javaee"
    xmlns:xsi="http://www.w3.org/2001/XMLSchema-instance"
    xsi:schemaLocation="http://java.sun.com/xml/ns/javaee
    http://java.sun.com/xml/ns/javaee/web-app_2_5.xsd">
  <servlet>
    <description>This is the description of my J2EE component</description>
    <display-name>This is the display name of my J2EE component</display-name>
    <servlet-name>EmployeeListExcel</servlet-name>
    <servlet-class>com.city.oa.action.EmployeeListExcel</servlet-class>
  </servlet>
  <servlet-mapping>
    <servlet-name>EmployeeListExcel</servlet-name>
    <url-pattern>/employee/listExcel.do</url-pattern>
  </servlet-mapping>
  <welcome-file-list>
    <welcome-file>index.jsp</welcome-file>
  </welcome-file-list>
</web-app>
```

7. 项目部署到 Tomcat 6.x

在 MyEclipse 工具栏中选择 ![icon]，打开 Web 项目部署向导窗口，将 Web 项目部署到 Tomcat 6.x 服务器上，如图 5-8 所示。

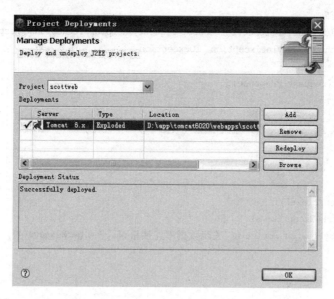

图 5-8　Web 项目部署窗口

5.4.4　案例测试

项目部署到 Tomcat 6.x 以后，启动它即可访问 Servlet 进行测试。在浏览器地址中输入 Servlet 的 URL 映射地址，由于 Servlet 响应为 Excel 格式，会弹出 Excel 文件下载对话框，提示"打开"或"保存"到指定本地目录，如图 5-9 所示。

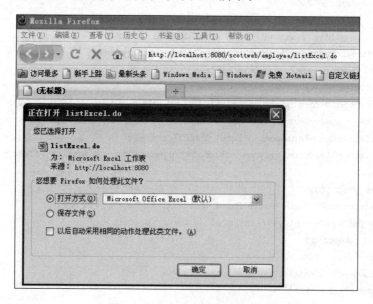

图 5-9　Excel 文件下载对话框

在图 5-9 的对话框中选择打开方式"Microsoft Office Excel(默认)",便启动 Excel 打开响应文档,如图 5-10 所示。

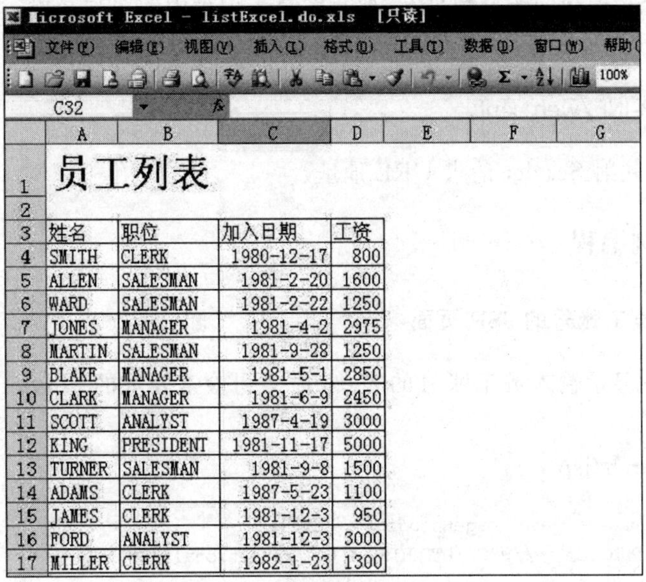

姓名	职位	加入日期	工资
SMITH	CLERK	1980-12-17	800
ALLEN	SALESMAN	1981-2-20	1600
WARD	SALESMAN	1981-2-22	1250
JONES	MANAGER	1981-4-2	2975
MARTIN	SALESMAN	1981-9-28	1250
BLAKE	MANAGER	1981-5-1	2850
CLARK	MANAGER	1981-6-9	2450
SCOTT	ANALYST	1987-4-19	3000
KING	PRESIDENT	1981-11-17	5000
TURNER	SALESMAN	1981-9-8	1500
ADAMS	CLERK	1987-5-23	1100
JAMES	CLERK	1981-12-3	950
FORD	ANALYST	1981-12-3	3000
MILLER	CLERK	1982-1-23	1300

图 5-10 Excel 响应文件

通过响应对象的设置响应类型的方法可以生成更多类型的文件类型,如 Word,PDF 等,在实际项目的开发中经常使用此方式生成业务报表。

5.5 HTTP 二进制类型响应案例

本案例将展示使用响应对象如何向浏览器发送二进制数据,在实际应用中经常会从数据库中读取图片进行显示或其他类型文件进行下载。响应对象提供了二进制响应的方法供编程使用。

5.5.1 案例功能

某公司的员工管理系统中,员工表中保存了每个员工的账号、密码、姓名、照片和照片文件类型信息。在员工查看 JSP 页面时,输入员工的账号,提交请求到显示员工照片的 Servlet。Servlet 取得输入的员工账号,检索员工表取得该账号对应的员工,显示该员工的照片。

5.5.2 案例组件设计

本案例使用两个 Java EE Web 组件:

1. JSP 页面

文件目录:\employee; 文件名称:search.jsp。
页面内容:输入表单中只有一个账号文本框。

2. Servlet

功能：取得JSP提交的账号数据，读取指定员工记录中的照片字段，并显示员工照片。
包：com.city.oa.action；类：EmployeePhotoShowing；方法：doGet()。

3. 配置/WEB-INF/web.xml

声明Servlet，映射Servlet请求URL地址。

5.5.3 案例编程

1. 输入检索员工账号的JSP页面

此JSP页面中显示输入员工账号的表单，提交到检索处理的Servlet，JSP页面代码如程序5-3所示。

程序5-3 search.jsp

```jsp
<%@ page language="java" pageEncoding="GBK" %>
<!DOCTYPE HTML PUBLIC "-//W3C//DTD HTML 4.01 Transitional//EN">
<html>
  <head>
    <title>先科员工管理系统</title>
    <meta http-equiv="pragma" content="no-cache">
    <meta http-equiv="cache-control" content="no-cache">
    <meta http-equiv="expires" content="0">
  </head>
  <body>
    <h2>检索员工信息</h2>
    <hr/>
    <form action="showPhoto.do" method="post">
      账号:<input type="text" name="empId" /><br/>
      <input type="submit" value="提交" />
    </form>
    <hr/>
  </body>
</html>
```

2. 检索处理Servlet

此Servlet取得检索页面输入的用户账号，执行Select查询，从员工表中检索出指定账号的员工信息，并从照片字段中读出照片的二进制输出，以image类型向客户浏览器输出，浏览器显示出指定员工的照片。此Servlet代码如程序5-4所示。

程序5-4

```java
package com.city.oa.action;
import java.io.*;
import java.sql.*;
import javax.servlet.*;
import javax.servlet.http.*;
```

```java
//显示员工照片 Servlet
public class EmployeePhotoShowing extends HttpServlet
{
    private Connection cn = null;
    //初始化方法
    public void init() throws ServletException
    {
        try {
            Class.forName("sun.jdbc.odbc.JdbcOdbcDriver");
            cn = DriverManager.getConnection("jdbc:odbc:cityoa");
        } catch(Exception e)    {
            System.out.println("取得数据库连接错误:" + e.getMessage());
        }
    }
    //GET 处理
    public void doGet(HttpServletRequest request, HttpServletResponse response)
            throws ServletException, IOException
    {
        String empId = request.getParameter("empId");
        System.out.println(empId);
        String sql = "select FileType,Photo from EMP where EMPID = ?";
        int len = 0;                                    //读取数据字节长度
        byte[] data = new byte[300];                    //接收数据的容器
        try {
            PreparedStatement ps = cn.prepareStatement(sql);
            ps.setString(1, empId);
            ResultSet rs = ps.executeQuery();
            if(rs.next())
            {
                String fileType = rs.getString("FILETYPE");     //取得图片的类型
                response.setContentType(fileType);              //设置响应内容类型
                OutputStream out = response.getOutputStream();  //取得响应输出流
                InputStream in = rs.getBinaryStream("PHOTO");   //取得图片的输入流
                while((len = in.read(data))! = -1)
                {
                    out.write(data, 0, len);
                }
                in.close();
                out.close();
            }
            rs.close();
            ps.close();
        } catch(Exception e)    {
            System.out.println("取得记录错误:" + e.getMessage());
        }
    }
    //POST 处理
    public void doPost(HttpServletRequest request, HttpServletResponse response)
            throws ServletException, IOException
    {
        doGet(request, response);
```

```
    }
    //销毁方法,清除资源对象
    public void destroy()
    {
        super.destroy();
        try    {
            cn.close();
        } catch(Exception e)    {
            System.out.println("关闭数据库连接错误:" + e.getMessage());
        }
    }
}
```

3. Servlet 配置

在 Java EE Web 项目的配置文件中对 Servlet 进行声明和 URL 映射配置,配置文件/WEB-INF/web.xml 的代码如程序 5-5 所示。

程序 5-5　web.xml

```xml
<?xml version="1.0" encoding="UTF-8"?>
<web-app version="2.5"
    xmlns="http://java.sun.com/xml/ns/javaee"
    xmlns:xsi="http://www.w3.org/2001/XMLSchema-instance"
    xsi:schemaLocation="http://java.sun.com/xml/ns/javaee
    http://java.sun.com/xml/ns/javaee/web-app_2_5.xsd">
    <!-- Servlet 声明 -->
    <servlet>
        <description>This is the description of my J2EE component</description>
        <display-name>This is the display name of my J2EE component</display-name>
        <servlet-name>EmployeePhotoShowing</servlet-name>
        <servlet-class>com.city.oa.action.EmployeePhotoShowing</servlet-class>
    </servlet>
    <!-- Servlet 地址 URL 映射 -->
    <servlet-mapping>
        <servlet-name>EmployeePhotoShowing</servlet-name>
        <url-pattern>/employee/showPhoto.do</url-pattern>
    </servlet-mapping>
    <welcome-file-list>
        <welcome-file>index.jsp</welcome-file>
    </welcome-file-list>
</web-app>
```

5.5.4　案例测试

将案例的 Web 项目部署到 Tomcat 6.x 服务器上,启动 Tomcat 后,进行功能测试。

1. 访问输入员工账号的 JSP 页面

如图 5-11 所示为输入员工账号的表单。输入账号并单击"提交"按钮后,即进入显示指定员工照片的 Servlet。

第5章　HTTP 响应处理编程　85

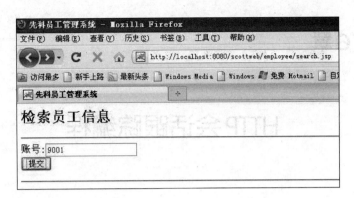

图 5-11　输入员工账号的表单

2. 显示指定员工的照片

此 Servlet 取得表单输入的员工账号，读取此员工的照片并进行显示，如图 5-12 所示。

图 5-12　显示指定员工照片的页面

习 题 5

1. 思考题

(1) 描述 HTTP 响应对象的生命周期。
(2) 说明响应状态码的功能。
(3) 说明响应头的主要功能。

2. 练习题

(1) 编写 Servlet，取得 SQL Server 中样本数据库 Northwind 的 Product(产品)列表，输出所有产品字段的 Excel 表格数据。
(2) 编写 Servlet，取得 SQL Server 中样本数据库 Northwind 的员工(Employees)表中指定员工的照片并显示。

第6章

HTTP会话跟踪编程

本章要点

- 会话基本知识；
- HTTP协议特点；
- 会话跟踪的主要方式；
- Cookie实现会话跟踪；
- Session对象实现会话跟踪；
- URL重写的应用；
- 会话跟踪案例。

在开发Web应用时，需要在用户访问不同的Web网页时，保存用户的某种信息，如在访问Web邮箱系统时，需要在访问收件箱、发件箱和草稿箱时，能保存用户登录的账号信息息，而不是每次访问时都需要输入邮箱地址。另一个典型的应用就是购物网站，当用户在某个产品网页购物后，再到其他产品网页浏览和购物时，要求Web服务器保存用户已经购买的货物清单，俗称购物车。如果Web服务器无法保存用户的信息，则此Web应用就没有使用价值。

Web服务器持续保存客户信息就要使用Web应用的会话跟踪技术，所有的动态Web技术不论Java EE、MS.NET还是PHP都必须实现会话跟踪技术，否则将无法在市场上立足。

本章将讲述会话的基本概念，以及Java EE规范如何实现会话跟踪以及提供的各种技术和编程方法。

6.1 会话基本概念

6.1.1 什么是会话

在计算机应用领域，任何以客户/服务器模式工作的应用都会涉及会话（Session）的概念。例如使用客户工具连接数据库服务器时，当连接后，会话开始，客户发送不同的SQL语句,服务器运行 SQL 语句,发送结果到客户端,一直持续到断开与数据库的连接,即会话的结束。一个会话期间是不需要重复登录的,只需要一次登录就可以的。

在 Web 应用中把客户端浏览器开始请求 Web 服务器,访问不同 Web 文档进行请求/响应,到结束访问的一系列过程称为会话,即一次会话(Session)。

一次会话可能是在当当网站进行图书浏览、图书购买,最后完成结算的全过程。也可以是登录 126 邮箱,完成浏览收件箱、编写邮件、发送邮件和整理通讯簿的整个过程。

一次会话可能包含对 Web 服务器上多个文档的多次请求,也可能包括对一个 Servlet 的多次请求。

6.1.2 会话跟踪

Web 应用需要在用户访问的一个会话内,让 Web 服务器保存客户的信息,如客户的账号或客户的购物车,这称为会话跟踪(Session Tracking),即 Web 服务器能使用某种技术保存客户的信息。在一个会话内,当客户再次访问时,服务器能够定位是先前的同一个客户。

Web 应用使用 HTTP 协议进行客户到服务器的请求和响应,为保证 Web 应用能服务大量的用户,HTTP 协议不保存客户端的任何信息,HTTP 称为无状态协议(Stateless protocol),而且是间断的。在 HTTP 协议中,Web 服务器只是简单地处理客户的请求,并发送响应给客户,Web 服务器不会知道一系列请求是来自一个用户还是来自不同的客户,或者请求是否相关。HTTP 的无状态不持续特点,保证了 Web 服务器可以服务大量客户的请求,当服务器发送响应结束后,HTTP 连接就自动断开了,Web 服务器和客户端不再保持连接,节省了服务器的内存消耗,提高了系统的响应性能。

6.1.3 Java EE Web 会话跟踪方法

由于 HTTP 协议的无状态特点,Web 服务器无法保持客户的信息,因此 HTTP 协议无法实现 Web 应用要求的会话跟踪,而会话跟踪是开发 Web 应用的必需条件。为此 Java EE Web 服务器提供了以下附加技术来克服 HTTP 协议的缺陷。

1. 重写 URL

将客户端的信息附加在请求 URL 地址的参数中,Web 服务器取得参数信息,完成客户端信息的保存。

2. 隐藏表单字段

将要保存的客户信息,如用户登录账号使用隐藏表单字段发送到服务器端,完成 Web 服务器保持客户状态的信息。

3. Cookie

使用 Java EE API 提供的 Cookie 对象,可以将客户信息保存在 Cookie 中,完成会话跟踪功能。

4. HttpSession 对象 API

为克服前三种会话跟踪方式的缺陷和简化会话跟踪编程，Java EE API 专门提供了第 4 种 HttpSession 会话对象来保存客户的信息并实现会话跟踪。这种方式是 Java Web 应用开发中经常使用的，需要读者重点掌握并加以熟练运用。

6.2 URL 重写

在进行 HTTP 请求时，可以在 URL 地址后直接附加请求参数，把客户端的数据传输到 Web 服务器端。Web 服务器通过 HttpServletRequest 请求对象取得这些 URL 地址后面附加的请求参数。这种 URL 地址后附加参数的方式称为 URL 重写。

6.2.1 URL 重写实现

URL 重写实现通过请求 URL 地址后面附加参数来完成。如下为 HTML 页面实现 URL 重写的例子：＜a href="../product/main.do? userid=9001&category=1"＞产品管理＜/a＞。在此例子中，将客户 ID 附加在地址栏下，以？name＝value 形式附加在 URL 后，多个参数使用 & 符号进行间隔。

Web 服务器端使用请求对象取得 URL 后附加的客户端参数数据。如下为取得参数的代码：String userid＝request.getParameter("userid")；//取得用户 ID 参数数据。

为保证 Web 应用能在以后持续的请求/响应中实现会话跟踪，必须保证每次请求都要在 URL 地址中加入 userid＝9001 参数，如下为 Servlet 重定向请求的附加参数：

response.sendRedirect("../product/view.do?productid = 1201&userid = " + userid);

其中 userid 为 Servlet 取得的上次请求中传递的 userid 数据，本次重定向响应将 userid 继续传递下去，进而实现会话跟踪。

6.2.2 URL 重写的缺点

从 6.2.1 节 URL 重写的实现中可以看到，URL 重写在实现会话跟踪中具有先天的缺陷。

1. URL 地址过长

如果有大量的会话信息需要保持，就需要在 URL 后附加大量的 name＝value 值对，导致 URL 过长。

2. 不同浏览器对 URL 传递参数的限制

不同浏览器对 URL 长度有不同的限制，如 IE 的 URL 最大长度是 2083 个字节，可以用于 GET 传送数据的长度是 2048 个字节，可见无法在 URL 重写模式下实现大的数据传递，如果想在 URL 重写中跨页面传递一个购物车是不可能的。

3. 安全性缺陷

由于会话数据以 URL 参数明码传输,在浏览器地址就可以看到,会导致安全信息被其他人看到,另外使用浏览历史 URL 列表也可以看到传递的参数信息。

4. 编程繁杂

使用 URL 重写实现会话跟踪,Web 开发人员需要在每次请求时都重写 URL,导致编程任务加大,如果偶尔忘记,就会导致会话跟踪断链。

基于以上原因,在开发 Web 应用中很少使用 URL 重写方式来实现会话跟踪。

6.3 隐藏域表单元素

另外一种与 URL 重写类似的实现会话跟踪的技术是隐藏域表单元素。与 URL 重写实现方式不同的是会话数据被放在隐藏域表单元素中,一般是隐藏文本元素。

6.3.1 隐藏域表单的实现

使用此种方式实现会话跟踪是将会话数据(如用户登录 ID)放置在隐藏文本域元素中,随表单的提交而发送到 Web 服务器,服务器 Web 组件使用请求对象的方法取得。

具体实现方式如下:

```
< form action = "../product/main.do" method = "post">
  < input type = "hidden" name = "userid" value = " $ {userid}" />
  < input type = "submit" value = "提交" />
</form >
```

6.3.2 隐藏域表单的缺点

隐藏域表单实现会话跟踪与 URL 重写的缺点基本相同,即:

1. 安全性差

虽然使用隐藏域表单和 POST 表单提交的模式防止了会话数据在浏览器地址栏显示,但用户可以在浏览器中使用页面查看源代码的方式看到保存的会话信息,如用户登录账号和密码。

2. 编程复杂

如果需要保存的会话数据很多,就需要非常多地隐藏文本域元素,导致提交数据过大,影响 Web 应用的请求/响应性能。另外如果每个页面都有大堆的文本域对象,会导致编程任务繁杂。

3. 无法在超链接模式下工作

如果使用隐藏域表单实现会话跟踪,则要求在整个 Web 应用的各个文档之间跳转必须使用表单提交模式，无法使用超链接方式，违反了 Web 应用的用户习惯。

由于以上原因，隐藏域表单模式在实际 Web 开发中应用也不多。

6.4 Cookie

Cookie 在 Java EE 之前就已经存在了，它是由 Netscape 浏览器引入的。用于在客户端保存服务器端数据，实现一种简单有效的客户/服务器的信息交换模式，在 Web 应用开发中得到了广泛的应用，Web 程序员需要熟练掌握 Cookie 的编程和使用。在当今的 Web 编程中广泛使用 Cookie 来实现会话跟踪。

6.4.1 什么是 Cookie

Cookie 是 Web 服务器保存在客户端的小的文本文件，存储许多 name/value 对，可以在这些 name/value 对中保存会话数据，如登录账号、用户喜好等。

Cookie 由 Web 服务器创建，由 Web 服务器在进行 HTTP 响应时，将 Cookie 保存在 HTTP 响应头中并发送给浏览器，浏览器收到 HTTP 响应头，解析出 Cookie，将它保存在客户的本地隐藏文件夹中。

Cookie 按不同 Web 服务器分别存储，客户端会有一个内部 ID 号与特定的 Web 服务器对应，保证不会把一个 Web 服务器的 Cookie 发送给另外一个 Web 服务器。

客户浏览器每次在向 Web 服务器发出 HTTP 请求时自动将 Cookie 保存在请求头中，随请求体一起发送到 Web 服务器，这个过程是不需要人工参与的。

Web 服务器从请求对象中可以取出 Cookie，进而得到 Cookie 中保存的名称/值对，从而实现会话跟踪。

Java EE API 使用 Cookie 接口来读取 Cookie 对象。

6.4.2 Java EE 规范 Cookie API

Java EE API 提供了 javax.servlet.http.Cookie 类来表达 1 个 Cookie 对象，并分别在 HttpServletResponse 接口中定义了保存 Cookie 到浏览器，在 HttpServletRequest 接口中定义了取得客户端保存的 Cookie 对象的方法。

1. Cookie 对象的创建

使用 Cookie 类的构造方法：public Cookie(String name, String value);
创建 Cookie 的代码如下：

```
Cookie cookie01 = new Cookie("userid","9001");
```

2. Cookie 的主要方法

Cookie 类提供了如下方法实现对 Cookie 对象的操作。

（1）public String getName()。

取得 Cookie 对象的名称。代码如下：

```
String name = cookie01.getName();
```

(2) public String getValue()。

取得 Cookie 对象中保存的值。代码如下：

```
String userId = cookie.getValue();
```

(3) public int getMaxAge()。

取得 Cookie 对象在客户端保存的有效期，以秒为单位。例如：

```
int times = cookie01.getMaxAge();
```

(4) public String getPath()。

取得 Cookie 对象的有效路径，如果返回"/"，则说明 Cookie 对所有路径都有效。代码如下：

```
String path = cookie01.getPath();
```

(5) public int getVersion()。

取得 Cookie 对象使用的协议版本。

(6) public String getDomain()。

取得 Cookie 对象的有效域。

(7) public void setValue(String newValue)。

设置 Cookie 对象新的值，用于取代旧的值(Value)。代码如下：

```
cookie01.setValue("9002");
```

(8) public void setMaxAge(int expiry)。

设置 Cookie 对象的新的有效值，整数类型，以秒为单位。以下特别值表达的意义如下：

0：通知客户浏览器立即删除此 Cookie 对象。

－1：通知浏览器关闭时删除此 Cookie 对象。此值为默认 MaxAge 值，如果创建 Cookie 对象后没有设置 maxAge，则自动为－1。例子：设置有效期为 1 天。

```
cookie01.setMaxAge(24 * 60 * 60);
```

(9) public void setDomain(String pattern)。

设置 Cookie 对象的访问域名，默认为 null 值，表示只有创建 Cookie 的 Web 站点可以访问该 Cookie。Web 应用开发中一般不需要设定 Domain 的值。

(10) public void setPath(String uri)。

设置 Cookie 对象的有效目录，如果没有设定该 Path 值，则该 Cookie 只对访问当前的路径及其子目录有效。

例如在 Servlet：/ch06/saveCookie.do 中创建 Cookie 对象保存到客户端，那么在 Servlet：/ch06/getCookie.do 中可以取得此 Cookie，而在 Servlet：/getCookieAtRoot.do 中就无法取得此 Cookie。因为保存的 Cookie，没有设定 Path 值，则该 Cookie 只在/ch06 路径及其子目录下有效。

要让 Cookie 对象对所有路径有效，则可以设定该值为"/"。例如：

```
cookie01.setPath("/");
```

6.4.3　将 Cookie 保存到客户端

在 Java EE Web 组件中通过响应类型为 HttpServletResponse 的对象将 Cookie 保存到客户端，Cookie 保存在响应头中，在响应体之前发送到客户端。一般编程过程如下：

1. 创建 Cookie 对象

使用 Cookie 类的构造方法创建 Cookie 对象。如下代码展示在登录处理 Servlet 的 doPost 方法中取得提交的用户 ID，并保存到 Cookie 中：

```
String userid = request.getParameter("userid");          //取得登录 ID
Cookie cookie01 = new Cookie("userid", userid);          //保存到 Cookie 中
```

2. 设置 Cookie 的属性

调用 Cookie 对象的各种 setxxx() 方法，设定 Cookie 对象的各种属性，只是不能改变 Cookie 的 name，没有提供 setName() 方法。如设定账号保存期为 1 周，不需要再输入账号：

```
cookie01.setMaxAge(7 * 24 * 60 * 60);
```

3. 发送 Cookie 到客户端

调用 HttpServletResponse 接口提供的方法：public void addCookie(Cookie cookie); 可以将 Cookie 通过响应对象发送到客户端，例子代码如下：

```
response.addCookie(cookie01);
```

6.4.4　Web 服务器读取客户端保存的 Cookie 对象

Java EE API 在请求对象接口 HttpServletRequest 中定义了取得客户端 Cookie 的方法：

```
public Cookie[] getCookies();
```

该方法取得所有该 Web 站点保存在客户端的所有 Cookie，返回 Cookie 数组。但没有提供取得指定 Cookie 的方法，只能在取得所有 Cookie 后编程取得指定的 Cookie 对象。

6.4.5　Cookie 的缺点

Cookie 与前面介绍的 URL 重写和隐藏域表单相比，极大简化了会话跟踪的编程，提高了 Web 应用开发的效率。但 Coookie 也有它无法克服的自身缺点，在实际 Web 应用开发中难以完成许多会话跟踪问题，比较典型的就是购物车的存储，使用 Cookie 来完成购物车真是勉为其难，原因就是 Cookie 具有如下缺点。

1. Cookie 存储方式单一

从创建 Cookie 的构造方法看 Cookie(String name, String value)，Cookie 只能保存 String 类型的 name/value 对，无法保存一般表达业务对象的 JavaBean 类型对象。

2. 存储位置限制

Cookie完全保存在客户端，过多的会话信息，如购物车等比较大的信息，如果存储在客户端，每次请求都发送所有Cookie，导致网络传输数据过大，影响Web应用的性能。

3. Cookie大小受浏览器限制

大多数浏览器对Cookie的大小有4096字节的限制，尽管在当今新的浏览器和客户端设备版本中，支持8192字节的Cookie已经成为标准，但这一数量依然难以保存较大的客户跟踪信息。

4. Cookie可用性限制

有的客户为防止网络木马，在浏览器中终止了Cookie的读取，这使Web服务器无法将Cookie保存在客户端，导致Cookie失效。

5. 安全性缺陷

Cookie可能会被篡改，用户可能会操纵其计算机上的Cookie，这意味着会对安全性造成潜在风险或者导致依赖于Cookie的应用程序失败。另外，虽然Cookie只能被将它们发送到客户端的域访问，历史上黑客已经发现从用户计算机上的其他域访问Cookie的方法。您可以手动加密和解密Cookie，但这需要额外的编码，并且因为加密和解密需要耗费一定的时间而影响应用程序的性能。

6.5　Java EE会话对象

Java EE规范中为克服以上会话跟踪方法的缺点，提出了一个服务器端实现会话跟踪的机制，即HttpSession接口，实现该接口的对象称为Session对象。Session对象保存在Web服务器上，每次会话过程创建一个，为用户保存各自的会话信息提供全面的支持。

在Web服务器内每个客户的每次会话过程都只创建一个会话对象，因此对于一个访问量较大的Web应用，例如126网络信箱，由于访问人数众多，服务器端会创建非常多的会话对象，占用相当多的服务器物理内存。基于此，Web开发人员要注意不要将过多的数据存放在会话对象内，如只在一个请求期间内需要传递的数据，就不要保存在会话对象中，而应该保存在请求对象中。

6.5.1　会话对象的类型和取得

Java EE会话对象的类型是接口javax.servlet.http.HttpSession。该接口定义了会话对象应该完成的功能方法，由实现Java EE规范的Web容器中的会话类来实现该接口的所有功能。作为开发人员不需要了解具体的实现类，只要掌握对象的接口方法就可以了，这也是Java面向接口编程的优点之一。

Java EE API在请求对象类型HttpServletRequest中定义了取得会话对象的如下方法。

1. public HttpSession getSession()

第1个是无参数的取得会话对象的方法,返回会话对象。它分两种情况取得会话对象:
- 如果 Web 服务器内没有此客户的会话对象,则 Web 容器创建新的会话对象并返回。
- 如果已经存在会话对象,则直接返回此对象的引用。

使用此方法取得会话对象的例子如下:

```
HttpSession session = request.getSession();    //取得会话对象
```

2. public HttpSession getSession(boolean create)

第2个是使用 boolean 参数的 getSession 方法取得会话对象。
- 参数为 true,与无参数的 getSession 方法相同,有会话对象直接返回引用,无会话对象则先创建再返回引用。
- 参数值为 false,如存在会话对象则直接返回对象引用,如无会话对象则返回 null,Web 容器不会自动创建会话对象。

使用此方法取得会话对象的例子:

```
HttpSession session = request.getSession(false);
//不自动创建会话对象模式,只取得已经存在的会话对象
```

在 JSP 中会自动调用 getSession 方法取得会话对象,并通过内置对象 Session 进行引用,而 Servlet 需要使用显式变量定义模式进行引用。取得会话对象引用后,就可以调用会话对象接口提供的方法,完成会话信息的存储和读取。

6.5.2 会话对象的功能和方法

会话接口 HttpSession 提供了如下方法进行会话跟踪的数据存取。

1. public void setAttribute(String name, Object value)

将数据对象存入会话对象,也是以 name/value 对模式进行存储,但值类型已经变成通用的 Object 类型,这极大增加了会话对象的灵活性,可以将任何 Java 对象保存到会话对象中,这与 Cookie 的 String 类型值类型相比是具有革命性的改进。使用容器类型 Collection、List、Set 或 Map 类型可以非常容易地实现电子商务网站的购物车的存取功能,实现使用 Cookie 无法完成的功能。保存对象到会话对象的代码如下:

```
HttpSession session = request.getSession();
Collection shopcart = new ArrayList();
Session.setAttribute("shopcart", shopcart);
```

2. public Object getAttribute(String name)

取出保存在会话中指定名称属性的值对象。由于返回值为通用类型 Object,需要根据保存时使用的类型进行强制转换,即 UNBOX 拆箱功能。例如取出上面保存的购物车对象:

```
Collection shopcart = (Collection)session.getAttribute("shopcart");
```

3. public void removeValue(String name)

当会话对象中保存的某个属性对象不需要时,可以使用此方法进行清除。当用户决定销毁购物车时,可以使用如下代码进行清除:

```
session.removeAttribute("shopcart");
```

4. public Enumeration getAttributeNames()

取得会话对象中保存的所有属性名称列表,返回1个枚举器类型对象,通过此枚举器可以遍历所有属性名称。实例代码如下:

```
Enumeration enum = session.getAttributeNames();
while(enum.hasMoreElements ())    {
    String name = (String)enum.nextElement();
    out.println(name);
}
```

5. public void setMaxInactiveInterval(int interval)

设置会话对象的失效期限,即2次请求的时间间隔,以秒为单位。如果客户端在超过这个时间后没有进行 HTTP 请求,则该会话对象失效,被 Web 容器销毁,对象内保存的所有属性和值也被销毁。如果设置的秒数为-1,则表示永不失效。如下代码设置会话对象有效期为15分钟:

```
Session.setMaxInactiveInterval(15 * 60);
```

6. public int getMaxInactiveInterval()

取得会话对象的有效间隔时间,返回整数,表示间隔的秒数。取得此值代码如下:

```
int maxtimes = session.getMaxInactiveInterval();
out.println(maxtimes);                    //out 对象为已经取得的 PrintWriter 对象
```

7. public void invalidate()

立即迫使会话对象失效。将当前的会话对象销毁,同时清除会话对象内的所有属性。该方法一般使用在注销处理的 Servlet 中。会话对象注销代码如下:

```
session.invalidate();
```

8. public boolean isNew()

测试取得的会话对象是否是刚刚创建的。返回 true 表示会话对象是新创建的,返回 false 表示会话对象已经存在。在取得会话对象后,可以使用此方法进行测试。代码如下:

```
HttpSession session = request.getSession();
System.out.println(session.isNew());
```

9. public long getCreateTime()

取得会话对象的创建时间,返回 long 类型整数,表示从 1970 年 1 月 1 日 0 时开始到创建时间所间隔的毫秒数。

```
long times = session.getCreateTime();
```

10. public String getId()

取得会话对象的 ID,由 Web 容器按照加密算法计算出的永不重复,具有唯一性的字符串代码。由于 HTTP 的无状态性,为了使用 Web 容器能识别不同客户而确定各自的会话对象,Web 容器需要将会话 ID 保存到客户端。当客户进行 HTTP 请求时,需要发送此 ID 给服务器,Web 服务器根据此 ID 定位服务器内部的会话对象,实现指定客户的会话跟踪。

6.5.3　会话对象的生命周期

会话对象的生命周期比请求对象和响应对象要长久,它可以跨越多次不同的 Web 组件 JSP 和 Servlet 的请求和响应。因此会话对象可以作为不同 JSP 和 Servlet 之间的数据共享区,保存不同页面需要访问的数据,如用户的登录账号和名字等信息。

每个会话对象都经过如下 3 个生命周期。

1. 创建

当 Web 用户进行 HTTP 请求时,如下情况下,Web 容器将创建会话对象:

(1) 首次访问 JSP 页面,将自动创建会话对象。因为在 JSP 内部将实现 getSession() 方法,将会话对象引用赋给 JSP 内置对象 session。

(2) 首次请求 Servlet,且 Servlet 内使用 getSession() 或 getSession(true) 时,Web 容器会自动创建会话对象。

2. 活动

在一个会话有效期内的所有请求,将共享一个会话对象,调用会话对象的方法,完成客户共享信息的读取。

3. 销毁

在如下情形下,Web 容器将销毁当前的会话对象:

(1) 客户端关闭浏览器

客户关闭浏览器后,保存在客户端的 SessionID 将被销毁,客户将无法读取服务器端的会话对象,服务器再也无法定位到 SessionID,当间隔超时后,服务器将销毁会话对象。

(2) 服务器端执行会话对象的 invalidate() 方法

当 Web 组件 JSP 或 Servlet 执行 Session 对象的 invalidate() 方法时,立即销毁 Web 容器内的会话对象。

(3) 客户请求间隔时间超时

即使客户没有关闭浏览器,但当 HTTP 请求间隔时间超时后,Web 服务器会自动销毁会话对象,保存的属性和数据即刻消失。

6.5.4 会话 ID 的保存方式

当新的会话对象创建时,Web 容器会自动为会话对象赋值一个唯一的 ID 值,此 ID 值需要发送给客户端浏览器。客户再次进行 HTTP 请求时,把此 ID 发送给 Web 容器,用于定位服务器内存中保存的会话对象。

由于 HTTP 是无状态协议,Web 服务器不保存任何客户端信息,需要客户主动提供客户定位信息给服务器,如果没有此 ID 值,则 Web 服务器无法定位某个客户的会话对象。

默认情况下,会话的 ID 值会自动发送到客户端的 Cookie 中进行保存。每次 HTTP 请求时,所有 Cookie 会自动保存在请求对象中,和请求数据一起发送到 Web 服务器。Web 服务器从 Cookie 中得到 SessionID,进而定位服务器内的 HttpSession 会话对象,实现 Web 应用的会话跟踪功能。

1. Cookie 方式

HttpSession 会话对象创建后,它的 SessionID 会自动选择 Cookie 作为存储地,如果客户浏览器没有禁止 Cookie 的读写,SessionID 写入 Cookie 是不需要编程的。此项任务由 Web 容器自动完成。如程序 6-1 所示的 Servlet 将读取客户端的所有 Cookie,并显示每个 Cookie 的 name 和 value。

程序 6-1 GetCookie.java

```java
package javaee.ch06;
import java.io.IOException;
import java.io.PrintWriter;
import javax.servlet.*;
import javax.servlet.http.*;
//取得并显示 Cookie 中的名称和值
public class GetCookie extends HttpServlet
{
  public void doGet(HttpServletRequest request, HttpServletResponse response)
    throws ServletException, IOException
    {
    Cookie[] cookies = request.getCookies();
    response.setContentType("text/html");
    PrintWriter out = response.getWriter();
    out.println("<!DOCTYPE HTML PUBLIC \" - //W3C//DTD HTML 4.01 Transitional//EN\">");
    out.println("<HTML>");
    out.println("   <HEAD><TITLE> A Servlet </TITLE></HEAD>");
    out.println("   <BODY>");
    for(int i = 0;i < cookies.length;i ++ )
      {
        out.print(cookies[i].getName() + " = " + cookies[i].getValue() + " domain:" + cookies[i].getDomain() + " Path:" + cookies[i].getPath() + "<br/>");
```

```
        }
        out.println("    </BODY>");
        out.println("</HTML>");
        out.flush();
        out.close();
    }
    public void doPost(HttpServletRequest request, HttpServletResponse response)
        throws ServletException, IOException {
        doGet(request,response);
    }
}
```

请求此 Servlet 将显示保存在 Cookie 中的所有 name 和 value。本次运行时,只有一个会话对象的 SessionID 值。显示页面如图 6-1 所示。

图 6-1　取得 Cookie 保存的会话对象 SessionID 值

由图 6-1 的显示页面可见,SessionID 的值是使用某种算法计算出的唯一的字符串,本次 ID 值是 ED5B605F714D8655A35222B13538DAFD,基本没有规律可遵循。

2. URL 重写

因为安全原因,客户端浏览器的 Cookie 读写可能被禁止,这时服务器端的会话对象的 SessionID 无法使用默认方式保存到客户端的 Cookie 中,将导致无法实现 Web 应用的会话跟踪。

为克服会话跟踪依赖 Cookie,不管客户端是否禁止 Cookie,为保证 Web 应用的会话跟踪,应该保持使用 URL 重写方式来保存和传递 SessionID 值。

根据不同的请求方式,需要编写不同的 URL 重定向编程方式。

(1) 自动重定向

当使用会话对象的 sendRedirect 方法实现自动重定向时,为保证地址 URL 中包含会话 ID 值,需要使用特殊的方式重写 URL。Java EE 规范使用如下方式实现 SessionID 的 URL 重写。

Java Web 响应对象提供将 SessionID 保存到 URL 的方法:

```
public String encodeRedirectURL(String url);
```

实现 URL 重写的示例代码:

```
String url = response.encodeRedirectURL("main.jsp");
response.sendRedirect(url);
```

详细的例子如程序 6-2 所示。

程序 6-2　TestSessionURL.java

```java
package javaee.ch06;
import java.io.IOException;
import java.io.PrintWriter;
import javax.servlet.ServletException;
import javax.servlet.http.HttpServlet;
import javax.servlet.http.HttpServletRequest;
import javax.servlet.http.HttpServletResponse;
//自动重定向 URL 重写的应用程序
public class TestSessionURL extends HttpServlet
{
    public void doGet(HttpServletRequest request, HttpServletResponse response)
            throws ServletException, IOException
    {
        String url = response.encodeRedirectURL("main.jsp");
        response.sendRedirect(url);
    }

    public void doPost(HttpServletRequest request, HttpServletResponse response)
            throws ServletException, IOException
    {
        doGet(request,response);
    }
}
```

(2) 超链接重定向

使用超链接方式进行重定向导航时，也需要将导航目标地址进行 URL 重写，将 SessionID 封装到 URL 中，将其传递到目标 Web 页面。

响应对象同样提供了用于超链接的 URL 重写方法：

```java
public String encodeURL(String url);
```

使用此技术实现 URL 重写的例子如程序 6-3 所示。

程序 6-3　TestURL01.java

```java
package javaee.ch06;
import java.io.IOException;
import java.io.PrintWriter;
import javax.servlet.ServletException;
import javax.servlet.http.HttpServlet;
import javax.servlet.http.HttpServletRequest;
import javax.servlet.http.HttpServletResponse;
//测试超链接的 URL 重写技术
public class TestURL01 extends HttpServlet
{
    public void doGet(HttpServletRequest request, HttpServletResponse response)
            throws ServletException, IOException
    {
```

```
            //取得封装 SessionID 的 URL 地址
            String url = response.encodeURL("main.jsp");
            response.setContentType("text/html");
            response.setCharacterEncoding("GBK");
            PrintWriter out = response.getWriter();
            out.println("<!DOCTYPE HTML PUBLIC \" - //W3C//DTD HTML 4.01 Transitional//EN\">");
            out.println("<HTML>");
            out.println("    <HEAD><TITLE> A Servlet </TITLE></HEAD>");
            out.println("    <BODY>");
            out.print("        <h1>测试 URL 重写</h1>");
            out.print("<hr/>");
            //超链接到新的 URL 地址
            out.print("<a href = '" + url + "'>商城主页</a>");
            out.print("<hr/>");
            out.println("    </BODY>");
            out.println("</HTML>");
            out.flush();
            out.close();
        }
        public void doPost(HttpServletRequest request, HttpServletResponse response)
                throws ServletException, IOException {
            doGet(request,response);
        }
    }
```

6.6 会话对象应用实例：验证码生成和使用

在 Web 应用中，为有效防止对某一个特定注册用户用特定程序暴力破解的方式进行不断的登录尝试，采用验证码进行登录验证是现在很多网站通行的方式(比如招商银行的网上个人银行，腾讯的 QQ 社区)。虽然登录麻烦一点，但是对 Web 来说这个功能还是很有必要的，也很重要。但我们还是提醒大家注意保护自己的密码，尽量使用混杂数字、字母、符号在内的 6 位以上密码，不要使用诸如 1234 之类的简单密码或者与用户名相同的或类似的密码。保护你自己的密码也就是保护你自己，免得你的账号被人盗用给自己带来不必要的麻烦。

6.6.1 业务描述

本案例使用 Servlet 来生成 4 位随机数的验证码，并保存在会话对象中,同时生成带干扰的验证码图片。登录页面使用此 Servlet 生成的验证码，提示用户输入，提交到登录处理 Servlet，将用户输入的验证码与 Session 对象中保存的验证码进行比较，如果相同则验证通过。

6.6.2 案例设计与编程

本案例需要生成验证码的 Servlet，登录 JSP 页面和登录处理 Servlet。

1. 验证码生成 Servlet

此 Servlet 负责生成 4 位随机数的数字验证码，并生成 JPEG(联合图像专家组)格式的图片,在图片上绘制验证码字符串,同时将验证码字符串保存到会话对象的属性中,最终将图片编码并产生 HTTP 响应到客户端,用于生成验证码图片。Servlet 的代码如程序 6-4 所示。

程序 6-4　CheckCodeGet.java

```java
package javaee.ch06;
import java.io.IOException;
import java.io.PrintWriter;
import java.awt.*;
import java.awt.image.*;
import java.util.*;
import javax.imageio.*;
import javax.servlet.ServletConfig;
import javax.servlet.ServletException;
import javax.servlet.http.HttpServlet;
import javax.servlet.http.HttpServletRequest;
import javax.servlet.http.HttpServletResponse;
import com.sun.image.codec.jpeg.JPEGCodec;
import com.sun.image.codec.jpeg.JPEGImageEncoder;
//生成验证码
public class CheckCodeGet extends HttpServlet
{
    private static final long serialVersionUID = 1L;
    private final int TYPE_NUMBER = 0;
    private final int TYPE_LETTER = 1;
    private final int TYPE_MULTIPLE = 2;
    private int width;
    private int height;
    private int count;
    private int type;
    private String  validate_code;
    private Random random;
    private Font font;
    private int line;
    public void doGet(HttpServletRequest request, HttpServletResponse response)
        throws ServletException, IOException
    {
        response.setHeader("Pragma","No-cache");
        response.setHeader("Cache-Control","no-cache");
        response.setDateHeader("Expires", 0);
        response.setContentType("image/jpeg");
        String reqCount = request.getParameter("count");
        String reqWidth = request.getParameter("width");
        String reqHeight = request.getParameter("height");
        String reqType = request.getParameter("type");
        if(reqCount!= null && reqCount!= "")this.count = Integer.parseInt(reqCount);
        if(reqWidth!= null && reqWidth!= "")this.width = Integer.parseInt(reqWidth);
        if(reqHeight!= null && reqHeight!= "")this.height = Integer.parseInt(reqHeight);
        if(reqType!= null && reqType!= "")this.type = Integer.parseInt(reqType);
        font = new Font("Courier New",Font.BOLD,width/count);
```

```java
            BufferedImage image = new BufferedImage(width, height, BufferedImage.TYPE_INT_RGB);
            Graphics g = image.getGraphics();
            g.setColor(getRandColor(200,250));
            g.fillRect(0, 0, width, height);
            g.setColor(getRandColor(160,200));
            for (int i = 0; i < line; i++)
            {
                int x = random.nextInt(width);
                int y = random.nextInt(height);
                int x1 = random.nextInt(12);
                int y1 = random.nextInt(12);
                g.drawLine(x,y,x + x1,y + y1);
            }
            g.setFont(font);
            validate_code = getValidateCode(count,type);
            request.getSession().setAttribute("validate_code",validate_code);
            for (int i = 0; i < count; i++)
            {
                //与调用函数出来的颜色相同,可能是因为种子太接近,所以只能直接生成
                g.setColor(new
                Color(20 + random.nextInt(110), 20 + random.nextInt(110), 20 + random.nextInt
                (110)));
                int x = (int)(width/count) * i;
                int y = (int)((height + font.getSize())/2) - 5;
                g.drawString(String.valueOf(validate_code.charAt(i)),x,y);
            }
            g.dispose();
            //ImageIO.write(image, "JPEG", response.getOutputStream());
            JPEGImageEncoder encoder = JPEGCodec.createJPEGEncoder(response.getOutputStream());
            encoder.encode(image);
        }
        public void doPost(HttpServletRequest request, HttpServletResponse response)
            throws ServletException, IOException
        {
            doGet(request,response);
        }
        //初始化验证码参数
        public void init(ServletConfig config) throws ServletException
        {
          super.init(config);
          width = 150;
          height = 50;
          count = 4;
          type = TYPE_NUMBER;
          random = new Random();
          line = 200;
        }
        //取得随机颜色
        private Color getRandColor(int from, int to)
        {
            Random random = new Random();
```

```java
            if(to > 255) from = 255;
            if(to > 255) to = 255;
            int rang = Math.abs(to - from);
            int r = from + random.nextInt(rang);
            int g = from + random.nextInt(rang);
            int b = from + random.nextInt(rang);
            return new Color(r,g,b);
    }
    //取得验证码字符串
    private String getValidateCode(int size,int type)
    {
        StringBuffer validate_code = new StringBuffer();
        for(int i = 0; i < size; i++)
        {
                validate_code.append(getOneChar(type));
        }
        return validate_code.toString();
    }
    //根据验证码类型取得实际验证字符
    private String getOneChar(int type)
    {
        String result = null;
        switch(type)
        {
            case TYPE_NUMBER:
                result = String.valueOf(random.nextInt(10));
                break;
            case TYPE_LETTER:
                result = String.valueOf((char)(random.nextInt(26) + 65));
                break;
            case TYPE_MULTIPLE:
                if(random.nextBoolean())
                {
                    result = String.valueOf(random.nextInt(10));
                }
                else
                {
                    result = String.valueOf((char)(random.nextInt(26) + 65));
                }
                break;
            default:
                result = null;
                break;
        }
        if(result == null)
        {
            throw new NullPointerException("获取验证码出错");
        }
        return result;
    }
}
```

2. 登录 JSP 页面

登录 JSP 页面增加了验证码提示输入,并使用图片标记引入 Servlet 生成的验证码。登录页面 JSP 代码如程序 6-5 所示。

程序 6-5　login.jsp

```jsp
<%@ page language="java" import="java.util.*" pageEncoding="GBK"%>
<!DOCTYPE HTML PUBLIC "-//W3C//DTD HTML 4.01 Transitional//EN">
<html>
  <head>
    <title>用户登录页面</title>
  </head>
  <body>
    <h1>用户登录</h1>
    <form action="login.do" method="post">
        账号:<input type="text" name="userid" /><br/>
        密码:<input type="password" name="password" /><br/>
        验证码:<input type="text" name="checkcode" /><img src="CheckCodeGet" width="70"/><br/>
        <input type="submit" value="提交" />
    </form>
  </body>
</html>
```

3. 登录处理 Servlet

登录处理 Servlet 担负控制器的职责,取得登录页面表单提交的登录账号、密码和验证码;判断账号、密码和验证码是否为空,如果为空,直接跳转到登录页面;将取得验证码与会话对象中保存的验证码进行比较,如果不符则跳转到登录页面;使用账号和密码进行数据库员工表验证,如果验证失败,也跳转回登录页面,否则验证成功,则跳转到系统主页。登录处理 Servlet 的代码如程序 6-6 所示。

程序 6-6　LoginAction.java

```java
package javaee.ch06;
import java.io.IOException;
import java.io.PrintWriter;
import java.sql.Connection;
import java.sql.DriverManager;
import java.sql.PreparedStatement;
import java.sql.ResultSet;
import java.util.ArrayList;
import java.util.List;
import javax.servlet.ServletConfig;
import javax.servlet.ServletContext;
import javax.servlet.ServletException;
import javax.servlet.http.HttpServlet;
import javax.servlet.http.HttpServletRequest;
```

```java
import javax.servlet.http.HttpServletResponse;
import javax.servlet.http.HttpSession;
//登录处理 Servlet
public class LoginAction extends HttpServlet
{
    String driverName = null;
    String url = null;
    //初始化方法
    public void init(ServletConfig config) throws ServletException
    {
        super.init(config);
        //取得 Servlet 配置的数据库初始参数
        driverName = config.getInitParameter("driverName");
        url = config.getInitParameter("url");
    }
    //GET 请求处理方法
    public void doGet(HttpServletRequest request, HttpServletResponse response)
        throws ServletException, IOException
    {
        //取得登录表单提交的数据
        String userid = request.getParameter("userid");
        String password = request.getParameter("password");
        String checkCode = request.getParameter("checkcode");
        //如果账号为空,返回到登录页面
        if(userid == null||userid.trim().length() == 0)
        {
            response.sendRedirect("login.jsp");
        }
        //如果密码为空,返回到登录页面
        if(password == null||password.trim().length() == 0)
        {
            response.sendRedirect("login.jsp");
        }
        //如果验证码为空,返回到登录页面
        if(checkCode == null||checkCode.trim().length() == 0)
        {
            response.sendRedirect("login.jsp");
        }
        //取得会话对象
        HttpSession session = request.getSession();
        //取得会话对象中保存的验证码,由验证码生成 Servlet 存入
        String checkCodeInSession = (String)session.getAttribute("validate_code");
        //如果验证码不符,直接跳转到登录页面
        if(!checkCode.equals(checkCodeInSession))
        {
            response.sendRedirect("login.jsp");
        }
        else
```

```java
        {
            //连接数据库,进行账号和密码验证
            String sql = "select * from EMP where EMPID = ? and PASSWORD = ?";
            Connection cn = null;
            boolean check = false;
            try
            {
                Class.forName(driverName);
                cn = DriverManager.getConnection(url);
                PreparedStatement ps = cn.prepareStatement(sql);
                ps.setString(1, userid);
                ps.setString(2, password);
                ResultSet rs = ps.executeQuery();
                if(rs.next())
                {
                check = true;
                }
                rs.close();
                ps.close();
            }
            catch(Exception e)
            {
                response.sendRedirect("login.jsp");
            }
            finally
            {
                try{cn.close();}catch(Exception e){}
            }
            if(check)
            {
                //如果用户验证合法
                //将会话对象保存到会话对象
                session.setAttribute("userid", userid);
                //跳转到系统主页
                response.sendRedirect("main.jsp");
            }
            else
            {
                response.sendRedirect("login.jsp");
            }
        }
}
//POST 请求处理方法
public void doPost(HttpServletRequest request, HttpServletResponse response)
    throws ServletException, IOException
{
doGet(request,response);
}
```

```
    //销毁方法
    public void destroy()
    {
    super.destroy();
    }
}
```

4. 主页 JSP 页面

主页 JSP 页面只是一个示意页面,表明进入了系统主页,其代码如程序 6-7 所示。

程序 6-7 main.jsp

```
<%@ page language = "java" import = "java.util.*" pageEncoding = "GBK" %>
<!DOCTYPE HTML PUBLIC " - //W3C//DTD HTML 4.01 Transitional//EN">
<html>
  <head>
    <title>网上商城</title>
  </head>
  <body>
    <h1>网上商城</h1>
    <hr/>
    欢迎您访问网上商城.<br/>
      <a href = "purchaseMain.jsp">购物</a>
    <hr/>
  </body>
</html>
```

6.6.3 案例测试

将 Web 项目部署到 Tomcat 服务器上。

首先访问登录页面,登录页面中嵌入了 Servlet 生成的随机验证码,并以图片形式显示,如图 6-2 所示为带验证码的登录页面。

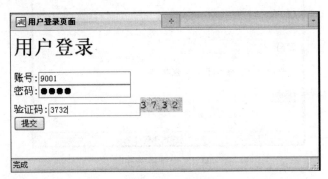

图 6-2 带验证码的登录页面

在登录表单输入正确的账号、密码和验证码,单击"提交"按钮后,进到登录处理 Servlet。登录 Servlet 按照前面的代码进行验证,当验证成功,则自动跳转到系统主页面,如图 6-3 所示。如果验证失败,则跳转回登录页面。

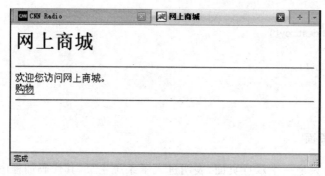

图 6-3 登录验证成功后的系统主页面

通过此案例可以看到会话对象可以作为跨越多次请求的共享容器对象,保存多次请求之间的共享信息,如本案例的验证码。

实际 Web 开发中会话对象经常用于存储用户登录 ID 等信息,并表明用户已经登录。

习 题 6

1. 思考题

(1) 简述会话对象的生命周期。
(2) 简述会话跟踪的几种方式以及它们各自的优缺点。
(3) 为什么开发项目时尽可能使用 URL 重写保存会话对象的 SessionID。

2. 练习题

(1) 编写登录 JSP 页面:/login.jsp,显示如图 6-4 所示的登录页面。

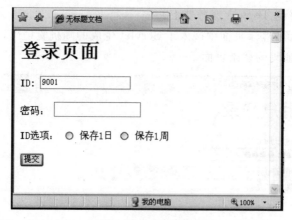

图 6-4 登录页面

(2) 编写登录处理 Servlet:
包:com.city.oa.action;类名:LoginAction;映射地址:/login.action。
功能:
① 取得登录页面提交的 ID 和密码。

② 验证 ID 和密码是否为空,如果任意一个为空,返回登录页面/login.jsp。
③ 进行数据库查询,验证 ID 和密码是否存在,如果不存在,自动返回登录页面。
④ 如果验证成功,将 ID 保存到 Session 对象中。取得 ID 选项,保存到 Cookie 中。
⑤ 自动跳转到主页显示 Servlet:/mainPage.do。

(3) 编写 OA(办公自动化)系统主页 Servlet:

包:com.city.oa.action;类名:MainPageAction;映射地址:/main.action,该 Servlet 显示页面如图 6-5 所示。

功能:
① 取得保存在 Session 对象中的登录账号。
② 取得保存在 Cookie 中的 ID 选项。
③ 显示账号和选项。
④ 显示到"注销"的超链接。

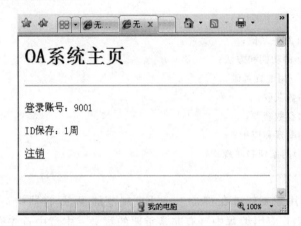

图 6-5　主页面显示

(4) 编写注销处理 Servlet:

包:com.city.oa.action;类名:LogoutAction;映射地址:/logout.action,销毁会话对象,返回到登录页面。

(5) 试解释下面的登录处理流程,如图 6-6 所示。

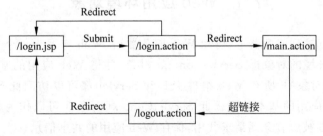

图 6-6　登录处理流程

第 7 章

ServletContext 和 Web 配置

本章要点

- ServletContext 对象基础；
- ServletContext 的功能和方法；
- Java EE Web 应用配置基础；
- Web 级初始参数获取；
- Servlet 级初始参数获取；
- Web 级异常的配置和应用；
- 转发(Forward)的原理和实现。

Java EE Web 应用需要部署在符合 Java EE 规范的 Web 容器中运行，如何取得 Web 应用本身的信息在 Web 应用编程中具有非常重要的意义。本章中首先介绍了 Web 应用对象 ServletContext 的功能，接下来介绍了 Web 应用的详细配置，如何根据具体情况进行 Web 应用配置，对 Web 的运行至关重要。然后介绍了未来 MVC 模式 Web 开发中发挥核心作用的转发，要重点掌握转发的实现以及转发与重定向的区别，各自的优点和缺点，最后通过实际案例说明以上关键对象的应用编程。

7.1 Web 应用环境对象

将 Web 应用部署到服务器上，启动 Web 服务器后，Web 容器为每个 Web 应用创建一个表达 Web 应用环境的对象即 ServletContext 对象，并将 Web 应用的基本信息存储在这个 ServletContext 对象中，所有 Web 组件 JSP 和 Servlet 都可以访问此 ServletContext 对象，进而取得 Web 应用的基本信息。此 ServletContext 对象还可以作为整个 Web 应用的共享容器对象，可以被所有会话请求共用，保存 Web 应用的共享信息。

7.1.1 Web 应用环境对象的类型和取得

Java EE API 提供了表达 Web 应用环境的对象类型，即 javax.servlet.ServletContext 接口。由 Web 容器厂家负责实现此接口的实现类，作为开发人员不需要考虑它的实现类，只要取得实现此接口的对象即可,而且 Web 容器厂家特意隐藏了具体的实现类,实现面向接口的设计原则,减少了对具体 Web 容器的耦合,提高了 Web 应用的可移植性。

Servlet 中可以直接使用从 HttpServlet 父类中继承的取得 ServletContext 对象的方法取得此环境对象。代码示例如下:

```
ServletContext ctx = this.getServletContext();
```

取得 Web 应用环境对象后,可以使用 ServletContext 接口中提供的方法,取得有关 Web 应用的信息和数据,如 Web 容器的版本、名称、端口和绝对路径等。

7.1.2 服务器环境对象的生命周期

服务器环境对象 ServletContext 的生命周期比其他的 Web 应用对象如 Request, Response,Session 等都长久,它的生命周期与 Web 应用相同,当 Web 应用启动后,它被 Web 容器创建,当 Web 应用停止时,它被 Web 容器销毁。

1. ServletContext 对象创建

当 Web 请求部署启动后,ServletContext 对象被 Web 容器自动创建,生命周期开始。在 Web 应用运行期间,此对象一直保留在 Web 服务器的内存中,所有 Web 组件都可以随时访问此对象,进行数据的读取和存储。

2. ServletContext 对象销毁

当 Web 应用停止时,Web 容器自动销毁 ServletContext 对象,其生命周期结束。该对象中保存的对象引用随之断开,没有被引用的对象将被 JVM 垃圾收集器回收。如果在 ServletContext 对象中保存的对象信息需要长久保存,一般编写 ServletContext 对象的监听器类,在此对象销毁之前将其中保存的对象数据进行持久化处理,例如保存到数据库或文件中。当 Web 服务重新启动后,将这些信息从数据库或文件中读出,并存入 ServletContext 对象中,得以在 Web 中继续使用。

7.1.3 服务器环境对象的功能和方法

ServletContext 作为 Web 应用中生命周期最长的对象,成为保存整个 Web 应用关键数据的最理想位置。许多成熟的框架技术如 Struts,Spring 都将框架的配置参数和启动管理对象放置在 ServletContext 中,使得这些对象在 Web 应用启动后就可以被 Web 组件使用。

ServletContext 在 Web 应用中主要担当如下功能。

1. Web 级数据共享容器

ServletContext 为保存和读取 Web 应用范围内的共享数据提供了相应的方法,从这点看它是类似 Map 容器类型的对象,提供了数据的存取。具体方法如下:

(1) public void setAttribute(String name, Object object)

对象保存到 ServletContext,要求核对对象类型,JDK 5.0 版本开始支持自动装箱(Boxing)和自动拆箱(unboxing)功能,即自动将简单类型数据自动转换为对象类型后保存到 ServletContext 对象中。保存示例代码如下：

```
ServletContext cxt = this.getServletContext();
ctx.setAttribute("userId","kt9002");
ctx.setAttribute("age",20);            //自动完成将 int 类型转换为 Integer 对象类型
```

(2) public Object getAttribute(String name)

读取保存在 ServletContext 对象中指定名称的属性对象，如果指定的属性名称不存在，则返回 null。读取对象代码如下：

```
String userId = (String)ctx.getAttribute("userId");
int age = (Integer)ctx.getAttribute("age");   //自动拆箱操作,将 Integer 转为 int
```

(3) public void removeAttribute(String name)

将指定的属性从 ServletContext 对象中删除。使用代码如下：

```
ctx.removeAttribute("userId");
ctx.removeAttribute("age");
```

(4) public Enumeration getAttributeNames()

取得所有属性的名称列表，返回1个枚举器对象，通过此枚举对象，可以遍历所有属性名称。例如：

```
Enumeration nums = ctx.getAttributeNames();
for (Enumeration ee = nums.elements() ; nums.hasMoreElements() ;) {
    System.out.println(ee.nextElement());
}
```

ServletContext 与 Session 对象不同，Session 对象可以使用方法 invlidate() 进行销毁，而 ServletContext 对象不能使用此方法销毁，只能使用停止 Web 应用进行销毁。

2. 读取 Web 级初始化参数

在开发企业级应用过程中，一般不要在代码中放置各种外部资源的连接参数，如数据库的驱动、连接 URL 和 JNDI 注册名等。如果在 Java 代码中书写这些参数，当外部资源改变后，如更新数据库类型和位置、将 SQL Server 改为 Oracle 等，将导致 Java 代码需要重新编译。将这些配置参数放置在 Web 配置文件中，当参数需要修改时，可以直接编辑 Web 应用的/WEB-INF/web.xml 文件，重新部署后，便可启用这些新的参数，不需要修改 Java 源代码和重新编译，提高了系统的可维护性。具体 Web 初始参数的配置和取得如 7.2 节所示。

3. 访问外部资源

ServletContext 对象提供了访问外部资源的方法，如取得 Web 文档的绝对路径、配合 I/O 流读写 Web 文档、取得转发对象、实现服务器端 Web 组件的转发。相关的方法如下：

(1) public String getRealPath(String path)

取得指定 Web 目录或文档的绝对目录地址，Path 要求以"/"开头，表示 Web 的根目录。如下代码取得 Web 目录"/upload"的绝对目录地址，当使用文件上传功能组件时此方法非常有用。

```
String realPath = ctx.getRealPath("/upload");    //ctx 为已经取得的 ServletContext 对象
```

(2) public InputStream getResourceAsStream(String path)

以二进制字节流的类型返回指定的 Web 资源,可以是 Web 应用中的任何文档,包括 JSP、图片、声音或视频文件,然后使用 Input 流的读取方法读取此资源文件。实际应用较少,在此不作赘述。

(3) public RequestDispatcher getRequestDispatcher(String path)

取得指定 Web 文档的转发对象,目的是实现到目标文档的服务器端转发。取得转发对象并实现转发的代码如下:

```
RequestDispatcher rd = ctx.getRequestDispatcher("/ch07/main.jsp");   //取得转发对象
rd.forward(request, response);            //实现转发
```

使用 ServletContext 取得转发对象,要求转发目标地址必须以"/"开头,表示 Web 的根目录,否则将抛出 java.lang.IllegalArgumentException。运行的结果截图如图 7-1 所示。

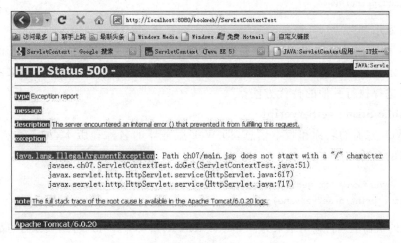

图 7-1 无"/"开头的转发地址异常

(4) public URL getResource(String path) throws MalformedURLException

返回指定 Web 资源的 URL 地址,path 要求以"/"开头。例如取得 Web 页面/ch07/main.jsp 的 URL:

```
URL url = ctx.getResource("/ch07/main.jsp");
System.out.println(url.toString());
```

输出结果为:jndi:/localhost/bookweb/ch07/main.jsp

(5) public String getMimeType(String file)

取得指定文件的 MIME 类型。例子取得"/images/tu01.jpg"的 MIME 类型:

```
String mime = ctx.getMimeType("image/tu01.jpg");
System.out.println(mime);
```

运行后将返回:image/jpeg,为 JPG 文件的 MIME 类型。

4. 取得 Web 应用基本信息

取得 ServletContext 对象后，可以通过它取得 Web 应用的基本信息，如 Web 容器的名称、版本等。

（1）public int getMajorVersion()

取得 Servlet 容器 API 的主版本号。如 Servlet 2.5 规范的容器将返回 2。

```
int mv = ctx.getMajorVersion();
System.out.println(mv);
```

将显示"2"。

（2）public int getMinorVersion()

取得 Web 容器的次版本号，返回 Servlet 2.5 的次版本号 5，如下代码：

```
int sv = ctx.getMinorVersion();
System.out.println(sv);
```

结果将显示"5"。

（1）（2）两方法结合取得 Web 容器遵循的 Servlet API 规范版本，项目编程时可以根据这两个值测定代码的兼容性，在运行某个新的方法之前，对版本进行测定，如果不符合指定的版本可以选择执行其他的替代方法。

（3）public String getServerInfo()

取得 Web 容器的名称和版本信息，即 Web 服务器的名称和版本，如下取得 Servlet 运行的服务器的名称和版本：

```
String serverName = ctx.getServerInfo();
System.out.println(serverName);
```

在作者的机器上运行输出结果为：Apache Tomcat/6.0.20。可以看到服务器的基本信息。

5. Web 应用日志输出

项目开发人员为追踪代码的运行情况，尤其是出现异常时的错误信息，经常将此类信息写入日志文件，便于日后监控和维护，尤其是已经发布运行的项目，不方便到用户现场服务器的控制台上进行查看。一般的做法是配置 Web 服务器的日志文件到可以远程访问的 FTP 服务器上，开发人员可以定期从 FTP 下载日志文件进行分析，找出系统的异常和错误的时间和地点。

ServletContext 专门提供了 LOG 日志方法，将消息写入到 LOG 文件。

（1）public void log(String msg)

将指定的消息文本写入到日志文件中。一般用于比较关键的事件，如用户登录应用系统和执行关键的操作像删除产品等。如以处理用户登录 Servlet 为例：

在 doGet 或 doPost 方法中取得登录 ID 和密码，并验证通过后，将登录 ID、时间和 IP 地址等信息写入到 LOG 文件：

```
String id = request.getParameter("userId");
String password = request.getParameter("password");
```

```
IUser user = BusinessFactory.createUser();        //通过工厂类取得业务接口对象
If(user.validate(id,password))  {
    //验证合法
    String ip = request.getRemoteAddr();
    ServletContext ctx = this.getServletContext();
    String msg = "用户: " + id + " 于" + new Date() + "时间,在 " + ip + " 计算机上登录";
    ctx.log(msg);
    HttpSession session = request.getSession();  //取得会话对象
    session.setAttribute("userId",id);
    RequestDispatcher rd = request. getRequestDispatcher("main.jsp");   //取得转发
    rd.forward(request,response);
}
```

(2) public void log(Exception exception, String msg)

已经过时的方法,尽量不要使用。请使用(3)中方法。

(3) public void log(String message, Throwable throwable)

将异常类的跟踪堆栈(stack trace for a given Throwable exception)并附加消息文本写入到 LOG 日志文件中,一般用于异常处理。例子如下:

```
try{
    //业务处理代码,可能抛出异常
} catch(Exception e) {
    ctx.log("更新库存余额时错误异常", e);
}
```

7.2 Java EE Web 的配置

开发和部署 Java EE Web 应用时,Web 配置占据着异常重要的地位。可以使用配置方式配置 Java EE Web 的 Web 组件、起始页面、异常处理、初始参数、外部资源和标签库等。作为 Web 开发和设计人员需要熟练掌握常用的 Web 配置项目、配置语法和意义。

7.2.1 配置文件和位置

Web 配置文件名为 web.xml,位于目录/WEB-INF,此目录是被 Web 服务器保护的目录。客户浏览器无法访问此目录下的任何文件,因此用于保存重要的 Web 应用文件,如各种配置文件,其他框架如 Struts,Spring,DWR 等都将配置文件保存在/WEB-INF 目录下。

web.xml 配置的主要项目有:

1. Web 级初始参数(context-param)
2. 过滤器(filter)
3. 过滤器映射(filter-mapping)
4. 监听器(listener)
5. Servlet 声明(Servlet)
6. Servlet 映射(Servlet-mapping)
7. 异常跳转页面(error-page)
8. MIME 类型映射(mime-mapping)

9. 会话对象超时(session-config)
10. 外部资源声明(resource-ref)
11. 外部标记库描述符文件(taglib)

本章其他各节详细讲述各个配置项目的语法、意义和相关的编程接口,其中 Servlet 声明和映射前面章节已经详细介绍过,而过滤器和监听器将在第 8 章和第 9 章进行讲述。

7.2.2 Web 级初始参数配置

Web 级别的初始化参数配置用于在项目开发完成和部署运行时,对某些参数进行修改,但不需要修改 Java 代码和重新编译的情形下。一般用于可能需要修改的外部资源参数,如连接数据库参数、外部资源文件目录和名称等。许多开源框架如 Struts、Spring 和 Tiles 都将配置文件目录和名称配置在 Web 初始参数中,供这些框架启动时进行读取,进而取得运行参数信息。

例如 Apache Tiles 2 开源框架的 Web 初始参数配置如下:

```xml
<!-- 设置 Tiles 2 框架配置参数 -->
<context-param>
<param-name>org.apache.BasicTilesContainer.DEFINITIONS_CONFIG</param-name>
    <param-value>/WEB-INF/tiles_lhd.xml</param-value>
</context-param>
```

1. Web 初始参数配置语法

```xml
<context-param>
    <description>数据库驱动</description>
    <param-name>driverName</param-name>
    <param-value>sun.jdbc.odbc.JdbcOdbcDriver</param-value>
</context-param>
```

其中<description>是可选的,<param-name>和<param-value>是必须有的,否则将出现编译错误。

2. Web 组件取得 Web 初始参数

在 Servlet 中可以通过 ServletContext 对象取得 Web 初始参数,为此 ServletContext 提供了如下方法:

(1) public String getInitParameter(String name)

取得指定名称的 Web 初始参数,返回 String 类型,只能取得字符串类型的参数。如果是其他类型的参数需要取得 String 后进行类型转换。取得指定参数的代码如下:

```
ServletContext ctx = this.getServletContext();
String driverName = ctx.getInitParameter("driverName");
```

注意:参数名是区分大小写的。如果没有配置指定的参数,则返回 null。

(2) public Enumeration getInitParameterNames()

取得所有 Web 初始参数名称列表,以枚举器类型返回。输出所有参数名和参数值的代码如下：

```
ServletContext ctx = this.getServletContext();
for (Enumeration ee = ctx.getInitParameterNames(); ee.hasMoreElements();)
{
    String paramName = (String)ee.nextElement();
    System.out.println(paramName + " = " + ctx.getInitParameter(paramName));
}
```

运行包含此代码的 Servlet 将显示出如下结果：

```
driverName = sun.jdbc.odbc.JdbcOdbcDriver
```

7.2.3　Web 应用级异常处理配置

Java EE 规范提供了以配置方式处理异常的功能，可以无须开发人员在项目源文件中到处嵌入异常处理代码，节省了代码编程量，提高了项目开发速度。其他 Web 框架如 Struts、Spring MVC 都提供了类似的方式来处理异常。

通过配置方式处理异常，当 Web 应用中 Web 组件 JSP 或 Servlet 抛出异常时，Web 容器自动在配置文件中查找对应的异常类型，根据配置自动跳转到异常处理页面。

根据错误的类型，Java EE 规范提供了两种错误配置方法。

1. 以错误状态码配置的处理方法

当 JSP 或 Servlet 的响应状态码与配置的状态码一致时，Web 容器自动跳转到配置的页面。配置语法如下：

```
<error-page>
    <error-code>500</error-code>
    <location>/error/info500.jsp</location>
</error-page>
```

当 Web 组件响应状态码为 500 时，自动转发到 /error/info500.jsp 页面。
在 Servlet 中如果编写如下代码：

```
out.print(10/0);                           //将会抛出零除异常
```

Servlet 响应为 500，表示内部错误，Web 容器将使用配置的 /error/info500.jsp 页面去替代默认的 500 错误页面，显示如图 7-2 所示。

图 7-2　错误信息码配置异常处理结果

可以看到地址依然是 Servlet 的请求地址，而不是错误 JSP 页面的地址，表明是转发方式。

2. 以异常类型配置的处理方式

另外是通过配置异常类型实行自动的异常处理。配置语法如下：

```
<error-page>
<exception-type>java.lang.NullException</exception-type>
<location>/error/error500.jsp</location>
</error-page>
```

当 JSP 或 Servlet 内出现空指针异常时，Web 容器将检测到异常，匹配配置的异常，自动转发到 location 元素指定的页面。

7.2.4 MIME 类型映射配置

市场上流行的各种浏览器已经根据 W3C 组织制定的 MIME 标准，进行了各种文件的 MIME 类型映射。根据 Web 容器响应的各种 MIME 类型，浏览器会根据 MIME 类型，自动启动客户机中对应的应用软件进行处理。如果响应类型是 text/html，则浏览器自己就会处理，显示 HTML 网页，如果响应类型是 application/vnd.ms-excel，浏览器会启动 Excel 去处理该响应，显示 Excel 表格。

但有的文件没有出现在 MIME 中，这时就需要开发人员手动进行文件和 MIME 类型的映射，当 Web 服务器取得此类文件的扩展名时，使用 getContentType 就可以取出对应的 MIME 类型。

MIME 类型映射的语法如下：

```
<mime-mapping>
  <extension>jpg</extension>
  <mime-type>image/jpeg</mime-type>
</mime-mapping>
```

使用文件的扩展名进行 MIME 类型的映射，本例中将所有 JPG 扩展名的文件映射为 MIME image/jpeg 类型。

如下代码示意取得文件 images/tu01.jpg 的 MIME 类型：

```
ServletContext ctx = this.getServletContext();
String mime = ctx.getMimeType("image/tu01.jpg");
```

如果输出 MIME 变量值，将显示：image/jpeg。

7.2.5 Session 会话超时配置

HttpSession 对象的超时时间可以通过如下代码实现：

```
HttpSession session = request.getSession();
session.setMaxInactiveInterval(15*60);          //设置会话超时为 15 分钟
```

Java EE 规范提供了在 Web 配置文件进行会话超时配置的功能,配置语法如下:

```
<session-config>
    <session-timeout>900</session-timeout>
</session-config>
```

同样配置会话超时是 900 秒,即 15 分钟。推荐在 web.xml 文件中提供会话超时的处理,尽量不在代码中进行管理,将来客户需要修改时,可以直接编辑配置文件,而修改 Java 源代码则需要重新编译和部署。

7.2.6 外部资源引用配置

在 Web 应用开发中 Web 组件如 Servlet 经常需要各种外部资源和服务,如使用 Web 服务器配置的数据库连接池、JMS 消息服务等。为了使这些资源对 Web 组件可用,需要在 web.xml 中引入这些资源或服务。资源引用配置语法如下:

```
<resource-ref>
    <description>DB Connection</description>
    <res-ref-name>java:comp/env/cityoa</res-ref-name>
    <res-type>javax.sql.DataSource</res-type>
    <res-auth>Container</res-auth>
</resource-ref>
```

该配置将 Tomcat 6.x 服务器上配置数据库连接池的 JNDI 资源引入到此 Web 应用中,在 Servlet 方法中可以使用 JNDI 服务取得此连接池对象。JNDI 服务将在后面章节中介绍。

取得此连接池的示例代码如下:

```
Context context = new InitialContext();                    //初始化 JNDI 服务对象
DataSource ds = (DataSource)context.lookup("java:comp/env/cityoa");   //使用引用名
Connection cn = ds.getConnection();                         //取得连接池中的一个数据库连接
```

其他有关过滤器和监听器的配置将在第 8 章和第 9 章中详细介绍。

7.3 Servlet 配置对象 ServletConfig

Java EE API 为取得 Servlet 的配置信息,提供了一个 Servlet 配置对象 API。该对象在 Servlet 初始化阶段由 Web 容器实例化,并将当前 Servlet 的配置数据写入到此对象,供 Servlet 读取使用。

7.3.1 配置对象类型和取得

Servlet 配置对象类型为 javax.servlet.ServletConfig。它是 1 个接口,规定了 Servlet 配置对象应该具有的方法,具体的实现类由服务器厂家实现。

ServletConfig 对象在 Servlet 的 init 方法中取得,由 Web 容器以参数方式注入到 Servlet,如下代码展示 ServletConfig 对象的取得:

```java
public class ServletConfigTest extends HttpServlet
{
    private ServletConfig config = null;
    public void init(ServletConfig config) throws ServletException
    {
        super.init(config);
        this.config = config;
    }
}
```

要取得 ServletConfig 对象需要重写 init 方法,并传递 ServletConfig 参数,init 方法执行后即可得到该对象实例,即 config 对象作为 Servlet 类属性变量,在该 Servlet 的 doGet 或 doPost 中就可使用 config 对象。

Web 容器为每个 Servlet 实例创建 1 个 ServletConfig 对象,不同的 Servlet 之间无法共享使用此对象,这点与 ServletContext 和 HttpSession 对象不同。

7.3.2 ServletConfig 功能和方法

ServletConfig 对象方法较少,主要功能是取得 Servlet 配置参数。它的主要方法如下。

1. public String getInitParameter(String name)

取得指定 Servlet 配置参数。与 Web 初始参数不同,Servlet 初始参数在 Servlet 声明中定义,配置语法如下:

```xml
<servlet>
  <servlet-name>ServletConfigTest</servlet-name>
  <servlet-class>javaee.ch07.ServletConfigTest</servlet-class>
  <init-param>
    <param-name>url</param-name>
    <param-value>jdbc:oracle:thin:@210.30.108.5:1521:oracle01</param-value>
  </init-param>
</servlet>
```

每个<init-param>标记定义 1 个 Servlet 初始参数。注意:该标签要放置在<servlet-name>和<servlet-class>之下,否则编译错误。如下代码取得配置的 Servlet 初始参数:

```java
String url = config.getInitParameter("url");
```

2. public Enumeration getInitParameterNames()

取得所有 Servlet 初始化参数,返回枚举器类型,参照取得 Web 级初始参数代码,可以显示所有的 Servlet 初始参数。

3. public String getServletName()

取得 Servlet 配置的名称。

```java
String name = config.getServletName();
```

4. public ServletContext getServletContext( )

ServletConfig 对象提供了取得 ServletContext 对象的方法,与在 Servlet 内使用 this.getServletContext()一样,返回 ServletContext 实例对象引用。代码如下:

```
ServletContext ctx = config.getServletContext();
```

7.3.3 ServletConfig 对象应用案例

本案例演示如何使用 ServletConfig 对象,包括 ServletConfig 对象的取得、读取 Servlet 配置信息以及 Servlet 初始参数。

1. Servlet 编程

此 Servlet 的代码如程序 7-1 所示。

程序 7-1　ServletConfigTest.java

```java
package javaee.ch07;
import java.io.IOException;
import java.io.PrintWriter;
import javax.servlet.ServletConfig;
import javax.servlet.ServletContext;
import javax.servlet.ServletException;
import javax.servlet.http.HttpServlet;
import javax.servlet.http.HttpServletRequest;
import javax.servlet.http.HttpServletResponse;
import javax.servlet.http.HttpSession;
//ServletConfig 应用案例
public class ServletConfigTest extends HttpServlet
{
  private ServletConfig config = null;
  public void init(ServletConfig config) throws ServletException
  {
    super.init(config);
    this.config = config;
  }
  public void doGet(HttpServletRequest request, HttpServletResponse response)
      throws ServletException, IOException
  {
    String url = config.getInitParameter("url");//取得 Servlet 初始参数
    response.setContentType("text/html");
    response.setCharacterEncoding("GBK");
    PrintWriter out = response.getWriter();
    out.println("<HTML>");
    out.println("   <HEAD><TITLE> A Servlet </TITLE></HEAD>");
    out.println("   <BODY>");
    out.print("URL = " + url);
    out.println("   </BODY>");
    out.println("</HTML>");
```

```
        out.flush();
        out.close();
    }
    public void doPost(HttpServletRequest request, HttpServletResponse response)
        throws ServletException, IOException {
        doGet(request,response); }
}
```

2. Servlet 配置

文件：/WEB-INF/web.xml

配置内容：

```xml
<?xml version="1.0" encoding="UTF-8"?>
<web-app version="2.5"
    xmlns="http://java.sun.com/xml/ns/javaee"
    xmlns:xsi="http://www.w3.org/2001/XMLSchema-instance"
    xsi:schemaLocation="http://java.sun.com/xml/ns/javaee
    http://java.sun.com/xml/ns/javaee/web-app_2_5.xsd">
<!-- Web 级初始参数配置 -->
<context-param>
   <description>数据库驱动</description>
   <param-name>driverName</param-name>
   <param-value>sun.jdbc.odbc.JdbcOdbcDriver</param-value>
</context-param>
<!-- Servlet 配置 -->
<servlet>
   <servlet-name>ServletConfigTest</servlet-name>
   <servlet-class>javaee.ch07.ServletConfigTest</servlet-class>
<init-param>
   <param-name>url</param-name>
   <param-value>jdbc:oracle:thin:@210.30.108.5:1521:oracle01</param-value>
</init-param>
   </servlet>
<!-- Servlet 地址映射 -->
   <servlet-mapping>
     <servlet-name>ServletConfigTest</servlet-name>
     <url-pattern>/ch07/ServletConfigTest</url-pattern>
   </servlet-mapping>
   <!-- 错误状态码处理 -->
   <error-page>
     <error-code>500</error-code>
     <location>/error/info500.jsp</location>
   </error-page>
   <!-- 异常类型配置 -->
   <error-page>
     <exception-type>java.sql.SQLException</exception-type>
<location>/error/infosql.jsp</location>
     </error-page>
     <!-- 会话超时配置 -->
     <session-config>
```

```xml
      <session-timeout>600</session-timeout>
    </session-config>
<!-- MIME 映射配置 -->
    <mime-mapping>
      <extension>jpg</extension>
      <mime-type>image/jpeg</mime-type>
    </mime-mapping>
      <!-- 配置起始文件 -->
      <welcome-file-list>
        <welcome-file>index.jsp</welcome-file>
      </welcome-file-list>
</web-app>
```

Servlet 代码使用 ServletConfig 对象即可取得 Servlet 的初始参数,避免了硬编码形式的参数读取,改进了 Web 应用的可维护性。在进行 Web 应用开发时,首先要考虑将各种参数值配置到某个地方,即使保存到一个文本文件也不要在代码中定义常量方法。保存在 Web 配置文件中的优点是 Java EE API 提供专门的方法来取得这些参数值,从文本文件中读取还需要编写解析程序才能得到配置的参数值,增加了编程工作量,延缓了项目交付时间。

7.4 转 发

一个 Web 应用主要由许多动态 Web 页面组成,即 JSP 和 Servlet。Web 应用在运行中需要不断地在各个页面之间进行跳转和传递数据。目前知道的页面跳转方式是重定向,在访问 Web 应用时基本都使用此种方法完成从一个页面导航到另一个页面,如下为典型的重定向跳转方式:

- 地址栏手工输入新的 URL 地址。
- 单击超链接。
- 提交 FORM 表单。
- 使用响应对象 response 的 sendRedirect()方法。

重定向跳转方法都由客户端浏览器来执行,不论手工输入、单击超链接还是通过 sendRedirect 方法,都是通过浏览器来实现的。由此可见重定向增加了网络的访问流量,在网络带宽有限的环境中使用重定向会导致 Web 应用速度减慢。

Java EE 提供了另外一种在服务器端进行页面直接跳转的方法,即转发(forward)。

转发是指 Web 组件在服务器端直接请求到另外 Web 组件的方式,转发在 Web 容器内部完成,不需要通过客户端浏览器,因此客户浏览器的地址还停留在初次请求的地址上,并不显示新的转发的目标地址。

Web 开发中应该尽可能使用转发实现 Web 组件间导航,市场上流行的 Web 框架 Struts 基本都使用转发来完成从控制器 Action 到表示层 JSP 的跳转。

7.4.1 转发的实现

Java EE 提供了转发的对象 API,即 javax.servlet.RequestDispatcher。通过取得此接口的转发对象可以实现服务器端 Web 页面的直接跳转。

1. 取得转发对象

Java EE 在取得转发对象的方式上提供了两种方法：

（1）通过请求对象 HttpServletRequest 取得：

```
RequestDispatcher rd = request.getRequestDispatcher("main.jsp");
```

（2）使用 ServletContext 对象的方法取得：

```
RequestDispatcher rd = this.getServletContext().getRequestDispatcher("/main.jsp");
```

2. 实现转发

取得转发对象后，调用转发对象的方法 forward 完成转发。使用转发对象的 Servlet 示例代码如程序 7-2 所示。

程序 7-2 EmployeeMainAction.java

```java
package javaee.ch07;
import java.io.IOException;
import java.util.*;
import java.io.PrintWriter;
import javax.servlet.RequestDispatcher;
import javax.servlet.ServletException;
import javax.servlet.http.HttpServlet;
import javax.servlet.http.HttpServletRequest;
import javax.servlet.http.HttpServletResponse;
//员工管理主控制器
public class EmployeeMainAction extends HttpServlet
{
    public void init() throws ServletException {
    }
    public void destroy()
    {
        super.destroy();
    }
    public void doGet(HttpServletRequest request, HttpServletResponse response)
            throws ServletException, IOException
    {
        //取得转发对象
        RequestDispatcher rd = request.getRequestDispatcher("main.jsp");
        rd.forward(request, response);          //实现转发
    }
    public void doPost(HttpServletRequest request, HttpServletResponse response)
            throws ServletException, IOException {
        doGet(request, response);
    }
}
```

该 Servlet 的配置和映射代码如下：

```
<servlet>
    <servlet-name>EmployeeMainAction</servlet-name>
    <servlet-class>javaee.ch07.EmployeeMainAction</servlet-class>
```

```
    </servlet>
    <servlet-mapping>
        <servlet-name>EmployeeMainAction</servlet-name>
        <url-pattern>/employee/main.action</url-pattern>
    </servlet-mapping>
```

分析此代码,在转发对象取得的代码中,目标页面为 main.jsp,没有任何目录信息,如何定位 main.jsp 页面目录。通过 Servlet 的 URL 映射可以看到,此 Servlet 映射地址为:/employee/main.action,即/employee 目录下的一个虚拟请求地址,要请求对象取得成功,需要将 main.jsp 文件也放在/employee 目录下,Web 容器就会在 Servlet 映射地址相同的目录下定位 main.jsp 文件,保证取得转发对象成功。如果 main.jsp 与 Servlet 映射地址不在同一目录,就需要使用相对路径进行定位,如把 main.jsp 放在目录:/department/main.jsp,则取得转发对象需要按如下示例代码进行修改:

```
RequestDispatcher rd = request.getRequestDispatcher("../department/main.jsp");
```

如何取得转发对象方式可以有两种方法,那这两种方法取得的转发对象在使用时有区别吗?答案是有的。区别就在于是使用相对路径还是使用绝对路径。

从请求对象得到的转发对象要求使用相对路径:

```
RequestDispatcher rd = request.getRequestDispatcher("../department/main.jsp");
```

而通过 ServletContext 对象取得转发对象时,要求使用绝对路径,即要求以"/"开头,否则抛出 java.lang.IllegalArgumentException 异常,表示 URL 路径参数非法,同时显示错误信息: Path main.jsp does not start with a "/" character。如使用如下代码:

```
RequestDispatcher rd = this.getServletContext().getRequestDispatcher("main.jsp");
rd.forward(request, response);
```

请求此 Servlet 将出现如图 7-3 所示的错误页面。

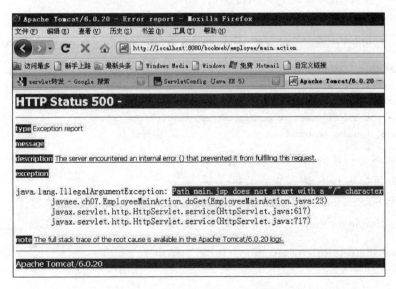

图 7-3 使用 ServletContext 对象的转发对象使用相对路径错误页面

改正为使用绝对路径，如下所示：

```
ServletContext ctx = this.getServletContext();
RequestDispatcher rd = ctx.getRequestDispatcher("/employee/main.jsp");
rd.forward(request, response);
```

重新请求 Servlet，则转发成功，如图 7-4 所示。

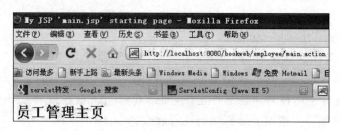

图 7-4 转发成功显示页面

从图 7-4 中看到转发的特点，浏览器已经响应了 main.jsp 的内容，但地址栏依然是客户端请求的 Servlet 地址，而不是 main.jsp 的地址，客户端不知道服务器已经将请求跳转到另一个 Web 组件。

3．转发之间传递数据

与重定向不同，转发是在一次请求过程中完成的，在此过程中，转发目标可以与原始请求对象共用请求对象，访问请求对象的参数和属性，尤其是属性参数。这是传递数据到转发对象最常见的方法，它要比传递参数和表单提交方便得多。

在进行转发之前，将传递数据存入请求对象属性，然后进行转发，转发目标 Web 组件可以在请求对象中取得存入的数据，完成数据的传递。

如下演示使用请求对象进行数据传递的例子。

(1) 原始 Servlet 保存数据到请求对象

Servlet：EmployeeMainAction；URL 地址：/employee/main.action；doGet 方法：

```
String userId = "TK9001";
request.setAttribute("userId",userId);
//view.action 是另一个 Servlet 的地址，即/employee/view.action
RequestDispatcher rd = request.getRequestDispatcher("view.action");
rd.forward(request, response);                //实现转发
```

此段代码将要传递的用户 ID 存入请求对象。

(2) 转发目标 Servlet 取得保存数据

在转发目标 Servlet 中可以读取请求对象中的属性信息，完成数据传递。

Servlet：EmployeeViewAction；地址：/employee/view.action；doGet 方法：

```
String userId = (String)request.getAttribute("userId");
if(userId! = null)
{
    out.println("用户账号:" + userId);
}
```

使用请求对象属性传递数据要比会话对象或 ServletContext 对象要高效得多,首先请求对象生存周期较短,当最终的转发对象发送响应给浏览器后,请求对象生命周期立即结束,占用的内存被释放,有利于提高 Web 服务器性能。

而会话对象和 ServletContext 对象生命周期较长,如果使用它们来传递页面间的数据,会长时间占用内存,如果传递数据过多,如一个数据库表这样大的列表信息,容易造成服务器内存不足,最终导致服务器崩溃。

7.4.2 转发与重定向的区别

Web 应用中页面之间的跳转就是重定向和转发两种方式,作为开发人员需要了解二者的区别,对如何设计高效的 Web 应用有非常大的帮助。虽然二者都是实现 Web 组件之间的跳转,但它们之间有很大的不同。

1. 发生的地点不同

重定向由客户端完成,而转发由服务器完成。

2. 请求/响应次数不同

重定向是两次请求,创建两个请求对象和响应对象,而转发是 1 次请求,只创建 1 个请求对象和响应对象。重定向无法共享请求/响应对象,而转发可以。

3. 目标位置不同

重定向可以跳转到 Web 应用之外的文档,而转发只能在一个 Web 内部文件之间进行。

如图 7-5 和图 7-6 所示分别是示意了重定向和转发的请求/响应流程,从中可以直观了解二者的区别。

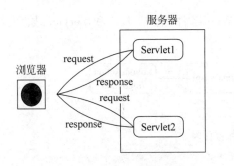

图 7-5 重定向请求/响应示意图

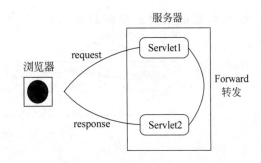

图 7-6 转发请求/响应示意图

7.4.3 转发编程注意事项

在使用转发进行页面间跳转时,不同于重定向,转发的目标地址不显示,浏览器依然停留在初始请求的路径上,如果转发目标与原始请求页面不在同一个目录,则将产生许多问题,包括图片的显示、CSS 定位和 JavaScript 脚本文件定位等。下面这些事项在使用转发时要加以注意。

1. 转发目录与源目标要在同一个目录

这样可以避免由于转发目标目录不在自己文件所在的目录,影响图片等资源文件的查找。

2. 转发之前不应有响应发送

在执行转发方法之前,不能发送任何响应内容,如果浏览器已经开始接收了响应内容,再执行转发,将导致异常 javax.servlet.IllegalStateException 抛出。

3. 更改请求目录最好在重定向中

不要在转发中更改目录,而应该在重定向请求中进行目录的更改。

7.5 ServletContext 应用案例

在开发实际 Web 应用项目中经常需要统计网站的在线用户人数和在线用户列表,尤其在论坛类应用中这是必备的功能之一。本案例使用 ServletContext 保存在线人数和在线用户列表,每次用户登录验证成功后,将用户登录 ID 保存到会话 Sesssion 对象,同时将保存在 ServletContext 中的在线用户数量累加,并把登录用户账号增加到在线用户列表中。当用户注销时,将会话对象 session 销毁,并将 ServletContext 中保存的在线人数累减,同时将用户登录 ID 从 ServletContext 中保存的在线用户列表中删除。

7.5.1 项目设计与编程

1. 应用设计

根据本案例需要的功能描述,设计如下 Web 组件,包括 JSP 和 Servlet,如图 7-7 所示。

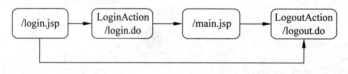

图 7-7 Web 组件设计图

(1) 登录 JSP 页面

显示用户登录表单,提交到登录处理 Servlet。

(2) 登录处理 Servlet

取得登录表单输入的登录账号和密码,连接员工表,根据账号和密码验证员工是否合法。如果合法,保存登录账号,累计在线人数,增加在线用户列表,转发到主页 JSP。

(3) 主页 JSP 页面

显示登录的用户账号、系统在线人数和在线用户列表,最后显示注销超链接。单击"注销",请求用户注销处理 Servlet。

(4) 注销处理 Servlet

取得并销毁会话对象,减少在线人数和在线用户列表,重定向到登录页面。

2. 案例应用编程

(1) 登录页面 JSP

登录 JSP 页面显示登录表单,提交后请求到登录处理 Servlet。页面代码如程序 7-3 所示。

程序 7-3 login.jsp

```jsp
<%@ page language="java" import="java.util.*" pageEncoding="GBK"%>
<!DOCTYPE HTML PUBLIC "-//W3C//DTD HTML 4.01 Transitional//EN">
<html>
  <head>
    <title>用户登录页面</title>
  </head>
  <body>
    <h1>用户登录</h1>
    <form action="login.do" method="post">
        账号:<input type="text" name="userid" /><br/>
        密码:<input type="password" name="password" /><br/>
        <input type="submit" value="提交" />
    </form>
  </body>
</html>
```

(2) 登录处理 Servlet

登录处理 Servlet 负责取得登录页面表单提交的登录信息,连接员工数据表进行员工的合法性验证。如果员工合法,则将员工 ID 保存到会话对象的属性中,同时使用 ServletContext 对象保存在线用户人数和在线用户列表。Servlet 类代码如程序 7-4 所示。

程序 7-4 LoginAction.java

```java
package javaee.ch07;
import java.io.IOException;
import java.io.PrintWriter;
import java.sql.Connection;
import java.sql.DriverManager;
import java.sql.PreparedStatement;
import java.sql.ResultSet;
import java.util.ArrayList;
import java.util.List;
import javax.servlet.ServletConfig;
import javax.servlet.ServletContext;
import javax.servlet.ServletException;
import javax.servlet.http.HttpServlet;
import javax.servlet.http.HttpServletRequest;
import javax.servlet.http.HttpServletResponse;
import javax.servlet.http.HttpSession;
//登录处理 Servlet
```

```java
public class LoginAction extends HttpServlet
{
    String driverName = null;
    String url = null;
    public void init(ServletConfig config) throws ServletException
    {
        super.init(config);
        //取得Servlet配置的数据库初始参数
        driverName = config.getInitParameter("driverName");
        url = config.getInitParameter("url");
    }
    public void doGet(HttpServletRequest request, HttpServletResponse response)
            throws ServletException, IOException
    {
        //取得输入的账号和密码
        String userid = request.getParameter("userid");
        String password = request.getParameter("password");
        if(userid!=null&&password!=null&&userid.trim().length()>0&&password.trim().length()>0)
        {
            String sql = "select * from EMP where EMPID = ? and PASSWORD = ?";
            Connection cn = null;
            boolean check = false;
            try {
                Class.forName(driverName);
                cn = DriverManager.getConnection(url);
                PreparedStatement ps = cn.prepareStatement(sql);
                ps.setString(1, userid);
                ps.setString(2, password);
                ResultSet rs = ps.executeQuery();
                if(rs.next()) {
                    check = true;
                }
                rs.close();
                ps.close();
            } catch(Exception e) {
                response.sendRedirect("login.jsp");
            } finally {
                try{cn.close();}catch(Exception e){}
            }
            if(check) {
                //取得会话对象
                HttpSession session = request.getSession(true);
                session = request.getSession(true);
                //将会话对象保存到会话对象
                session.setAttribute("userid", userid);
                //取得Web上下文对象
                ServletContext application = this.getServletContext();
                //取得在线人数
                Integer onlinenum = (Integer)application.getAttribute("onlinenum");
                if(onlinenum == null) {
                    //如果首个用户登录,设置为在线用户数为1
```

```java
                    application.setAttribute("onlinenum",new Integer(1));
                } else {
                    //否则增加在线用户个数
                    application.setAttribute("onlinenum", ++onlinenum);
                }
                //取得用户在线列表
                List userList = (List)application.getAttribute("userList");
                if(userList == null) {
                    //用户首次登录
                    userList = new ArrayList();
                    userList.add(userid);
                    application.setAttribute("userList", userList);
                } else {
                    //非首个用户登录,则增加到用户列表中
                    userList.add(userid);
                }
                response.sendRedirect("main.jsp");
            } else {
                response.sendRedirect("login.jsp");
            }
        }
    }
    public void doPost(HttpServletRequest request, HttpServletResponse response)
        throws ServletException, IOException {
        doGet(request,response);
    }
}
```

(3) 主页页面 JSP

主页 JSP 页面,显示在线登录用户人数和在线用户列表。主页 JSP 代码如程序 7-5 所示。

程序 7-5　main.jsp

```jsp
<%@ page language="java" import="java.util.*" pageEncoding="GBK"%>
<!DOCTYPE HTML PUBLIC "-//W3C//DTD HTML 4.01 Transitional//EN">
<html>
  <head>
    <title>系统管理主页面</title>
  </head>
  <body>
    <h1>办公自动化系统管理系统</h1>
    <hr/>
    在线人数:<%=String.valueOf((Integer)application.getAttribute("onlinenum")) %><br/>
    用户列表:<br/>
    <%
        List list = (List)application.getAttribute("userList");
        for(Object o:list) {
            out.println((String)o);
```

```
            out.println("< br/>");
        }
    %>
    < hr/>
    < a href = "logout.do">注销</a>
  </body>
</html>
```

(4) 注销处理 Servlet

注销 Servlet 的功能是销毁会话对象,同时将 ServletContext 对象中保存的在线用户人数减 1 和删除在线用户列表中的注销用户 ID。此 Servlet 代码如程序 7-6 所示。

程序 7-6　LogoutAction.java

```java
import java.io.IOException;
import java.io.PrintWriter;
import java.util.ArrayList;
import java.util.List;
import javax.servlet.ServletContext;
import javax.servlet.ServletException;
import javax.servlet.http.HttpServlet;
import javax.servlet.http.HttpServletRequest;
import javax.servlet.http.HttpServletResponse;
import javax.servlet.http.HttpSession;
//注销用户处理
public class LogoutAction extends HttpServlet
{
    public void doGet(HttpServletRequest request, HttpServletResponse response)
    throws ServletException, IOException
    {
      HttpSession session = request.getSession(false);
      if(session! = null) {
          String userid = (String)session.getAttribute("userid");
          //取得 Web 上下文对象
          ServletContext application = this.getServletContext();
          //取得在线人数
          Integer onlinenum = (Integer)application.getAttribute("onlinenum");
          if(onlinenum! = null) {
              //减少在线用户个数
              application.setAttribute("onlinenum",onlinenum -- );
          }
          //取得用户在线列表
          List userList = (List)application.getAttribute("userList");
          if(userList! = null) {
              //用户列表中删除注销的用户账号
              userList.remove(userid);
          }
          //销毁会话对象
```

```
            session.invalidate();
        }
        //重定向到登录页面
        response.sendRedirect("login.jsp");
    }
    public void doPost(HttpServletRequest request, HttpServletResponse response)
        throws ServletException, IOException {
        doGet(request,response);
    }
}
```

7.5.2 案例部署与测试

将项目部署到 Tomcat 6.x 服务器上，请求登录页面，显示登录表单，如图 7-8 所示。

图 7-8 用户登录界面

在登录页面中输入正确的账号和密码，单击"提交"，转到登录处理 Servlet，登录处理后重定向到主页 JSP 页面，如图 7-9 所示。

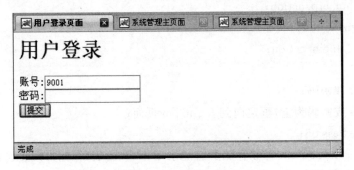

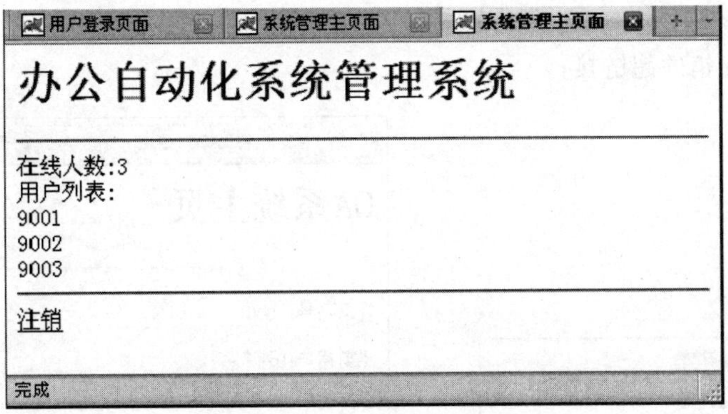

图 7-9 系统主页面

在主页 main.jsp 中显示在线人数和在线用户列表。单击"注销"超链接后，进入注销处理 Servlet，注销处理结束后，自动重新定向到登录页面，如图 7-9 所示。

通过此案例可以看到 ServletContext 对象的应用，作为 Web 应用级别的容器，可以保存跨用户的共享信息。

习 题 7

1. 简述题

(1) 使用 ServletContext 对象有哪些注意事项？
(2) 说明重定向和转发的区别有哪些？
(3) 说明重定向和转发最佳使用情形。

2. 综合编程题

(1) 编写登录 JSP 页面：/login.jsp，显示登录表单，如图 7-10 所示。
(2) 编写登录处理 Servlet：(此 Servlet 无显示，为控制器 Controller)。
包：com.ibm.erp.action；
类名：LoginAction；
映射地址：/login.action；
功能：
① 取得 ID 和密码；
② 如果 ID 或密码为空，重定向到 login.jsp 页面；
③ ID 写入 Session；
④ 使用 ServletContext 对象存储所有登录用户 ID 列表(存储方式自己设计)；
⑤ 转发到主页 JSP：/main.jsp。
(3) 编写 OA 系统主页 JSP：/main.jsp，如图 7-11 所示。
功能：
① 取得保存在 Session 对象中的登录账号；
② 取得 ServletContext 中保存的在线用户 ID 列表，并显示；
③ 显示到注销的超链接；

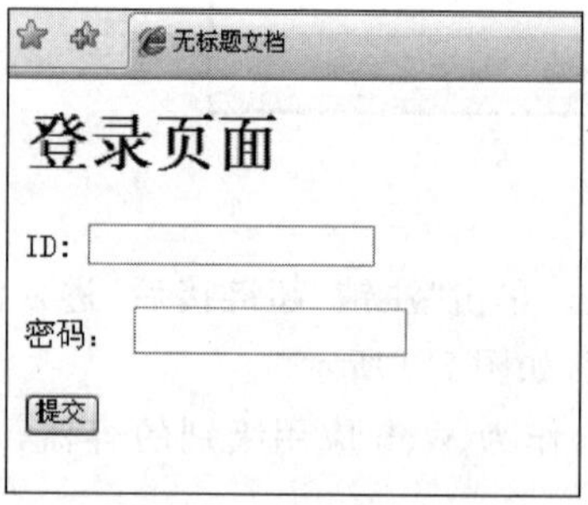

图 7-10 登录页面显示

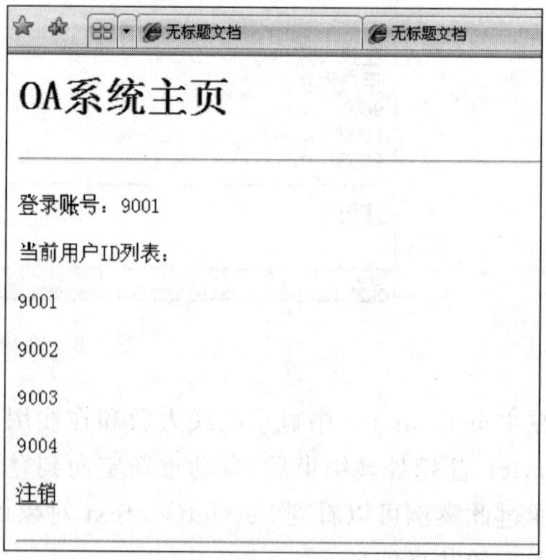

图 7-11 主页/main.jsp 页面显示

④ 单击"注销"到注销处理 Servlet。

（4）编写注销处理 Servlet：（此 Servlet 无显示，担任控制器角色 Controller）。

包：com.ibm.erp.action；

类名：LogoutAction；

映射地址：/logout.action；

功能：

① 从 ServletContext 中取出登录 ID 列表，删除当前登录 ID，剩余登录 ID 列表保存回 ServletContext 中；

② 销毁会话对象；

③ 重定向到登录页面/login.jsp。

（5）编写监控登录用户列表的页面：/admin.jsp。

显示所有在线用户列表，如图 7-12 所示。

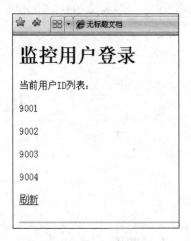

图 7-12 监控页面显示

第8章 Java EE 过滤器编程

本章要点

- 什么是过滤器；
- 过滤器的主要功能；
- 过滤器编程；
- 过滤器配置；
- 过滤器的测试；
- 过滤器应用案例。

Web 开发中经常遇到的任务是登录验证，如果用户没有登录，当请求目标是需要登录才能访问的 Web 页面 JSP 或 Servlet 时，要求跳转到登录页面。任何一个商业化 Web 应用都会有许多的页面和控制器 Servlet，如果在每个 JSP 页面和 Servlet 中都编写登录验证处理代码，会造成大量的代码冗余。

再有就是开发中文 Web 遇到的汉字乱码问题，Web 开发人员需要在每个接收输入参数的 Web 组件中编写汉字编码处理转换代码，和登录验证代码一样，存在代码大量冗余问题。

如何能将这些公共代码从每个 Web 组件中抽取出来，放在一个公共的地方，供所有需要这些公共功能代码的 Web 组件调用，成为软件开发中新的需求。

Java EE 规范的设计者认识到这类问题的重要性，在 Servlet 2.3 规范中引入了新的 Web 组件技术——过滤器(Filter)，使上述难题迎刃而解。

8.1 过滤器概述

8.1.1 过滤器的基本概念

过滤器，顾名思义就是对某种数据流动进行过滤处理的对象。在 Java EE Web 应用中这种数据流动就是 HTTP 请求数据流和 HTTP 响应数据流。

Java EE 过滤器能够对 HTTP 请求头和请求体在到达 Web 服务器组件之前进行预处

理，同时对 HTTP 响应头和响应体在发送到客户浏览器之前进行后处理操作。这些操作包括修改请求/响应的头或体数据，例如可以修改体数据的编码方式、增加头信息等，这些操作都是在 Web 组件和浏览器毫不知情的情况下进行的。

过滤器的引入极大减少了代码冗余，提高了系统的开发速度和效率，加快了项目的部署和交付，提高了软件开发团队的竞争力。

8.1.2 过滤器的基本功能

过滤器采用 AOP(Aspect Oriented Programming)编程思想，使用拦截技术，在 HTTP 请求和响应到达目标之前，对请求和响应的数据进行预处理，以达到开发人员需求的目的。以往这些预处理代码，在过滤器引入之前不得不分散在各个 JSP 和 Servlet 中，当这些代码需要修改时，开发人员面临大量组件代码需要修改的困难处境。

过滤器可以对请求/响应头和数据体进行增加、修改及删除等操作，来满足 Web 应用开发中的各种需求。

开发实际 Web 应用系统软件中，过滤器一般重点应用在如下领域。

1．登录检验

完成检测用户是否已经登录，如果没有登录就访问有安全性保护的 Web 页面，就自动跳转到登录页面，要求用户进行登录。

2．权限审核

除了要检测用户是否登录，另一个关键任务是用户权限检查。当级别不够的员工想访问高度机密的 Web 网页时，需要审核他的权限是否达到此页面所要求的级别，如果不满足则自动跳转到错误信息提示页面，告诉用户需要注意的问题和继续的操作步骤。

3．数据验证

在请求数据到达 JSP 或 Servlet 之前，可以对请求数据进行合法性验证。如整数类型的数值是否符合业务逻辑、如员工年龄是否小于 18 大于 60、Mail 地址是否合法等。这些标准数据的验证集中放置在过滤器中，可以减少 Servlet 的编程工作量，避免代码冗余。

4．日志登记

可以将某些类型的日志登记编写在过滤器中进行集中管理，如员工登录日志、注销日志等，便于今后的维护和管理。

5．数据压缩/解压缩

过滤器可以用作请求数据的压缩或解压缩工具，对发送或接收的客户提交数据进行压缩和解压缩。

6．数据的加密/解密

过滤器可以用作请求数据的加密或解密工具，对发送或接收的客户提交数据进行加密和解密。

8.2 Java EE 过滤器 API

从 Servlet 2.3 规范开始，Java EE 开始引入过滤器对象。基于 Java Servlet 的过滤器可以在 Web HTTP 请求到达 JSP 或 Servlet 之前对请求信息，或在 Servlet/JSP 响应到达浏览器之前对响应信息进行修改操作，进而完成对请求和响应的过滤操作。

为编写 Java Servlet 过滤器，Java EE 规范提供了如下接口，用于编写过滤器组件。

8.2.1 javax.servlet.Filter 接口

所有过滤器都必须实现该接口，该接口定义的过滤器必须实现如下 3 个方法。

1. public void init(FilterConfig filterConfig) throws ServletException

初始化方法，在 Web 容器创建过滤器对象后被调用，用于完成过滤器初始化操作，如取得过滤器配置的参数、连接外部资源等。

2. public void doFilter(ServletRequest request, ServletResponse response, FilterChain chain) throws IOException, ServletException

过滤器过滤方法，是过滤器的核心方法，在满足过滤器过滤目标 URL 的请求和响应时被调用。开发人员在此方法中编写过滤功能代码，如修改请求头和请求体数据、修改响应头和响应体数据等。

3. public void destroy()

在过滤器被销毁之前此方法被调用，此方法主要编写清理和关闭打开的资源操作，如关闭数据库联机、将过滤信息保存到外部资源操作。

8.2.2 javax.servlet.FilterChain 接口

此接口的对象表达过滤器链，在 Java EE 规范中对每个 URL 的请求和响应都可以定义多个过滤器，这些过滤器构成过滤器链，如图 8-1 所示。

过滤器使用 FilterChain 接口的 doFilter() 方法来调用过滤器链中的下一个过滤器，如果没有下级过滤器，则将用 doFilter 方法调用末端的 JSP 或 Servlet。

如果在过滤器的过滤方法中不调用 FilterChain 的传递方法 doFilter，则将截断对下级过滤器或 JSP/Servlet 的请求和响应，使得 Web 容器没有机会运行 JSP 或 Servlet，达到阻断请求和响应的目的。

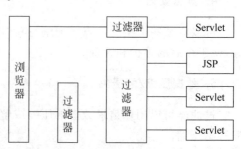

图 8-1 过滤器链结构示意图

FilterChain 接口只定义了 1 个方法：

public void doFilter(ServletRequest request, ServletResponse response) throws IOException, ServletException

此方法完成调用下级过滤器或最终的请求资源，如 JSP 或 Servlet。该方法传递请求对象和响应对象两个参数，将请求对象和响应对象传递到下级过滤器或 Web 组件，整个过滤器链可以公用同一个请求对象和响应对象。如果某个过滤器对请求或响应对象中的内容进行了修改，则下级过滤器或 Web 组件就会得到已经修改过的这些对象，借此完成过滤任务。如字符编码过滤器可以修改所有请求的字符编码，节省了在每个 Servlet 中进行字符编码转换的代码，提高了项目的开发效率。

8.2.3 javax.servlet.FilterConfig 接口

FilterConfig 接口定义了取得过滤器配置的初始参数的方法，通过实现了该接口的对象可以取得在配置过滤器时的初始参数和 ServletContext 上下文对象，进而取得 Web 应用的信息。该接口定义了如下方法。

1. public String getInitParameter(String name)

取得过滤器配置的初始参数，与 Servlet 配置初始参数一样，过滤器也可以配置初始参数，可以在不修改过滤器源代码的情况下，通过修改 web.xml 文件完成过滤器初始参数的修改，提高了系统的可维护性。

2. public Enumeration getInitParameterNames()

取得过滤器配置的所有初始参数，以枚举器类型返回，可以对此枚举器进行遍历，得到每个初始参数的名称。

3. public String getFilterName()

取得配置的过滤器名称，如同取得 Servlet 名称一样。每个过滤器都需要配置一个唯一的名称。

4. public ServletContext getServletContext()

取得过滤器运行的 Web 应用环境对象，通过 ServletContext 对象，过滤器可以取得所有 Web 应用环境数据供过滤器使用。如网站访问次数计数器过滤器可以将访问次数存储在 ServletContext 对象中。

8.3 Java EE 过滤器编程和配置

过滤器本身就是一个 Java 类，完全按照编写 Java 类的方式来编写过滤器，如同编写 Servlet 一样。在 Web 配置文件/WEB-INF/web.xml 中完成对过滤器的配置。

8.3.1 Java EE 过滤器编程

过滤器的编程按如下步骤进行。

1. 编写 Java 类实现过滤器接口 javax.servlet.Filter

```
public class FilterClass implements Filter
{   }
```

2. 实现 Filter 接口的所有方法

在过滤器内要实现 Filter 接口规定的 3 个方法。

（1）init 方法

在初始化方法 init 中可以取得 FilterConfig 对象，通过此对象可以取得过滤器配置的初始参数，打开到外部资源的连接等，完成过滤器的初始化任务。

```
public void init(FilterConfig config) throws ServletException
{   }
```

该方法传入 FilterConfig 类型对象，可以得到 FilterConfig 实例，供过滤器中其他方法使用，通过 FilterConfig 对象可以得到过滤器配置的初始化参数。

（2）doFilter 方法

过滤方法 doFilter 是过滤器的核心方法，每次当请求/响应符合过滤器条件时，即 HTTP 请求的 URL 地址符合过滤器映射 URL 规则时，过滤器的过滤方法 doFilter 开始工作。

在请求阶段 doFilter 方法中可以对请求头和请求数据进行处理，包括增加、修改和删除部分内容。被修改的请求数据传递给下个过滤器，最终到达 JSP 或 Servlet，这样 Web 组件得到经过过滤器处理的请求对象，免去自身编写这些处理的代码。如果没有过滤器，每个 JSP 或 Servlet 可能都要在自己的请求处理方法 doGet 或 doPost 中编写这些由过滤器执行的代码，造成代码的大量冗余，降低了系统的可维护性。

反之在 HTTP 响应阶段，doFilter 方法可对 JSP 或 Servlet 发送给浏览器的响应头和响应数据进行与请求数据类似的处理，被修改的响应数据也传给下个过滤器，最终到达客户端浏览器，浏览器处理或显示已经被过滤器修改过的响应数据。而此时 JSP 或 Servlet 并不知道自己发送给浏览器的响应已经被过滤器修改了。

Filter 接口定义的 doFilter 方法传递了两个通用的 ServletRequest 请求对象和 ServletResponse 响应对象，如果要过滤并处理 HTTP 请求和响应，需要将它们进行强制类型转换，得到 HTTP 请求对象和响应对象。即：

```
HttpServletRequest request = (HttpServletRequest)req;
HttpServletResponse response = (HttpServletResponse)res;
```

其中 req 为 ServletRequest 对象，res 为 ServletResponse 对象。

（3）destroy 方法

在 destroy() 方法中编写资源清理工作，如关闭数据库连接、关闭 I/O 流对象、清除

ServletContext 等共享对象中保存的无用属性等。该方法在 Web 容器销毁过滤器之前被自动调用，昭示过滤器生命周期的终结。

3. 简单的过滤器例子

程序 8-1 是一个根据请求类型修改请求字符编码集的过滤器。

程序 8-1 CharEncodingFilter.java

```java
package javaee.ch08;
import java.io.IOException;
import javax.servlet.Filter;
import javax.servlet.FilterChain;
import javax.servlet.FilterConfig;
import javax.servlet.ServletException;
import javax.servlet.ServletRequest;
import javax.servlet.ServletResponse;
import javax.servlet.http.*;
//请求数据字符编码处理过滤器
public class CharEncodingFilter implements Filter
{
    private FilterConfig config = null;
    private String contentType = null;
    private String code = null;
    //初始化方法,在过滤器对象创建后被调用
    public void init(FilterConfig config) throws ServletException
    {
        this.config = config;
        //取得 Filter 初始化参数
        contentType = config.getInitParameter("contentType");
        code = config.getInitParameter("encoding");
    }
    //过滤方法
    public void doFilter(ServletRequest req, ServletResponse res,
            FilterChain chain) throws IOException, ServletException
    {
        //转换为 HTTP 请求对象
        HttpServletRequest request = (HttpServletRequest)req;
        if(request.getContentType().equals(contentType))
        {
            request.setCharacterEncoding(code);//设置字符编码集
        }
        //继续下个过滤器
        chain.doFilter(req, res);
    }
    //销毁方法,在过滤器销毁前被调用
    public void destroy()   {
        //放置过滤器销毁的处理代码
    }
}
```

8.3.2 过滤器配置

过滤器需要在 Web 应用的配置文件/WEB-INF/web.xml 中进行声明和过滤 URL 地址映射后才能开始过滤工作,如同 Servlet 的配置和映射一样。

1. 过滤器声明

过滤器声明的位置在 Web 应用的配置文件/WEB-INF/web.xml 文件中。配置语法如下:

```xml
<?xml version = "1.0" encoding = "UTF-8"?>
<web-app version = "2.5"
xmlns = "http://java.sun.com/xml/ns/javaee"
xmlns:xsi = "http://www.w3.org/2001/XMLSchema-instance"
xsi:schemaLocation = "http://java.sun.com/xml/ns/javaee
http://java.sun.com/xml/ns/javaee/web-app_2_5.xsd">
<filter>
    <description>此过滤器完成对请求数据编写集进行修改</description>
    <display-name>字符集编码过滤器</display-name>
    <filter-name>EncodingFilter</filter-name>
    <filter-class>javaee.ch08.CharEncodingFilter</filter-class>
    <init-param>
        <description>数据库驱动器类名称</description>
        <param-name>driverName</param-name>
        <param-value>oracle.jdbc.driver.OracleDriver</param-value>
    </init-param>
    <init-param>
        <description>数据库 URL 地址</description>
        <param-name>dburl</param-name>
        <param-value>jdbc:oracle:thin:@210.30.108.30:1521:citysoft</param-value>
    </init-param>
</filter>
</web-app>
```

在过滤器配置语法中,如下标记分别完成过滤器和其属性的配置。

(1) <filter>

此标记用于声明过滤器,此标记要在 Web 配置根标记<web-app>下面。其他 Filter 的子标记放在<filter>和</filter>之间。

(2) <description>

用于对过滤器进行注释,说明过滤器的用途、特点和使用注意事项等文本信息。

(3) <display-name>

Filter 在 Web 配置的图形工具软件中的显示名称,在使用某些 IDE 开发软件提供的图形化 Web 配置文件管理工具中进行过滤器的定位。

如图 8-2 所示的是 MyEclipse 集成开发工具提供的 Web 配置图形工具显示的 Filter 的信息。

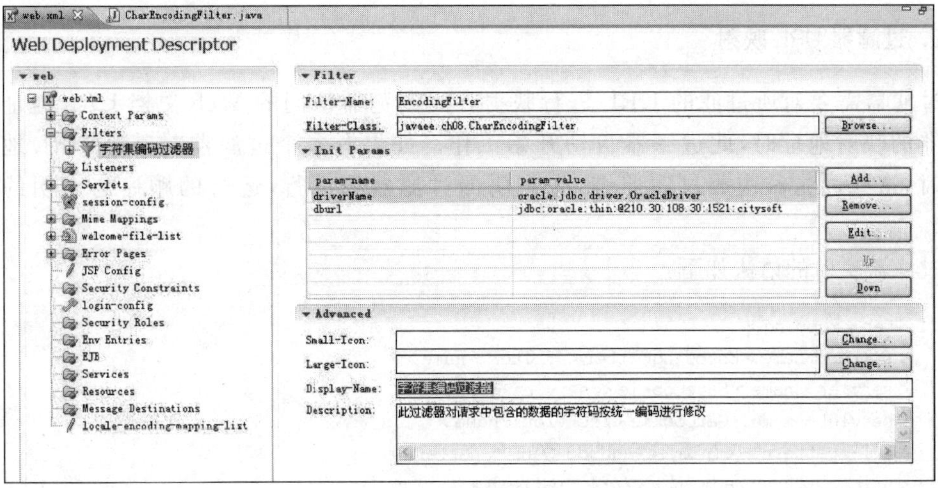

图 8-2　MyEclipse Web 配置图形管理工具窗口

从图 8-2 中左边树状菜单中可以看到＜display-name＞标记显示的过滤器名称，以及其他标记定义的栏目显示。实际编程推荐大家使用文本编码方式进行配置管理，以强化配置语法的学习。到企业工作以后可使用图形化工具加快开发速度。

（4）＜filter-name＞

过滤器配置名称，此项是必须有的项目，每个过滤器都需要声明 1 个唯一的名称，一般使用过滤器的类名称作为此标记的值。

（5）＜filter-class＞

定义过滤器的全名，即包名和类名。Web 容器根据此定义值，加载过滤器类，然后调用过滤器的默认构造方法，创建过滤器实例对象。因此要求过滤器必须有一个默认的无参数的构造方法，否则无法创建 Filter 对象。

（6）＜init-param＞

用于声明过滤器初始化参数。每个过滤器都可以声明自己的参数，使用 FilterConfig 对象的方法 public String FilterConfig.getInitParameter(String name) 取得指定 name 的初始参数值。如取得上面过滤器声明中定义的 dburl 参数代码如下：

```
String url = config.getInitParameter("dburl");
```

取得的参数值类型是 String 类型，开发者需要编程进行类型的转换。

每个过滤器只能访问自己的参数，如果想使用共同的参数，那么需要定义 Web 级别的初始参数，参见 Web 初始参数的定义和取得相关章节。每个过滤器都可以有 0 个或多个此标记，声明 0 个或多个初始参数。

每个初始参数的名和值，通过下属标记＜param-name＞和＜param-value＞实现初始参数名称和值的声明。

（7）＜param-name＞

声明过滤器初始参数的名称，当取得参数值时需要提供参数名。

（8）＜param-value＞

声明参数的值，为字符串类型。

2. 过滤器 URL 映射

过滤器需要对所过滤的 URL 进行映射。当浏览器访问的 Web 文档 URL 地址符合过滤器的映射地址时,此过滤器自动开始工作。如果有多个过滤器对某个 URL 地址都符合时,这些过滤器构成过滤器链,先声明的过滤器先运行,运行的顺序与声明的次序一致。

过滤器映射的语法如下:

```
<filter-mapping>
    <filter-name>EncodingFilter</filter-name>
    <servlet-name>SaveCookie</servlet-name>
    <servlet-name>GetCookie</servlet-name>
    <url-pattern>/employee/add.do</url-pattern>
    <url-pattern>/admin/*</url-pattern>
    <dispatcher>FORWARD</dispatcher>
    <dispatcher>INCLUDE</dispatcher>
    <dispatcher>REQUEST</dispatcher>
    <dispatcher>ERROR</dispatcher>
</filter-mapping>
```

过滤器地址 URL 映射中,使用如下标记进行过滤地址的映射。

(1) <filter-mapping>

用于过滤器 URL 地址的起始标记。此标记要在<web-app>之下,与<filter>标记平级,且在<filter>标记之后,即先声明后映射的原则。它的子标记<filter-name>、<url-pattern>、<servlet-name>、<dispatcher>具体完成过滤器的 URL 映射。

(2) <filter-name>

引用声明的过滤器名称,此标记的值应该与过滤器声明中<filter-name>值一致,否则导致 Web 应用部署错误。

(3) <url-pattern>

过滤器映射地址声明。URL 地址的模式与 Servlet 基本相同。

每个过滤器映射都可以定义多个<url-pattern>实现对多个地址进行过滤。

(4) <servlet-name>

指示过滤器对指定的 Servlet 进行过滤,这里的 servlet-name 名称要与声明的 Servlet 名称一致。当浏览器请求此 Servlet 时,过滤器开始工作。

同样每个过滤器映射也可以有多个<servlet-name>子标签,表示可以对多个 Servlet 的请求进行过滤。

(5) <dispatcher>

从 Servlet API 2.4 开始,过滤器映射增加了根据请求的类型有选择地对映射地址进行过滤,提供标记<dispatcher>实现请求类型的选择。此标记的值选择如下:

- REQUEST:当请求直接来自客户时,过滤器才工作。
- FORWARD:当请求是来自 Web 组件转发到另一个组件时,过滤器工作。
- INCLUDE:当请求来自 include 操作时,过滤器生效。
- ERROR:当转发到错误页面时,过滤器起作用。

默认情况下,在没有指定该标记时,过滤器对所有情况均有效,不理会请求类型。Web开发者根据实际业务需求决定使用何种请求类型进行过滤。

3. 过滤器 URL 映射规则

过滤器映射 URL 地址时,可以使用三种形式的地址映射方式。

(1) 精确地址映射

此种方式将过滤准确的地址,目标是一个单一的 Web 文档,如:

`<url-pattern>/employee/add.do</url-pattern>`

则只对/employee/add.do 的请求进行过滤。

(2) 目录匹配地址映射

此种方式将过滤某个目录及其子目录下的所有地址请求,目录是多个 Web 文档,如:

`<url-pattern>/admin/*</url-pattern>`

将对/admin/下和子目录下的所有请求实现过滤,如请求:

/admin/main.do,/admin/news/main.action 等都将被过滤。

(3) 扩展名匹配地址映射

将过滤符合特定扩展名的地址请求,目标也是多个 Web 文档,语法如下:

`<url-pattern>*.action</url-pattern>`

此模式将对所有含有扩展名.action 的请求实现过滤,如请求:
/admin/main.action,/employee/main.action,/info.action 等都将被过滤器过滤。

8.3.3 过滤器生命周期

每个过滤器对象都要经历其生命周期的 4 个阶段。

1. 创建阶段

当 Web 应用部署或 Web 服务器启动后,Web 容器会自动在 web.xml 配置文件中找到过滤器配置声明,根据声明的<filter-class>标记定义过滤器类,将类定义加载到服务器内存,调用此类的默认构造方法,创建过滤器对象。

2. 初始化阶段

Web 容器创建过滤器对象后,再创建 FilterConfig 对象,调用过滤器的 init 方法,传入 FilterConfig 对象,完成过滤器的初始化工作。init 方法只执行一次,以后每次执行过滤方法时,init 方法不会执行。与编写 Servlet 一样,将较耗时的连接外部资源的操作放入此方法中,以后过滤器每次执行过滤方法时只引用这些资源对象,将极大加快系统的响应性能、改善用户的操作体验。用户感觉系统反应灵敏,增加使用系统的信心。

3. 过滤服务阶段

浏览器向 Web 服务器发出 HTTP 请求时,当请求的 URL 地址符合过滤器地址映射时,首个声明的过滤器的过滤方法 doFilter 被 Web 容器调用,完成过滤处理工作。过滤处理完成后执行 FilterChain 对象的 doFilter 方法,将请求传递到下个过滤器,如果已经到过滤器链末端,则传递到请求的 Web 文档,一般是 JSP 或 Servlet。

每次请求符合过滤器配置的 URL 时,过滤方法都将执行一次。

4. 销毁阶段

当 Web 应用卸载或 Web 容器停止之前,destroy 方法被 Web 容器调用,完成卸载操作,如关闭在 init 中打开的各种外部资源对象等,释放这些对象所占用的内存空间。

执行 destroy 方法后,Web 容器销毁过滤器对象。过滤器对象被 JVM 垃圾收集器回收,释放过滤器对象所占内存。

了解了过滤器的整个生命周期,就可以在实际项目开发时,将不同的任务代码放置在最佳的地方执行,提高系统的性能和节省系统的有限资源。

8.4 过滤器主要过滤任务

过滤器的主要任务是使请求数据在未到达请求目标之前进行修改,使响应数据在未到达客户端浏览器之前进行修改,当判断某种条件未满足时阻断请求。

8.4.1 处理 HTTP 请求

过滤器能在请求数据未到达请求目标之前,对请求头和请求体数据进行修改。这样请求对象得到的是经过过滤器修改后的请求头和请求对象属性,以完成过滤器数据类型转换的任务。处理 HTTP 请求(HTTP Request)的任务主要如下。

1. 修改请求头

可以调用 ServletRequest 或 HttpServletRequest 的各种 set 请求头方法对请求头进行修改。主要设定的内容如下。

修改请求数据字符编码集:

```
request.setCharacterEncoding("code");          //设置字符编码集
```

对汉字乱码问题,可以在过滤器中进行集中处理,避免在每个 Servlet 或 JSP 中进行请求字符编码的转换。

2. 修改请求对象的属性

调用请求对象的 setAttribute 方法对请求对象的属性进行增加、修改和删除。

```
request.setAttribute("infoType", "image/jpeg");     //设定请求对象的一个属性
request.removeAttribute("userId");                  //删除请求对象中的指定属性
```

8.4.2 处理 HTTP 响应

过滤器可以在 HTTP 响应（HTTP Response）到达客户端浏览器之前，对响应头和响应体进行转换、修改等操作，实现响应内容的定制以满足业务的需求。过滤器实现对响应处理的代码要在 FilterChain 的 doFilter 方法之后完成，而对请求处理的代码要在 doFilter 之前进行，即按如下流程进行：

```
public void doFilter(ServletRequest req, ServletResponse res, FilterChain chain) throws
IOException, ServletException
{
    //处理请求的代码,要放在 doFilter 之前
    chain.doFilter(req, res);               // 传递到链中的下个过滤器
    //处理响应的代码,要放在过滤器链传递之后
}
```

过滤器对响应处理的主要任务如下。

1. 修改响应头

过滤器使用过滤方法 doFilter 中传递的参数 ServletResponse 对象，调用响应对象的各种设置响应头的方法，实现对响应头的修改。如下为修改响应头的示例代码：

```
//修改响应头响应类型
response.setContentType("application/pdf");
//修改响应头字符编码
response.setContentType("GBK");
```

2. 修改响应体内容

过滤器使用 HTTP 响应对象的包装类 javax.servlet.http.HttpServletResponseWrapper 可以将响应体内容进行重新包装和处理，使浏览器接收到的是经过过滤器处理修改过的响应数据。在 8.6 节的案例中将展示如何修改响应体内容。

8.4.3 阻断 HTTP 请求

在开发 Web 应用时，经常需要完成对请求目标访问之前进行验证，如对后台管理页面访问需要登录后才可以进行，如果用户没有登录，则阻断对这些页面的访问，自动跳转到登录页面。如果在每个 JSP 和 Servlet 中编写这些登录检测代码，势必造成代码的大量冗余，导致系统的可维护性差。将这些公共代码放置在过滤器中是最好的选择，可以集中放置公共代码，使系统维护量大大减少。

在某种条件下，实现对请求的阻断，不让请求传递到链中的下个对象，只要在过滤器的过滤方法中，不执行 FilterChain 的传递方法 doFilter 即可。阻断请求的示例代码如下：

```
if(某条件成立)
{
```

```
        chain.doFilter(request, response);          //继续传递请求
    }
    else
    {
        response.sendRedirect("url");                //阻断请求,直接重定向到指定URL
    }
```

8.5 过滤器应用实例:用户登录验证和权限验证

Web应用中对安全Web组件的访问需要进行登录或权限的验证,只有已经登录的用户才能访问这些JSP或Servlet。如果不使用过滤器而在每个JSP和Servlet中都编写用户是否登录的验证代码,势必造成代码的大量重复。当验证规则和方法改变时,需要维护的JSP或Servlet过于庞大,导致项目难以维护。

在这些需要进行登录验证的Web组件之前设置登录验证过滤器是最佳的解决方案。

8.5.1 项目功能描述

在一个企业内部的信息管理系统中,所有的信息访问都要求在安全的情况下进行,必须是企业内部的员工才可以访问,即要求先登录系统才可以。如果直接访问这些页面,则检测是否登录,如果用户没有登录,直接跳转到登录页面/login.jsp。

为完成此检查是否登录的验证,设计登录验证过滤器,对此Web的所有请求进行过滤,登录页面/login.jsp除外。

在登录处理Servlet中,如果验证账号和密码合法,则将账号保存到会话对象HttpSession中,没有登录则会话对象中不会包含用户账号。

在过滤器中检查会话对象中是否含有登录账号,则可以检查用户是否登录。如果用户已经登录则调用FilterChain的doFilter方法传递到过滤器链的下个目标,允许通过此过滤器检查,否则阻断此次请求,不执行doFilter方法,而后执行重定向到登录页面,完成此过滤器要求的功能。

8.5.2 项目设计与编程

1. 过滤器设计

过滤器首先取得请求地址的URL地址,对登录相关的页面和处理Servlet,以及错误信息显示页面直接通过,不进行登录过滤检查;对其他Web组件则进行登录检查,如果会话对象不存在或会话对象中没有账号的属性,则阻断请求,直接重定向到登录页面。完成案例功能的过滤器代码如程序8-2所示。

程序8-2 LoginCheckFilter.java

```
package com.city.j2ee.ch08;
import java.io.IOException;
import javax.servlet.Filter;
import javax.servlet.FilterChain;
```

```java
import javax.servlet.FilterConfig;
import javax.servlet.ServletException;
import javax.servlet.ServletRequest;
import javax.servlet.ServletResponse;
import javax.servlet.*;
import javax.servlet.http.*;
//登录检查过滤器
public class LoginCheckFilter implements Filter
{
  private FilterConfig config = null;
  private String Webroot = null;
  public void init(FilterConfig config) throws ServletException
  {
    this.config = config;
    ServletContext ctx = config.getServletContext();
    Webroot = ctx.getContextPath();
  }
  public void destroy()
  {
    System.out.println("登录检查过滤器销毁");
  }
  public void doFilter(ServletRequest req, ServletResponse res,
      FilterChain chain) throws IOException, ServletException
  {
    HttpServletRequest request = (HttpServletRequest)req;
    HttpServletResponse response = (HttpServletResponse)res;
    HttpSession session = request.getSession(false);
    String uri = request.getRequestURI();
    request.setCharacterEncoding("GBK");
    //对登录页面和登录处理Servlet、错误页面直接放过
    if(uri!=null&&(uri.equals(webroot + "/login.jsp")||uri.equals(webroot + "/login.action")||uri.equals(webroot + "/error.jsp")))
    {
        chain.doFilter(req, res);
    }
    else
    {
        //检查session和session中账号是否存在,选择阻断或通过
        if(session == null)
        {
            response.sendRedirect(webroot + "/login.jsp");
        }
        else
        {
            String userId = (String)session.getAttribute("id");
            if(userId == null)
            {
                response.sendRedirect(webroot + "/login.jsp");
            }
```

```
            else
            {
                chain.doFilter(req, res);
            }
        }
    }
}
```

2. 过滤器声明

在 Web 配置文件/WEB-INF/web.xml 中声明过滤器,声明代码如下:

```
<filter>
    <filter-name>LoginFilter</filter-name>
    <filter-class>com.city.j2ee.ch08.LoginCheckFilter</filter-class>
</filter>
```

3. 过滤器过滤地址映射

将验证登录过滤器映射为所有请求地址,映射代码如下:

```
<filter-mapping>
    <filter-name>LoginFilter</filter-name>
    <url-pattern>/*</url-pattern>
</filter-mapping>
```

8.5.3 过滤器测试

在不进行登录的情况下,直接请求员工管理主页面/employee/main.jsp,将直接重定向到登录页面/login.jsp。

从登录页面输入正确的账号和密码,处理登录成功后,再请求员工管理主页,则可以进入此页面。

编写过滤器阻断请求的关键是不执行 chain.doFilter(req,res),并根据业务需求决定何时进行请求阻断。

8.6 过滤器应用实例:修改响应头和响应体

在本案例中编写一个过滤器实现对 JSP 页面的过滤,将一个公共的 Foot 信息,如版权、单位信息插入到每个 JSP 中,避免了每个页面嵌入 Foot 代码。如果要修改此 Foot 的信息,只要修改过滤器就可以,不需要修改每个 JSP 页面。虽然可以使用 include 动作、include 指令和其他第三方框架如 Tiles、SiteMesh 来完成,但过滤器以其简单高效特性,依然具有一定的竞争优势。

8.6.1 项目功能描述

在一个公司的 Web 应用中,每个 JSP 页面和 HTML 静态页面都需要显示公司的版权、公司名称和联系方式等公共的底部信息。

8.6.2 项目设计与编程

为避免在每个 JSP 和静态网页中都编写这些公共信息的代码,设计一个能修改响应的过滤器,对所有 JSP 和 HTML 网页的请求进行过滤,在 JSP 和 HTML 网页到达客户端浏览器之前,对响应体数据进行修改,插入 Foot 公共信息。

1. 设计响应体数据包装类(Response Wrapper)

为修改响应体内容,必须使用输出流封装器,继承 HttpServletResponseWrapper,并重写 getWriter 和 toString 方法。封装器代码如程序 8-3 所示。

程序 8-3 FooltResponseWrapper.java

```java
package com.city.oa.filter;
import java.io.*;
import javax.servlet.*;
import javax.servlet.http.*;
import javax.servlet.http.HttpServletResponseWrapper;
//HTTP 响应体封装类
public class FooltResponseWrapper extends HttpServletResponseWrapper
{
    private CharArrayWriter buffer = null;
    public FooltResponseWrapper(HttpServletResponse response)
    {
        super(response);
        buffer = new CharArrayWriter();
    }
    //取得字符数组输出流的字符输出流
    public PrintWriter getWriter()
    {
        return new PrintWriter(buffer);
    }
    //重写 toString 方法,取得字符数组输出流
    public String toString() {
        return buffer.toString();
    }
}
```

2. 过滤器命名和存储

包:com.city.oa.filter;
类:FootFilter;
过滤地址:*.jsp *.html,*.htm;

Foot：放置在过滤器的初始参数中。

3. 过滤器编程

完成此功能的过滤器代码如程序 8-4 所示。

程序 8-4 FootFilter.java

```java
package com.city.oa.filter;
import java.io.*;
import javax.servlet.*;
import javax.servlet.http.*;
import javax.servlet.FilterChain;
import javax.servlet.FilterConfig;
import javax.servlet.ServletException;
import javax.servlet.ServletRequest;
import javax.servlet.ServletResponse;
//页面放入 Foot 的过滤器
public class FootFilter implements Filter
{
    private String footer = null;
    public void init(FilterConfig config) throws ServletException
    {
        footer = config.getInitParameter("footer");
    }
    public void doFilter(ServletRequest request, ServletResponse response,
            FilterChain chain) throws IOException, ServletException
    {
        //响应对象进行封装
        FooltResponseWrapper wrapper = new FooltResponseWrapper((HttpServletResponse)response);
        //调用链中的下个对象
        chain.doFilter(request, wrapper);
        //响应数据修改处理,要放在 doFilter 方法之后
        CharArrayWriter outbuffer = new CharArrayWriter();
        String outstring = wrapper.toString();
        //取得</doby>标记的位置,准备插入 Foot 文本
        int position = outstring.indexOf("</body>") - 1;
        outbuffer.write(outstring.substring(0,position));
        //插入初始参数中的 Foot 文本
        outbuffer.write("< hr/>" + footer + "< hr/>< body>< html>");
        response.setContentType("GBK");
        //response.setContentLength(outbuffer.size());
        PrintWriter out = response.getWriter();
        out.write(outbuffer.toString());
        out.flush();
        out.close();
    }
    public void destroy() {
    }
}
```

4. 过滤器配置

（1）声明过滤器同时配置过滤器初始参数

过滤器声明代码如下：

```
<filter>
  <filter-name>FootFilter</filter-name>
  <filter-class>javaee.ch08.FootFilter</filter-class>
  <init-param>
    <param-name>footer</param-name>
    <param-value>@COPY RIGHT 大连新科软件开发有限公司</param-value>
  </init-param>
</filter>
```

（2）映射过滤器 URL 地址

此过滤器对所有 JSP，HTML 网页请求均进行过滤，过滤地址映射如下：

```
<filter-mapping>
  <filter-name>FootFilter</filter-name>
  <url-pattern>*.jsp</url-pattern>
  <url-pattern>*.html</url-pattern>
  <url-pattern>*.htm</url-pattern>
</filter-mapping>
```

通过多个＜url-pattern＞实现对多种网页格式的过滤处理。

8.6.3 过滤器测试

访问网站中的 JSP 或 HTML 页面，过滤器开始工作，截取发送给浏览器的 HTTP 响应，插入 Foot 文本信息。访问 HTML 网页/login.html，显示页面如图 8-3 所示。

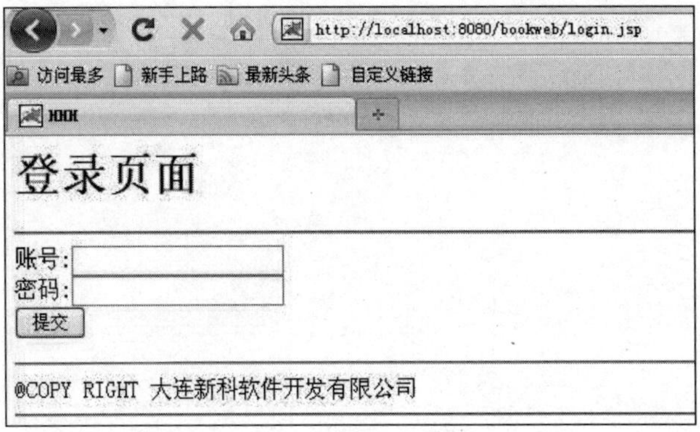

图 8-3　过滤器修改响应体数据显示

请求另外一个 JSP 页面，效果如图 8-4 所示。

从此案例可以了解到过滤器如何修改响应数据，以及对多种请求类型的过滤的映射。实际中过滤器可以提供其他各种各样的任务，读者需要在互联网上参考过滤器的各种例子和代码，丰富自己过滤器编程和应用的经验。

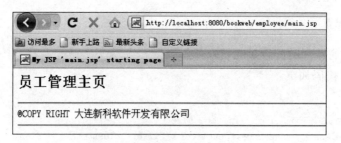

图 8-4　请求 JSP 页面过滤器修改响应体数据显示

习　题　8

1. 思考题

（1）简述过滤器软件设计模式与 OOP 编程模式有什么不同。
（2）请简述过滤器的主要应用领域。

2. 编程题

（1）编写一个过滤器，用于监测用户是否登录，如果没有登录则重定向到登录页面。
（2）编写一个过滤器，过滤后台管理目录/admin 下的所有请求，当用户不是 admin 时，自动重定向到错误页面，提示"您没有管理员权限"。

第9章

Java EE 监听器编程

本章要点

- 什么是监听器；
- 监听器的主要功能；
- 监听器的类型；
- 监听器编程；
- 监听器配置；
- 监听器的测试；
- 监听器应用案例。

基于 Java 语言的面向对象编程（OOP）关键是对象的创建、对象方法调用、对象属性的改变和对象的销毁，称之为对象的生命周期，掌握每个 Java 对象的生命周期全过程是至关重要的。

在 Java SE 应用开发中，基本上所有对象的创建、调用和销毁都由开发人员自己通过编程实现，这种情况下对象的生命周期完成由程序员自己掌控。

而 Java EE Web 应用开发中情况却大不相同，在 Java EE 中几乎所有服务对象的生命周期都由 Java EE 服务器进行管理。开发者负责开发这些 Java EE 组件，如 JSP、Servlet、EJB 等，将它们部署到 Java EE 服务器上，由服务器来负责这些对象的创建、调用和销毁。要想调用这些对象只能通过 Java EE 规范中定义的相关协议来请求服务器，服务器接收到请求后，决定哪个对象被创建、调用和销毁，创建和销毁的时间完全由服务器决定。

如果开发人员想在某个对象创建和销毁，或它的属性改变时，去执行相应的任务，Java EE 规范在 Servlet 2.3 中引入了监听器（Listener）规范，并提供相应的接口和类来帮助开发监听器。

9.1 监听器概述

开发监听器必须了解监听器的实质和类型，它所完成的主要功能和适合的应用场合，从而在开发项目中选择最合适的监听器来完成业务需求。

9.1.1 监听器的基本概念

监听器，顾名思义就是能监测其他对象活动的对象，当监测的活动发生时，会自动运行监听器方法，完成特定的功能和任务。日常生活中有许多监听器的应用例子，如煤气报警器在检测到空气中有煤气时，就会采取动作：发出报警声音。

Java EE Web 中的监听器就是使用 Java 语言编写的 Java 类对象，它能监测 Web 应用中的如下关键对象：ServletContext 上下文、HttpSession 会话和 ServletRequest 请求对象的生命周期活动和属性变化。当这些对象发生变化时，监听器对象中指定的方法就自动运行，从而完成监听的任务。

根据监听不同的对象从而有不同类型的监听器类型。9.2 节将详细讲述各种不同类型的监听器和编程时需要使用的接口和类。

9.1.2 监听器的基本功能

由于 Java Web 监听器能自动检测 Web 中最主要的 ServletContext、HttpSession 会话和请求对象的生命周期和属性变化，实际项目中经常使用监听器完成如下任务。

1. 网站访问人数或次数计数器

访问人数计数是所有综合门户网站的生命，是网站广告标价的基础。国内知名门户网站如搜狐、新浪等广告价格高，正是在于其每日巨大的访问次数。

2. 网站登录用户人数和在线用户监测

可以使用监听器完成 Web 应用已经登录人数和在线用户列表的登记处理。这是许多网上论坛、网上购物网站、Mail 在线系统、即时通信系统等必须具有的功能。

3. 日志记录

对 Web 应用关键的事件进行记录，如 Web 服务器的启动和停止、用户的登录和注销等事件的登记，便于日后进行系统追踪和维护。

4. 会话超时后的清理工作

如网上商城购物网站在会话对象中保存购物车信息，当用户没有主动单击"注销"，而是直接关闭浏览器时，可以使用监听器监测会话对象，在会话对象销毁之前，清除会话对象中包含的关联数据，如数据库表中的购物记录等。

9.2 Java EE Web 监听器类型

根据对 Web 应用不同对象和事件的监听，Web 监听器有不同的类型，每种监听器都使用专门的 API 接口和类来实现。Java EE 规范提供了如下类型的监听器和对应的监听器事件类：

- ServletContext 对象监听器；
- ServletContext 对象属性监听器；
- HttpSession 对象监听器；
- HttpSession 对象属性监听器；
- HttpServletRequest 对象监听器；
- HttpServletRequest 属性监听器。

Java EE Servlet 支持的所有监听器和事件对象如表 9-1 所示。

表 9-1 Java EE Servlet API 支持的监听器类型和事件类型

监听器接口（Listener interface）	引入版本	监听器事件类（Event Object）
ServletContextListener	2.3	ServletContextEvent
ServletContextAttributeListener	2.3	ServletContextAttributeEvent
HttpSessionListener	2.3	HttpSessionEvent
HttpSessionActivationListener	2.3	HttpSessionEvent
HttpSessionBindingListener	2.3	HttpSessionBindingEvent
HttpSessionBindingListener	2.3	HttpSessionBindingEvent
ServletRequestListener	2.4	ServletRequestEvent
ServletRequestAttributeListener	2.4	ServletRequestAttributeEvent

下面分别介绍每种监听器的编程、配置和应用。

9.3 ServletContext 对象监听器

9.3.1 ServletContext 对象监听器概述

ServletContext 即 Web 应用环境对象在 Web 应用的生存周期最长。当 Web 应用启动后，此对象被 Web 容器自动创建，并一直驻留在 Web 服务器的内存中，只有当 Web 服务器停止或 Web 应用删除时，此对象才被销毁。

通过 ServletContext 对象可以得到 Web 应用的配置信息，如 Web 级初始化参数和 Web 容器自身的信息，如 Web 服务器名称、支持的 Servlet 的版本。

ServletContext 对象本身最重要的作用是作为整个 Web 应用的共享容器使用，保存 Web 应用范围内的共享数据。许多 Web 应用框架如 Struts 2，WebWork 和 Spring MVC 等都将框架基本结构信息存储到 ServletContext 对象，并在 Web 启动后自动把框架数据从配置文件读出并存入此对象中。

ServletContext 对象监听器能监听该对象的创建和销毁两个关键的状态，并分别提供了不同的方法来实现对该对象创建和销毁的监听和处理。

Servlet API 提供了如下接口和类进行 ServletContext 对象监听器的编程。

（1）接口：javax.servlet.ServletContextListener。

定义了 ServletContext 对象生命周期中监听器必须具有的方法。

（2）类：javax.servlet.Class ServletContextEvent。

定义了取得监听对象本身的方法。

9.3.2 ServletContext 对象监听器编程

编写 ServletContext 对象生命周期监听器,按照如下步骤进行。
(1) 定义监听器类并实现 javax.servlet.ServletContextListener 接口。
(2) 实现接口中定义的如下两个方法。

ServletContext 对象创建的监听方法:

① public void contextInitialized(ServletContextEvent event)

ServletContext 对象销毁的监听方法:

② public void contextDestroyed(ServletContextEvent event)

这两个方法都传递 ServletContextEvent 类型对象,此对象中封装了 ServletContext 对象,可以提供它取得 ServletContext 对象,进而可以访问 Web 应用上下文信息。

一个简单的 ServletContext 对象监听器例子如程序 9-1 所示。

程序 9-1 ApplicationStatusListener.java

```java
package javaee.ch09;
import javax.servlet.ServletContextEvent;
import javax.servlet.ServletContextListener;
import javax.servlet.*;
//ServletContext 对象生命周期监听器
public class ApplicationStatusListener implements ServletContextListener
{
    //在线用户个数
    private int userOnlineNumber = 0;
    //累计网站访问次数
    private int WebVisitNumber = 0;
    //监听 ServletContext 对象创建方法
    public void contextInitialized(ServletContextEvent event)
    {
        //对象创建处理代码
        ServletContext application = event.getServletContext();
        application.setAttribute("useOnlineNumber", userOnlineNumber);
        //取得从前的累计访问次数
        WebVisitNumber = UserOnline.getVisitNumber();
        application.setAttribute("WebVisitNumber", WebVisitNumber);
    }
    //监听 ServletContext 对象销毁方法
    public void contextDestroyed(ServletContextEvent event)
    {
        //对象销毁处理代码
        ServletContext application = event.getServletContext();
        //可以执行将在线人数保存到 DB 中
        WebVisitNumber = (Integer)application.getAttribute("WebVisitNumber");
        UserOnline.saveVisitNumber(userOnlineNumber);   //调用业务方法将人数存入 DB
    }
}
```

在本例子中,完成网站访问计数器数据的前期准备和后期维护工作。

在 Web 服务启动后，监听器监测到 ServletContext 对象创建，自动执行 contextInitialized 方法，取得以前保存的网站访问次数，使用 ServletContextEvent 对象取得 ServletContext 对象，将历史访问次数存入 ServletContext 对象中。将来监测到用户访问网站时，自动进行计数器累加。

在 Web 服务器要关闭之前，此监听器监测到 ServletContext 对象将要销毁，Web 容器自动执行此监听器的 contextDestroyed 方法，完成从 ServletContext 对象中取得累计访问次数并写入到数据库表中。

例子中，UserOnline 为网络访问计数器和在线用户计数的业务实现类，分别有取得历史网站访问次数和保存访问次数的方法。

9.3.3　ServletContext 对象监听器配置

编写的 ServletContext 监听器需要在/WEB-INF/web.xml 中进行配置，通知 Web 容器此监听器的存在，才能实现监听器的自动执行。

监听器的配置语法如下：

```
<!-- ServletContext 对象创建和销毁监听器 -->
<listener>
    <listener-class>javaee.ch09.ApplicationStatusListener</listener-class>
</listener>
```

配置监听器较 Servlet 和过滤器要简单，不需要映射地址，也不需要初始化参数，只需要监听器的包和类名即可。

如果监听器需要初始化参数，可以定义 Web 级初始参数，通过在监听器的方法中取得 ServletContext 对象来取得配置在 web.xml 中的 Web 初始参数。

9.3.4　ServletContext 对象监听器应用

ServletContext 对象监听器的主要目的是完成 Web 应用的初始化工作，将需要整个 Web 应用共享的数据预先保存到 ServletContext 对象中，整个 Web 应用的其他组件，如 JSP 和 Servlet 都可以访问 ServletContext 保存的这些共享数据。

一般 Web 框架使用 ServletContext 对象监听器在 Web 启动后立即读取该框架的初始配置文件，并保存配置信息到 ServletContext 对象中，便于 Web 应用中其他对象的访问和使用。

如下为著名的页面组织框架 Tiles 使用 ServletContext 监听器的配置例子：

```
<!-- 配置 Tiles 2 监听器 -->
<listener>
    <listener-class>org.apache.tiles.Web.startup.TilesListener</listener-class>
</listener>
```

该框架在 Web 启动后，自动读取默认的/WEB-INF/tiles.xml 文件中的页面组装配置数据：

```
<?xml version="1.0" encoding="UTF-8"?>
<!DOCTYPE tiles-definitions PUBLIC
       "-//Apache Software Foundation//DTD Tiles Configuration 2.0//EN"
       "http://tiles.apache.org/dtds/tiles-config_2_0.dtd">
```

```xml
<tiles-definitions>
<!--分店页面配置-->
    <definition name=".admin_base" template="/admin/layout/layout.jsp">
        <put-attribute name="top" value="/admin/include/top.jsp" />
        <put-attribute name="left" value="/admin/include/left.jsp" />
        <put-attribute name="bottom" value="/admin/include/bottom.jsp" />
    </definition>
<!-- 前台二级页面基本配置 -->
    <definition name=".site_base" template="/layout/layout.jsp">
        <put-attribute name="top" value="/include/top.jsp" />
        <put-attribute name="left" value="/include/left.jsp" />
        <put-attribute name="bottom" value="/include/bottom.jsp" />
    </definition>
</tiles-definitions>
```

当 Web 服务启动后，此配置信息被 TilesListener 读入到 ServletContext 对象中，以后每个 JSP 和 Servlet 都可以访问此配置信息，完成页面的组装。

9.4 ServletContext 对象属性监听器

9.4.1 ServletContext 对象属性监听器概述

ServletContext 对象作为 Web 级共享容器，可以使用如下操作 ServletContext 属性的方法进行共享数据的保存、读取和删除：

（1）public void setAttribute(String name,Object value); //数据存入 ServletContext；

（2）public Object getAttribute(String name); //从 ServletContext 中取得数据；

（3）public void removeAttribute(String name); //从 ServletContext 中删除指定的数据。

为监控 ServletContext 对象属性的变化，Java EE Servlet API 提供了 ServletContext 属性变化监听器接口和事件类，用于编写属性监听器。

Servlet API 提供的 ServletContext 属性监听器接口为：

javax.servlet.ServletContextAttributeListener

此接口定义了针对 ServletContext 属性的增加、修改和删除操作的监听方法：

（1）public void attributeAdded(ServletContextAttributeEvent event);

（2）public void attributeRemoved(ServletContextAttributeEvent event);

（3）public void attributeReplaced(ServletContextAttributeEvent scab).

Servlet API 为 ServletContext 属性监听器提供了如下事件类，用于取得发生改变的属性的名和值：javax.servlet.ServletContextAttributeEvent。

此类同时是 ServletContext 对象监听器事件 ServletContextEvent 的子类，从父类继承下面方法：

public ServletContext getServletContext()，使用此方法可以取得 ServletContext 对象实例。

另外该属性事件类自身也提供了如下方法,用于取得发生修改的属性的信息。
(1) public String getName();//取得发生变化的属性的名称;
(2) public Object getValue();//取得发生变化的属性的值。

9.4.2 ServletContext 对象属性监听器编程

1. 编程步骤

编写 ServletContext 属性监听器,按照如下步骤进行。
(1) 编写 Java 类,实现属性监听器接口 ServletContextAttributeListener。
(2) 实现 ServletContext 属性监听器接口定义的 3 个方法。

2. ServletContext 属性监听器简单例子

简单的 ServletContext 属性监听器的代码如程序 9-2 所示。在此监听器中只是简单地取得发生变化的 ServletContext 属性的名称和属性值,没有其他的业务处理。因此可以看作它是一个 ServletContext 属性监听器的框架代码,读者可以加入自己的业务处理代码。

程序 9-2 ApplicationAttributeListener.java

```java
package javaee.ch09;
import javax.servlet.ServletContextAttributeEvent;
import javax.servlet.ServletContextAttributeListener;
//ServletContext 属性监听器实例
//实现 ServletContextAttributeListener 接口
public class ApplicationAttributeListener implements
        ServletContextAttributeListener
{
    private String name = null;
    private String value = null;
    //属性增加监听方法
    public void attributeAdded(ServletContextAttributeEvent event)
    {
        name = event.getName();
        value = (String)event.getValue();
        System.out.println("新属性增加:" + name + " = " + value);
    }
    //属性修改(也称为替换)监听方法
    public void attributeReplaced(ServletContextAttributeEvent event)
    {
        name = event.getName();
        value = (String)event.getValue();
        System.out.println("属性替换:" + name + " = " + value);
    }
    //属性删除监听方法
    public void attributeRemoved(ServletContextAttributeEvent event)
    {
        name = event.getName();
```

```
        value = (String)event.getValue();
        System.out.println("属性被删除:" + name + " = " + value);
    }
}
```

9.4.3 ServletContext 对象属性监听器配置

属性监听器的配置与其他监听器的配置是完全相同的，从配置代码看不出不同类型监听器的区别，只能从实现的接口分辨出监听器类型。

上述 ServletContext 属性监听器案例的配置代码如下：

```
<!-- ServletContext 对象属性变化监听器 -->
<listener>
  <listener-class>javaee.ch09.ApplicationAttributeListener</listener-class>
</listener>
```

9.4.4 ServletContext 对象属性监听器应用

ServletContext 属性监听器在实际应用中一般用于日志应用，记录 ServletContext 对象属性的变化，帮助应用开发人员了解 ServletContext 对象的使用情况。

但它与 ServletContext 对象监听器相比，用途不是特别广泛。

9.5 会话对象监听器

9.5.1 会话对象监听器概述

会话监听器能对 HttpSession 对象生命周期的各个阶段进行监测，当 Web 容器监测到会话对象生命周期发生变化时，则自动调用会话监听器的对象方法，实现相应的处理功能。

Java EE API 为实现会话对象监听器提供了如下接口：

javax.servlet.http.HttpSessionListener

该接口定义了监测会话对象的创建和销毁的方法。

1. public void sessionCreated(HttpSessionEvent event)

监测会话对象创建的监听方法，当新的会话对象被创建时，此方法自动调用。如下情况会创建会话对象并导致 sessionCreated 方法执行：

(1) 首次访问 Web 中的 JSP 页面，且设置允许使用 Session 对象。

(2) 首次访问 Servlet，Servlet 中执行 request.getSession() 或 request.getSession(true) 方法，取得会话对象。

2. public void sessionDestroyed(HttpSessionEvent event)

会话对象销毁的监听方法，当一个现有的会话对象销毁时，此方法自动调用。如下情况会导致会话对象销毁：

(1) 代码中执行 session.invalidate()方法销毁1个会话对象。
(2) 访问超时：用户关闭浏览器或长时间不进行访问。
(3) 当 Web 应用停止时。

在监测方法中，都传递1个会话监听事件类对象，此对象可以取得发生事件的会话对象，Java EE API 定义了会话监听事件类：javax.servlet.http.HttpSessionEvent，该方法定义了如下方法：

public HttpSession getSession();

在会话对象监听器方法内部，使用此方法可以取得会话对象，进而可以取得会话对象中保存的属性数据。

9.5.2 会话对象监听器编程

编写会话对象监听器，主要目的是执行与用户登录有关的操作，如用户的登录和注销等监控应用。如在网上电子商城应用中，监控访问超时可以清空用户的购物车等常见的操作。

按如下步骤编写会话对象监听器。

(1) 创建 Java 类，并实现会话监听器接口 HttpSessionListener。
(2) 重写实现此接口中定义的所有方法，即 sessionCreated 和 sessionDestroyed。在这两个方法中分别编写会话对象创建的监测代码和会话对象销毁的处理代码。在监测方法中可以使用会话事件对象 HttpSessionEvent 取得会话对象本身。

程序 9-3 为简单的会话对象监听器的例子，此监听器监控会话对象的销毁事件，当 session 对象销毁后，自动执行购物车清空任务。

程序 9-3 SessionObjectListener.java

```java
package javaee.ch09;
import javax.servlet.http.HttpSessionEvent;
import javax.servlet.http.HttpSessionListener;
import javax.servlet.*;
import javax.servlet.http.*;
//会话对象监听器
public class SessionObjectListener implements HttpSessionListener
{
    //会话对象创建监测方法
    public void sessionCreated(HttpSessionEvent event)
    {
        HttpSession session = event.getSession();
        System.out.println("会话对象创建!");
    }
    //会话对象销毁监测方法
    public void sessionDestroyed(HttpSessionEvent event)
    {
        HttpSession session = event.getSession();
        String userId = (String)session.getAttribute("userId");
        //清除此用户的购物车
        ShoppingCart.clear(userId);
    }
}
```

9.5.3 会话对象监听器配置

在 Web 应用的配置文件/WEB-INF/web.xml 中进行监听器的配置，如上面的会话监听器配置如下：

```xml
<?xml version = "1.0" encoding = "UTF-8"?>
<web-app version = "2.5" xmlns = "http://java.sun.com/xml/ns/javaee"
    xmlns:xsi = "http://www.w3.org/2001/XMLSchema-instance"
    xsi:schemaLocation = "http://java.sun.com/xml/ns/javaee
    http://java.sun.com/xml/ns/javaee/web-app_2_5.xsd">
  <!-- HttpSession 对象监听器 -->
  <listener>
    <listener-class>javaee.ch09.SessionObjectListener</listener-class>
  </listener>
</web-app>
```

从监听器配置上看不出监听器的类型，因为所有的监听器的配置都相同。只能通过监听器的类实现的接口来区别不同的监听器。

9.5.4 会话对象监听器应用

会话对象监听器的主要用途是监测 Web 应用中用户的登录和注销操作。对关键的 Web 应用需要对登录的用户进行追踪，将用户登录和注销的信息，如登录账号、时间等写入到 LOG 日志文件中，或写入到数据库中进行保存。

会话对象监听器一般还与 ServletContext 对象监听器结合起来，完成 Web 应用登录用户在线的人数和列表的取得和显示，这对于许多互联网应用是非常必要的，如在线论坛、购物、聊天和游戏等。

对在线购物网站而言，如果购物车不是保存在 HttpSession 会话对象中，而是保存到数据库中，使用 Session 中的账号进行关联。如果用户没有选择注销操作，而是直接关闭浏览器离开，将导致数据库中的购物车成为垃圾记录，没有进行自动删除，使用会话对象监听器可以解决这个难题。在会话销毁之前，取得会话的账号，连接数据库将此账号关联的所有购物车明细记录进行删除。只有 sessionDestroyed 执行完毕，Web 容器才会真正销毁 HttpSession 会话对象。

9.6 会话对象属性监听器

9.6.1 会话对象属性监听器概述

与 ServletContext 对象属性监听器类似，Servlet API 也提供了对 HttpSession 会话对象属性变化进行监测的监听器，即会话对象属性监听器。

Java EE API 为实现会话对象属性监听器提供了如下接口：

javax.servlet.http.HttpSessionAttributeListener

该接口定义了监测会话对象属性的创建、销毁和替换的方法：

(1) public void attributeAdded(HttpSessionBindingEvent event)

监测会话对象属性增加的监听方法,当会话对象增加新的属性时,此方法自动调用。

(2) public void attributeRemoved(HttpSessionBindingEvent event)

监测会话对象属性删除的监听方法,当1个现有的属性从会话对象删除时,此方法自动调用。

(3) public void attributeReplaced(HttpSessionBindingEvent event)

监测会话对象属性被替换的监听方法,当 Session 对象中的一个属性被重新写入而发生替换的时候,此方法自动运行。

在所有会话对象属性监测方法中,都传递一个会话属性监听事件类对象,此对象可以取得发生事件的会话对象,Java EE API 定义了会话监听事件类:

javax.servlet.http.HttpSessionBindingEvent,该方法定义了如下方法:

(1) public HttpSession getSession()

在会话对象监听器方法内部,使用此方法可以取得会话对象。

(2) public String getName()

取得发生变化的会话对象属性名称。

(3) public Object getValue()

取得发生变化的会话对象属性的值。

在编写会话对象属性监听器类的监听方法内,需要根据传递的事件类对象取得会话对象发生变化的属性名和属性值。

9.6.2 会话对象属性监听器编程

会话对象属性监听器编程按如下步骤:

(1) 编写监听器类实现 HttpSessionAttributeListener 接口。

(2) 分别实现此接口定义的监听属性增加、删除和替换 3 个方法。

会话属性监听器的编程框架结构如程序 9-4 所示。

程序 9-4 SessionAttributeListener.java

```
package javaee.ch09;
import javax.servlet.ServletContext;
import javax.servlet.http.HttpSession;
import javax.servlet.http.HttpSessionAttributeListener;
import javax.servlet.http.HttpSessionBindingEvent;
//会话对象属性监听器类
public class SessionAttributeListener implements HttpSessionAttributeListener
{
    //监听会话对象属性增加方法
    public void attributeAdded(HttpSessionBindingEvent event)
    {
        //编写属性增加监听处理方法
    }
    //监听会话对象属性替换方法
    public void attributeReplaced(HttpSessionBindingEvent event)
    {
```

```
            //编写属性替换监听处理方法
        }
        //监听会话对象属性删除方法
        public void attributeRemoved(HttpSessionBindingEvent event)
        {
            //编写属性删除监听处理方法
        }
}
```

9.6.3 会话对象属性监听器配置

会话对象属性监听器的配置与其他监听器一样。如下配置代码所示：

```
<?xml version = "1.0" encoding = "UTF - 8"?>
<web - app version = "2.5" xmlns = "http://java.sun.com/xml/ns/javaee"
  xmlns:xsi = "http://www.w3.org/2001/XMLSchema - instance"
  xsi:schemaLocation = "http://java.sun.com/xml/ns/javaee
  http://java.sun.com/xml/ns/javaee/web - app_2_5.xsd">
    <!-- HttpSession 对象属性监听器 -->
    <listener>
       <listener - class> javaee.ch09.SessionAttributeListener </listener - class>
    </listener>
</web - app>
```

9.6.4 会话对象属性监听器应用

会话对象属性监听器主要用于用户登录和注销方面的业务处理，如记录 Web 在线用户个数和用户列表等。

如下案例为统计在线用户列表的监听器应用。当用户登录处理后，如果用户合法，则将用户 ID 写入到会话对象，导致会话对象属性监听器属性增加方法运行，增加当前用户到用户列表容器，用户列表容器使用 ServletContext 对象进行存储。当用户注销后，用户 ID 从会话对象中删除，导致属性删除监听方法运行，实现用户 ID 从用户列表容器中删除，从而实现在线用户的统计和跟踪。

实现在线用户统计的监听器如程序 9-5 所示。

程序 9-5 SessionAttributeListener.java

```
package javaee.ch09;
import java.util.List;
import javax.servlet.ServletContext;
import javax.servlet.http.HttpSession;
import javax.servlet.http.HttpSessionAttributeListener;
import javax.servlet.http.HttpSessionBindingEvent;
//统计在线用户个数和用户 ID 列表的监听器
public class SessionAttributeListener implements HttpSessionAttributeListener
{
        //监听会话对象属性增加方法
        public void attributeAdded(HttpSessionBindingEvent event)
```

```java
        {
            System.out.println("Session attribute Add...");
            //取得增加的会话属性值,为用户 ID 值
            String userid = (String)event.getValue();
            System.out.println(userid);
            HttpSession session = event.getSession();
            ServletContext application = session.getServletContext();
            if(userid! = null)
            {
                //实现在线用户人数 + 1
                int usernum = (Integer)application.getAttribute("usernum") + 1;
                application.setAttribute("usernum", usernum);
                //增加在线用户列表
                List list = (List)application.getAttribute("userlist");
                list.add(userid);
            }
        }
        //监听会话对象属性替换方法
        public void attributeReplaced(HttpSessionBindingEvent event)
        {
            System.out.println("Session attribute replaced...");
        }
        //监听会话对象属性删除方法
        public void attributeRemoved(HttpSessionBindingEvent event)
        {
            System.out.println("会话对象属性删除...");
            String userid = (String)event.getValue();
            System.out.println(userid);
            HttpSession session = event.getSession();
            ServletContext application = session.getServletContext();
            if(userid! = null)
            {
                int usernum = (Integer)application.getAttribute("usernum") - 1;
                application.setAttribute("usernum", usernum);
                List list = (List)application.getAttribute("userlist");
                list.remove(userid);
            }
        }
    }
```

将此监听器编译后,在/WEB-INF/web.xml 中进行配置,即可实现对在线用户个数的统计和在线用户列表的管理。

9.7 请求对象监听器

Java EE API 在最新的规范中定义了对请求对象的监听器接口,用于对请求对象进行监控。但由于每次对 Web 的 HTTP 请求都会导致请求对象的创建和销毁,如果编写对请求对象的监听器,则此监听器运行过于频繁,会影响整个 Web 应用的性能。因此在实际应用中应尽可能避免编写请求对象的监听器。

9.7.1 请求对象监听器概述

请求对象监听器能对 Request 请求对象的创建和销毁进行监测,当 Web 容器监测到请求对象创建和销毁时,则自动调用请求对象监听器的相应监听方法,实现有关的业务处理功能。

Java EE API 为实现会话对象监听器提供了如下接口:

javax.servlet.ServletRequestListener

该接口定义了监测请求对象的创建和销毁的方法:

(1) void requestInitialized(ServletRequestEvent event)

监测请求对象创建的监听方法,当新的请求对象被创建时,此方法自动调用。

(2) void requestDestroyed(ServletRequestEvent event)

监测请求对象销毁的监听方法,当请求对象销毁时,此方法自动调用。

在请求对象监听器的每个监测方法中,都传递一个请求对象监听事件类对象,此对象可以取得发生事件的会话对象。

请求对象监听事件类类型为:

javax.servlet.ServletRequestEvent

在该类中定义了如下方法:

(1) public ServletRequest getServletRequest()

取得发生变化的请求对象。

(2) public ServletContext getServletContext()

取得 Web 应用环境上下文对象,进而取得 Web 应用的环境信息。

9.7.2 请求对象监听器编程

按如下步骤编写请求对象监听器。

(1) 编写监听器类实现请求对象监听器接口 ServletRequestListener。
(2) 实现此接口定义的监听请求对象创建和销毁方法。

请求对象监听器的框架代码如程序 9-6 所示。

程序 9-6 RequestObjectListener.java

```java
package javaee.ch09;
import javax.servlet.ServletRequestEvent;
import javax.servlet.ServletRequestListener;
//请求对象监听器
public class RequestObjectListener implements ServletRequestListener
{
    //监听请求对象创建方法
    public void requestInitialized(ServletRequestEvent event)
    {
        //编写请求对象创建的处理代码
    }
```

```
//监听请求对象销毁方法
public void requestDestroyed(ServletRequestEvent event)
{
    //编写请求对象销毁的处理代码
}
}
```

9.7.3 请求对象监听器配置

同样在/WEB-INF/web.xml 中配置请求对象监听器。

```xml
<!-- 请求对象属性监听器 -->
<listener>
  <listener-class>javaee.ch09.SessionAttributeListener</listener-class>
</listener>
```

9.7.4 请求对象监听器应用

请求对象监听器可以监控每次的 HTTP 请求，如监测网站的所有网页的点击次数。如程序 9-7 所示代码为实现网站所有请求的次数计数器的监听器。

程序 9-7 UserAccessNumCount.java 用户请求次数计数器

```java
package javaee.ch09;
import javax.servlet.ServletContext;
import javax.servlet.ServletRequestEvent;
import javax.servlet.ServletRequestListener;
//请求对象监听器
public class UserAccessNumCount implements ServletRequestListener
{
    //监听请求对象创建方法
    public void requestInitialized(ServletRequestEvent event)
    {
        //请求的处理代码
        ServletContext application = event.getServletContext();
        Integer userAccessNum = (Integer)application.getAttribute("userAccessNum");
        if(userAccessNum! = null)
        {
            userAccessNum++;
            application.setAttribute("userAccessNum","userAccessNum");
        }
    }
    //监听请求对象销毁方法
    public void requestDestroyed(ServletRequestEvent event)
    {
        //编写请求对象销毁的处理代码
    }
}
```

9.8 请求对象属性监听器

请求对象属性监听器能对请求对象的属性变化进行监听,如属性的增加、删除和替换,当任何一种情况发生时,都可以编写对应的处理代码对此事件进行处理。

实际应用中很少使用请求对象的属性监听器,除非特殊的场合才使用它。一般不要使用,否则影响 Web 应用的性能,因为此类事件过于频繁,尤其是访问量较大的 Web。

9.8.1 请求对象属性监听器概述

Java EE API 提供了请求对象属性变化监听器的接口:

javax.servlet.ServletRequestAttributeListener

所有请求对象属性监听器都要实现该接口,并实现它所定义的如下 3 个方法。
(1) void attributeAdded(ServletRequestAttributeEvent event)
监听属性增加的方法。
(2) void attributeRemoved(ServletRequestAttributeEvent event)
监听属性删除的方法。
(3) void attributeReplaced(ServletRequestAttributeEvent event)
监听属性替换的方法。
同样 Java API 提供了请求对象属性变化监听事件类:

javax.servlet.ServletRequestAttributeEvent

此事件类是 javax.servlet.ServletRequestEvent 的子类,除了继承父类的方法:
(1) public ServletRequest getServletRequest()
取得发生变化的请求对象。
(2) public ServletContext getServletContext()
取得 Web 应用环境上下文对象,进而取得 Web 应用的环境信息,它还定义了如下方法:
(1) public String getName()
取得变化的属性的名称。
(2) public Object getValue()
取得变化的属性的值。

9.8.2 请求对象属性监听器编程

编写请求对象属性监听器,按如下步骤编程即可。
(1) 编写监听器类,实现请求对象属性监听器接口 ServletRequestAttributeListener。
(2) 实现此接口定义的 3 个监听方法。
请求对象属性监听器的框架代码如程序 9-8 所示。

程序 9-8　RequestObjectAttributeListener.java

```java
package javaee.ch09;
import javax.servlet.ServletRequestAttributeEvent;
import javax.servlet.ServletRequestAttributeListener;
//请求对象属性变化监听器
public class RequestObjectAttributeListener implements
        ServletRequestAttributeListener
{
    //属性增加监听方法
    public void attributeAdded(ServletRequestAttributeEvent event)
    {
        //属性增加事件处理方法
    }
    //属性删除监听方法
    public void attributeRemoved(ServletRequestAttributeEvent event)
    {
        //属性删除事件处理方法
    }
    //属性替换监听方法
    public void attributeReplaced(ServletRequestAttributeEvent event)
    {
        //属性替换事件处理方法
    }
}
```

9.9　会话对象监听器应用实例：在线用户显示

Web 应用经常需要统计用户在线人数和用户列表，如各种论坛网站。当用户登录验证成功后，累计增加在线用户人数和用户登录 ID 列表。当用户注销后，减少在线用户人数，从用户 ID 列表中删除此注销 ID。

9.9.1　项目设计与编程

根据案例的要求，需要编写两个监听器，第一个是 Web 应用启动和停止监听器，当 Web 启动后，将初始的在线用户人数和在线用户列表容器写入 ServletContext 容器，以便将来用户登录后对在线人数进行累加，将用户登录 ID 加入在线用户表容器。第二个是会话对象属性增加和删除监听器，用于监听用户登录和注销操作。

另外需要编写用户登录 JSP 页面、登录处理 Servlet 和主页面 JSP。

1. Web 应用启动和停止监听器

该监听器只编写监听 Web 启动的监听方法，用于初始化在线用户人数和在线用户列表容器的工作。监听器代码如程序 9-9 所示。

程序 9-9　WebApplicationListener.java

```java
package javaee.ch09;
import java.util.ArrayList;
```

```java
import java.util.List;
import javax.servlet.ServletContext;
import javax.servlet.ServletContextEvent;
import javax.servlet.ServletContextListener;
//Web 应用监听器
public class ApplicationInfoListener implements ServletContextListener
{
    //监听 Web 启动,初始化在线用户个数和用户列表
    public void contextInitialized(ServletContextEvent event)
    {
        ServletContext application = event.getServletContext();
        //初始化在线用户个数
        application.setAttribute("usernum", 0);
        //初始化在线用户列表
        List userlist = new ArrayList();
        application.setAttribute("userlist", userlist);
    }
    //监听 Web 停止,目前没有业务处理
    public void contextDestroyed(ServletContextEvent event)
    {
    }
}
```

2. 会话对象属性增加、删除监听器

此监听器一方面监测会话对象属性的增加,即当有用户登录时,自动增加在线用户人数,以及增加在线用户列表。另一方面监听会话对象属性的删除,即当有用户销毁时,自动减少在线用户人数以及用户在线列表。此监听器如程序 9-10 所示。

程序 9-10 SessionAttributeListener.java 会话属性监听器类

```java
package javaee.ch09;
import java.util.List;
import javax.servlet.ServletContext;
import javax.servlet.http.HttpSession;
import javax.servlet.http.HttpSessionAttributeListener;
import javax.servlet.http.HttpSessionBindingEvent;
//监听会话对象属性增加、删除变化的监听器
public class SessionAttributeListener implements HttpSessionAttributeListener
{
    //监听会话对象属性增加方法,当用户登录成功后,userid 属性被增加到会话对象
    public void attributeAdded(HttpSessionBindingEvent event)
    {
        String name = event.getName();              //取得增加的属性的名称
        String userid = (String)event.getValue();   //取得增加的属性的值
        HttpSession session = event.getSession();

        ServletContext application = session.getServletContext();
        //当增加的属性为 userid 时,判断为用户登录
        if(name! = null&&name.equals("userid")&&userid! = null)
        {
```

```java
            int usernum = (Integer)application.getAttribute("usernum") + 1;
            application.setAttribute("usernum", usernum);
            List list = (List)application.getAttribute("userlist");
            list.add(userid);
        }
    }
    //监听会话对象属性替换方法,此案例中无相关处理
    public void attributeReplaced(HttpSessionBindingEvent event)
    {
    }
    //监听会话对象属性删除,当有用户注销时,将 userid 的属性从会话对象中删除
    public void attributeRemoved(HttpSessionBindingEvent event)
    {
        String name = event.getName();
        String userid = (String)event.getValue();
        HttpSession session = event.getSession();
        ServletContext application = session.getServletContext();
        if(name! = null&&name.equals("userid")&&userid! = null)
        {
            int usernum = (Integer)application.getAttribute("usernum") - 1;
            application.setAttribute("usernum", usernum);
            List list = (List)application.getAttribute("userlist");
            list.remove(userid);
        }
    }
}
```

3. 用户登录页面 JSP

用户登录页面提示输入账号和密码,单击"提交"到登录处理 Servlet。登录页面 JSP 如程序 9-11 所示。

程序 9-11 login.jsp 登录 JSP 页面

```jsp
<%@ page language = "java" import = "java.util.*" pageEncoding = "GBK"%>
<!DOCTYPE HTML PUBLIC "-//W3C//DTD HTML 4.01 Transitional//EN">
<html>
  <head>
    <title>用户登录页面</title>
  </head>
  <body>
    <h1>用户登录</h1>
    <form action = "login.do" method = "post">
        账号:<input type = "text" name = "userid" /><br/>
        密码:<input type = "password" name = "password" /><br/>
        <input type = "submit" value = "提交" />
    </form>
  </body>
</html>
```

4. 用户登录处理 Servlet

登录处理 Servlet 首先取得登录页面提交的账号和密码数据，连接数据库，执行查询判断用户是否合法，如果合法，则将账号存入会话对象，这将激活会话属性变化监听器，执行在线用户人数的增加和用户列表的增加。登录处理 Servlet 如程序 9-12 所示。

程序 9-12　LoginAction.jsp 登录处理 Servlet

```java
package javaee.ch09;
import java.io.IOException;
import java.io.PrintWriter;
import java.sql.*;
import javax.servlet.ServletException;
import javax.servlet.http.HttpServlet;
import javax.servlet.http.HttpServletRequest;
import javax.servlet.http.HttpServletResponse;
import javax.servlet.http.HttpSession;
//用户登录处理 Servlet
public class LoginAction extends HttpServlet
{
    public void doGet(HttpServletRequest request, HttpServletResponse response)
        throws ServletException, IOException
    {
        //取得输入的账号和密码
        String userid = request.getParameter("userid");
        String password = request.getParameter("password");
        if(userid!=null&&password!=null&&userid.trim().length()>0&&password.trim().length()>0)
        {
            String sql = "select * from EMP where EMPID = ? and PASSWORD = ?";
            Connection cn = null;
            boolean check = false;
            try {
                Class.forName("sun.jdbc.odbc.JdbcOdbcDriver");
                cn = DriverManager.getConnection("jdbc:odbc:cityoa");
                PreparedStatement ps = cn.prepareStatement(sql);
                ps.setString(1, userid);
                ps.setString(2, password);
                ResultSet rs = ps.executeQuery();
                if(rs.next())
                {
                    check = true;
                }
                rs.close();
                ps.close();
            } catch(Exception e) {
                response.sendRedirect("login.jsp");
            } finally {
                try{cn.close();}catch(Exception e){}
```

```java
            }
            if(check) {
                //如果验证通过,则账号写入会话对象
                HttpSession session = request.getSession(true);
                session = request.getSession(true);
                session.setAttribute("userid", userid);
                //重定向到主页
                response.sendRedirect("main.jsp");
            } else {
                response.sendRedirect("login.jsp");
            }
        }
    }
    public void doPost(HttpServletRequest request, HttpServletResponse response)
            throws ServletException, IOException {
        doGet(request,response);
    }
}
```

5．系统管理主页面 JSP

系统管理主页面显示在线用户人数和在线用户账号列表,并显示"注销"超链接。主页 JSP 如程序 9-13 所示。

程序 9-13 main.jsp 管理主页面 JSP

```jsp
<%@ page language="java" import="java.util.*" pageEncoding="GBK"%>
<!DOCTYPE HTML PUBLIC "-//W3C//DTD HTML 4.01 Transitional//EN">
<html>
  <head>
    <title>系统管理主页面</title>
  </head>
  <body>
    <h1>办公自动化系统管理系统</h1>
    <hr/>
    在线人数:<%=String.valueOf((Integer)application.getAttribute("usernum"))%><br/>
    用户列表:<br/>
    <%
       List list = (List)application.getAttribute("userlist");
         for(Object o:list)     {
           out.println((String)o);
           out.println("<br/>");   }
    %>
    <hr/>
    <a href="logout.do">注销</a>
  </body>
</html>
```

主页 JSP 取得保存在内置对象 application 中的在线用户个数和在线用户列表。

6．用户注销处理 Servlet

注销 Servlet 取得会话对象,并销毁会话对象,然后重定向到登录 JSP 页面。注销

Servlet 代码如程序 9-14 所示。

程序 9-14 LogoutAction.jsp 注销用户 Servlet

```java
package javaee.ch09;
import java.io.IOException;
import java.io.PrintWriter;
import javax.servlet.ServletException;
import javax.servlet.http.HttpServlet;
import javax.servlet.http.HttpServletRequest;
import javax.servlet.http.HttpServletResponse;
import javax.servlet.http.HttpSession;
//用户注销控制器
public class LogoutAction extends HttpServlet
{
    public void doGet(HttpServletRequest request, HttpServletResponse response)
        throws ServletException, IOException
    {
        HttpSession session = request.getSession(false);
        if(session! = null)  {
            session.invalidate();
        }
        response.sendRedirect("login.jsp");
    }
    public void doPost(HttpServletRequest request, HttpServletResponse response)
            throws ServletException, IOException {
        doGet(request,response);
    }
}
```

9.9.2 项目部署和测试

将 Web 项目部署到 Tomcat 6.x 服务器上，请求登录 JSP 页面，如图 9-1 所示。

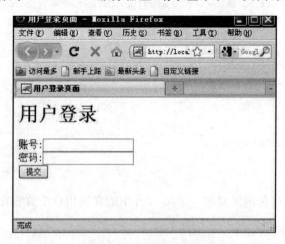

图 9-1 用户登录界面

输入账号和密码,单击"提交"到登录处理页面,验证账号和密码后,保存账号信息到 Session 中,跳转到系统主页,如图 9-2 所示。

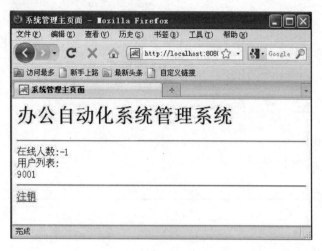

图 9-2　OA 系统主页

在主页面中,显示在线用户人数和用户列表,并显示"注销"超链接。单击"注销"超链接,进入注销处理,将会话对象销毁,触发会话对象监听器,将在线人数减 1 再重新跳转到登录页面。

习　题　9

1. 思考题

(1) 简述监听器的主要功能。
(2) Java EE 规范中定义了哪些监听器类型?各自的用途是什么?

2. 编程题

(1) 编写监听器,能实现网站所有网页的访问次数累计。编程时可根据需要编写多个监听器联合完成要求的功能。
(2) 编写监听器实现 Web 服务器启动和停止的日志记录,并将日志记录保存到数据库表中,日志记录要求如下数据:时间、启动/停止。

第10章

JSP

本章要点

- 什么是JSP；
- JSP的特点；
- JSP执行过程；
- JSP的组成；
- JSP指令；
- JSP动作；
- JSP内置对象；
- JSP与JavaBean；
- JSP应用案例。

在前面的章节中，一直都是使用Servlet来生成HTML响应，将HTML脚本嵌入到Servlet的Java代码中。如果页面复杂，这种方式的效率是相当低下的，进行页面的修改对开发人员而言简直是噩梦。

Sun汲取了微软ASP的优点，在Servlet基础之上，发布了JSP技术，并使用Java语言作为JSP内的动态语言脚本，克服了ASP中VBScript解释型脚本语言的缺点，在竞争中一举超越ASP，成为动态Web开发的首选技术。

10.1 JSP概述

10.1.1 JSP概念

JSP(Java Server Page)是一种使用Java语言作为其脚本语言，在Java EE Web服务器内运行的生成动态Web网页的技术。

JSP能接收HTTP请求，产生HTTP响应，实现与Servlet相同的功能。但JSP编写却与Servlet有极大的不同，它与编写HTML标记的网页一样，便于使用网页制作工具，如Dreamweaver等来编写。可以用得心应手的工具并按照平常的方式来书写HTML语句，然后将动态部分用特殊的标记嵌入即可,这些标记常常以"<%"开始并以"%>"结束。

按照 Java EE 规范 JSP 是 Web 组件,运行在 Web 容器内。它以 jsp 作为扩展名,保存在 Web 的目录下,整个目录路径加上 JSP 文件名就是 JSP 的请求地址。但要注意文件名是区分大小写的,因此请求 JSP 时,要注意文件名的大小写,因此访问 http://localhost:8080/Web01/info/main.jsp 和 http://localhost:8080/Web01/info/Main.jsp 是不同的。实际项目开发时,尽量不要使用大写的 JSP 文件名。

JSP 不像 Servlet,它不需要映射地址,不需要编译,直接放在 Web 目录下即可,Web 容器会自动定位它,编译和创建它的对象。

10.1.2 JSP 与 Servlet 的比较

1. 相同点

JSP 和 Servlet 都是符合 Java EE 规范的 Web 组件,都运行在 Web 容器内,都可以接收 HTTP 请求,并产生 HTTP 响应,共用相同的会话对象和 ServletContext 环境对象。

JSP 和 Servlet 最终都为相同的 Java 类,运行类似的 doGet 或 doPost 方法。

2. 不同点

JSP 和 Servlet 编程方式不同,Servlet 是纯 Java 类,而 JSP 是 HTML 格式的文本标记文件。

JSP 本身固有生成 HTML 文本,而 Servlet 需要在 Java 的流输出语句中写入 HTML 标记。

运行时,Servlet 类直接运行,而 JSP 文本文件需要经过解析、编译后生成 .class 类文件后再得以运行。

10.1.3 JSP 工作流程

JSP 的工作过程如图 10-1 所示。

图 10-1 JSP 运行过程流程图

1. 解析阶段

当 Web 应用的 JSP 文件第 1 次接收到 HTTP 请求时,Web 容器解析 JSP 文件,分析 JSP 文件各个元素,将 JSP 文件转变为 Java 文本文件。

2. 编译阶段

Web 容器将解析的 Java 代码文件进行编译生成 Class 类文件,与 Servlet 编译后生成的类文件相近,也提供与 Servlet 类似的 GET 和 POST 请求处理方法。生成的类文件随时被调用到 JVM 中运行。

3. 运行阶段

Web 容器将编译生成的类文件调入 Web JVM 运行，执行 HTTP 请求和响应方法，完成 HTTP 请求/响应处理。

如果 JSP 第 2 次被请求，在 JSP 源文件没有被修改的情况下，将不执行第 1 和 2 阶段，直接进入运行阶段，这也是 JSP 页面首次请求运行时较慢的原因。当再次访问时就感觉速度非常快了。

10.1.4 JSP 组成

一个 JSP 页面由 HTML 标记代码和 JSP 元素组成。HTML 标记生成网页的静态部分，JSP 元素用于生成动态内容部分。

JSP 元素包含如下内容。

（1）JSP 指令：不直接产生任何可见输出，而只是告诉引擎如何处理其余 JSP 页面。

（2）JSP 动作：JSP 动作利用 XML 语法格式的标记来控制 Servlet 引擎的行为。利用 JSP 动作可以动态地插入文件、重用 JavaBean 组件、把用户重定向到另外的页面和为 Java 插件生成 HTML 代码。

（3）JSP 脚本：JSP 脚本在页面中嵌入 Java 代码，实现 Java 代码的运行、表达式的计算和输出。

（4）JSP 内置对象：JSP 页面内自动获得的 Java 对象，与 Servlet 的请求、响应、会话和 ServletContext 对象对应，实现这些对象的访问和使用。

10.2 JSP 指令

JSP 指令（Directive）用于转换阶段提供整个 JSP 页面的相关信息，影响由 JSP 页面生成的 Servlet 的整体结构。指令不会产生任何的输出到当前的输出流中。

10.2.1 指令语法和类型

JSP 指令的语法为：

<%@ 指令名 属性名 = "值"　属性名 = "值" %>

JSP 的指令分为：

（1）page：page 指令，用于定义 JSP 页面级的其他元素特性。

（2）include：include 指令，用于嵌入另一个文本文件的内容到本页面。

（3）taglib：标记库指令，用于引入第 3 方 JSP 扩展标记类库。

下面分别讲述每种指令的语法、属性和用途。

10.2.2 page 指令

1. page 语法

page 执行的语法为:

`<%@ page 属性名 = "值"  属性名 = "值"  %>`

page 指令用于整个 JSP 页面,功能是指示 JSP 页面的总体属性。例如 JSP 页面的脚本语言、编码字符、MIME 类型、引入的 Java 包和类库等。

page 指令一般要放在 JSP 页面的第 1 行位置。如下为典型的 JSP page 指令:

`<%@ page language = "java" import = "java.util.*" pageEncoding = "GBK" %>`
`<%@ page import = "java.io.*,java.sql.*" %>`

2. page 指令的属性和意义

page 指令通过属性和对应的值来确定指令的功能。page 指令的属性如下:

(1) language 属性

语言属性,用于指定 JSP 脚本中的语言类型,目前只支持 Java。未来可能支持其他类型的脚本语言。

(2) import 属性

用于在 JSP 页面中引入 Java 类,与 Java 语言中的 import 语句作用相同。page 指令中唯一可以重复多次的属性。可以直接到类,也可以到包。例子如下:

`<%@ page import = "java.io.*,java.sql.*" %>`
`<%@ page import = "java.util.Date,javax.sql.Context" %>`

多个包或类引入可以使用一个 import 属性,它们之间使用","间隔。
JSP 页面会自动引入 java.lang,javax.servlet.http.jsp。

(3) contentType 属性

用于控制 JSP 页面的 HTTP 响应 MIME 类型。如生成 HTML 页面的 contentType 属性值为 text/html:

`<%@ page contentType = "text/html" %>`

也可以在设置响应类型的同时,指定响应文本的字符集编码,如:

`<%@ page contentType = "text/html;charset = GBK" %>`

此指令在设置响应为 HTML 的同时,设置字符编码为汉字 GBK。

(4) pageEncoding 属性

用于设定 JSP 文本响应类型的字符集编码,取值默认为 ISO-8859-1,其他常用取值为 GBK,UTF-8,GB2312 等。

`<%@ page pageEncoding = "GBK" %>`

(5) errorPage 属性

此属性用于设定当 JSP 页面发生异常时,自动转发的页面地址,取值为 URL 地址,如:

`<%@ page errorPage = "error.jsp" %>`

此指令属性指示当 JSP 页面发生异常时,自动跳转到 error.jsp 错误信息显示页面。在错误页面可以使用 exception 内置异常类取得异常的信息。

(6) isErrorPage 属性

取值为 true/false 之一。用于指定此 JSP 页面是否为错误页面,只有指定了 isErrorPage="true",才能使用内置异常对象 exception。此属性例子如下:

`<%@ page isErrorPage = "true" %>`

此属性默认为 false,即非错误信息页面。

(7) session 属性

此属性指示 JSP 页面是否生成 Session 对象,取值为 true/false。当取值为 false 时此页面不生成 Session 对象,也无法使用 Session 对象。默认取值为 true。session 属性使用例子如下:

`<%@ page session = "false" %>`

此属性通知 JSP 页面,本页面不产生 Session 对象,并禁止使用 Session 内置对象。

(8) buffer="sizekb|none"设置缓存属性

设置响应缓存,可以为固定大小(sizekb),或没有缓存(none)。如果省略该属性默认的缓存大小为 8KB。使用例子如下:

`<%@ page buffer = "12KB" %>` 设置缓存为 12KB。
`<%@ page buffer = "none" %>` 设置 JSP 响应无缓存。

(9) autoflush="true|false"设置是否自动清空缓存属性

此属性设置当响应缓存区满后,是否自动清空缓存区。true 为自动清空,false 为手动清空。如果响应缓存满后,不自动清空,在写入时将产生异常。此属性基本不要取 false 值。

10.2.3 include 指令

在开发 Web 时,经常需要将某个代码作为公共部分,让多个页面都可以使用,如果在每个页面中都复制此内容,将导致大量的冗余,特别是公共代码需要修改时,将导致要修改的页面过多。因此需要将公共代码抽取出来,存放在单独的文件,使用某种机制嵌入到其他页面中。这时就需要使用 include 指令。

1. include 指定语法和使用

include 指令的功能是将指定的文本文件的内容嵌入到此指令所在的位置。它的语法为:

`<%@ include file = "url" %>`

JSP 的 include 指令元素读入指定页面的文本,并把这些内容和原来的 JSP 页面融合到一起,合成一个文件后被 JSP 容器将它转化成 servlet。可以看到这时会产生一个临时 class 文件和一个 Java 文件。因此我们知道 include 指令是在 JSP 的解析阶段实现嵌入,将两个文件的源代码合成在一起的。

URL 可以使用相对路径,也可以使用绝对路径。只要是文本文件的内容都可以嵌入,不一定是 JSP 文件。如下为 JSP 页面中嵌入 top.jsp 文件的例子:

```
<%@ include file = "../include/top.jsp" %>
```

特别要注意的是,使用 include 指令不能在嵌入页面中传入参数,如下为错误的嵌入:

```
<%@ include file = "../include/top.jsp?userid = 9001" %>
```

更不能传递动态参数,如:

```
<%@ include file = "../include/top.jsp?userid = <% = userid %>" %>
```

会产生编译错误。

2. include 指令的应用

include 指令经常应用在复合页面的生成。在 Web 开发中每个公司的 Web 应用都采用统一的布局,如图 10-2 所示为典型的页面布局。

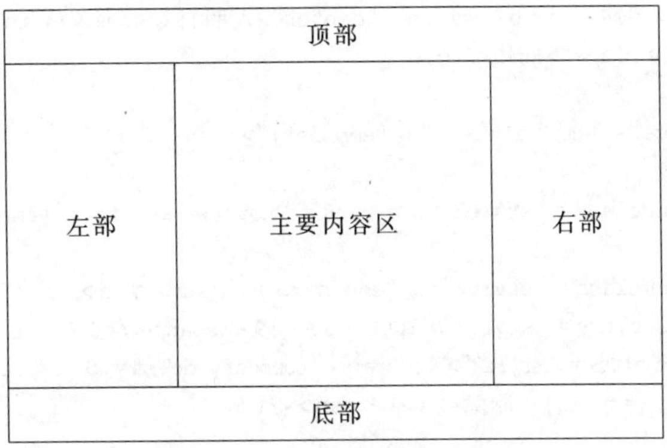

图 10-2 典型三段式页面布局

顶部显示公司的 LOGO、应用的名称和主导航;左部显示功能选择;底部显示公司版权信息和主要联系方式;右部显示便捷导航;中间为主内容显示。以中间的页面为主页面,嵌入顶部、左部、右部和底部页面,形成复合页面,每个子页面都可以单独修改。

(1) 员工管理主页面 JSP 页面/employee/main.jsp,使用 include 指令嵌入其他子 JSP 页面,由于它与公共页面不在同一个目录,此处使用相对路径。此 JSP 代码如程序 10-1 所示。

程序 10-1 main.jsp

```
<%@ page language = "java" import = "java.util.*" pageEncoding = "GBK" %>
<%@ taglib uri = "http://java.sun.com/jsp/jstl/core" prefix = "c" %>
<!DOCTYPE HTML PUBLIC "-//W3C//DTD HTML 4.01 Transitional//EN">
<html>
```

```html
<head>
<meta http-equiv="Content-Type" content="text/html; charset=gb2312">
<title>员工管理主菜单</title>
<link rel="stylesheet" type="text/css" href="../css/site.css">
</head>
<body>
<!--嵌入顶部JSP页面-->
<%@ include file="../include/top.jsp" %>
<table width="100%" height="200" border="0">
  <tr>
    <td width="19%" valign="top" bgcolor="#99FFFF">
        <!--嵌入左部JSP页面-->
        <%@ include file="../include/left.jsp" %>
    </td>
    <td width="81%" valign="top"><table width="100%" border="0">
      <tr>
        <td><span class="style4">首页-&gt;新闻管理</span></td>
        <td>更多</td>
      </tr>
    </table>
    <table width="100%" border="0">
      <tr bgcolor="#99FFFF">
        <td width="25%"><div align="center">账号</div></td>
        <td width="25%"><div align="center">姓名</div></td>
        <td width="14%"><div align="center">入职日期</div></td>
        <td width="14%">操作</td>
      </tr>
      <c:forEach var="emp" items="${empList}">
      <tr>
        <td><span class="style2"><a href="toview.do?id=${emp.id}">${emp.id}</a></span></td>
        <td><span class="style2">${emp.name}</span></td>
        <td><span class="style2">2006-03-19</span></td>
        <td><span class="style2"><a href="toModofy.do?id=${emp.id}">修改</a><a href="toDelete.do?id=${emp.id}">删除</a></span></td>
      </tr>
      </c:forEach>
    </table>
    <span class="style2"><a href="toAdd.do">增加员工</a></span>
    </td>
  </tr>
</table>
<!--嵌入底部JSP页面-->
<%@ include file="../include/bottom.jsp" %>
</body>
</html>
```

(2) 顶部/include/top.jsp 的代码如下：

```html
<%@ page language="java" import="java.util.*" pageEncoding="GBK" %>
<table width="100%" height="82" border="0">
```

```html
    <tr>
        <td width="15%"><img src="../images/logo.jpg" width="100" height="101"></td>
        <td width="85%" bgcolor="#99CC99"><div align="center" class="style1">电子工程学院办公自动化系统</div></td>
    </tr>
</table>
<table width="100%" border="0">
    <tr bgcolor="#99CCFF">
        <td><div align="center" class="style2">主菜单</div></td>
        <td><div align="center" class="style2">在线帮助</div></td>
        <td><div align="center" class="style2">修改密码</div></td>
        <td><div align="center" class="style2">显示个人信息</div></td>
        <td><div align="center" class="style2"><a href="../login.do">退出</a></div></td>
    </tr>
</table>
```

(3) 左部/include/left.jsp 的代码如下：

```html
<%@ page language="java" import="java.util.*" pageEncoding="GBK"%>
<table width="100%" border="0">
<tr>
    <td bgcolor="#99CC00"><span class="style2">功能列表</span></td>
</tr>
<tr>
    <td><span class="style2"><a href="../department/main.do">部门管理</a></span></td>
</tr>
<tr>
    <td><span class="style2"><a href="../employee/main.do">员工管理</a></span></td>
</tr>
<tr>
    <td><span class="style2"><a href="../news/main.do">新闻管理</a></span></td>
</tr>
<tr>
    <td><span class="style2"><a href="../notes/main.do">通知管理</a></span></td>
</tr>
<tr>
    <td><span class="style2"></span></td>
</tr>
</table>
```

(4) 底部/include/bottom.jsp 的代码如下：

```html
<%@ page language="java" pageEncoding="GBK"%>
<table width="100%" border="0" bgcolor="#CCCCFF">
    <tr>
        <td><div align="center" class="style2">@ COPYRIGHT 电子工程学院版权所有 2009</div></td>
    </tr>
</table>
```

最终请求此复合组装页面显示如图 10-3 所示。

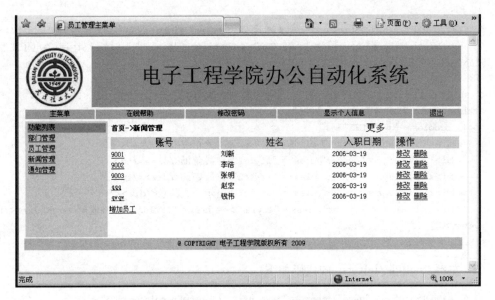

图 10-3 使用 include 指令组成的复合 JSP 页面

在 Web 开发中这种模式是经常使用的,请读者多加练习,直到熟练掌握,这项技能在今后的项目开发中将大有用武之地。

10.2.4 taglib 指令

JSP 本身提供的标记非常少,而在开发 JSP 页面时经常需要完成的任务如判断是否显示某些内容,循环遍历容器中的对象实现列表信息显示等,都需要编写 Java 脚本完成,造成 JSP 页面臃肿庞大,因此许多开发者开发自定义标记来实现上述常见的功能。JSP 为此通过扩展标记机制 taglib 指令。

taglib 指令允许页面使用用户自定义标签。用户首先要开发自己的标签库(taglib),为标签库编写配置文件(以.tld 为后缀的文件),然后在 JSP 页面中使用该自定义标签。由于使用了标签,增加了代码的重用程度,比如可以把一些需要迭代显示的内容做成一个标签,在每次需要迭代显示时,就使用这个标签。使用标签也使页面易于维护。

1. taglib 的语法

taglib 的语法为:

<%@ taglib uri = "标记库 URL 地址" prefix = "标记前缀名" %>

每个定义标记都要有标记库的 URL 地址,例如比较著名的标记库都提供了 URL 地址供引用。

prefix 指定标记的前缀名称,引入标记库后,可以使用如下形式使用已经定义的标记:

<前缀名称:标记名称 属性 = "值" .../>

2. taglib 的使用

如下例子为使用著名的 JSTL 标记的库的 taglib 指令:

```
<!-- 引入 JSTL 核心 CORE 标记 -->
<%@ taglib uri="http://java.sun.com/jsp/jstl/core" prefix="c" %>
<!-- 引入 JSTLXML 处理标记 -->
<%@ taglib uri="http://java.sun.com/jsp/jstl/xml" prefix="x" %>
<!-- 引入 JSTL 国际化数据格式标记 -->
<%@ taglib uri="http://java.sun.com/jsp/jstl/fmt" prefix="fmt" %>
<!-- 引入 JSTL 数据库 SQL 标记 -->
<%@ taglib uri="http://java.sun.com/jsp/jstl/sql" prefix="sql" %>
<!-- 引入 JSTL 常用函数标记 -->
<%@ taglib uri="http://java.sun.com/jsp/jstl/functions" prefix="fn" %>
```

10.3 JSP 动作

在 JSP 规范中为增强 JSP 与 Servlet、JavaBean 的协调,增加了 JSP 动作,使用特定的符合 XML 格式的标记完成特定的任务,从而避免了编写 Java 脚本代码。利用 JSP 动作可以完成动态地插入文件、重用 JavaBean 组件、把用户重定向到另外的页面、为 Java 插件生成 HTML 代码,通过标记库定义自定义标记等常见任务。

10.3.1 JSP 动作语法和类型

1. JSP 动作的语法

JSP 动作使用标准的 XML 格式语法,具体有如下两种格式:

(1) 无嵌套封闭格式

```
<jsp:动作名称 属性名="值" 属性名="值" 属性名="值" />
```

(2) 有嵌套封闭格式

```
<jsp:动作名称 属性名="值" 属性名="值" 属性名="值">
    嵌入的其他动作
</jsp:动作名称>
```

2. JSP 动作的类型

在 JSP 规范中定义了如下动作标记:

(1) <jsp:include> 嵌入其他页面输出内容动作。
(2) <jsp:forward> 转发动作。
(3) <jsp:plugin> 引入插件动作。
(4) <jsp:param> 提供参数动作。
(5) <jsp:useBean> 使用 JavaBean 动作。

(6) `<jsp:setProperty>` 设置 JavaBean 属性动作。
(7) `<jsp:getProperty>` 取得 JavaBean 属性动作。

下面将逐一介绍每个动作的语法和使用。

10.3.2 include 动作

include 动作用于嵌入其他页面的输出内容到此动作所在的位置。与 include 指令一样经常用于复合页面的生成。

1．include 动作的语法

（1）无嵌入元素的语法

```
<jsp:include page="URL" flush="true" />
```

（2）有嵌入 param 动作的语法

```
<jsp:include page="URL" flush="true" >
    <jsp:pram name="参数名" value="参数值" />
    …
</jsp:include>
```

其中 page 属性指定嵌入页面的 URL 地址，flush 属性指定是否在嵌入页面之前清空响应缓存区，true 为清空，false 为不清空。默认为 true，推荐使用 true。

有嵌入 param 动作的语法，可以为嵌入的页面传递参数，这些参数可以是静态的，也可以是动态的。

2．include 动作的使用

与 include 指令类似，include 动作常用于复合页面的生成，例如 include 指令中介绍的例子可以使用 include 动作完成。重新编写员工主管理页面/employee/main.jsp 的代码如程序 10-2 所示。

程序 10-2 main.jsp

```jsp
<%@ page language="java" import="java.util.*" pageEncoding="GBK" %>
<%@ taglib uri="http://java.sun.com/jsp/jstl/core" prefix="c" %>
<!DOCTYPE HTML PUBLIC "-//W3C//DTD HTML 4.01 Transitional//EN">
<html>
<head>
<meta http-equiv="Content-Type" content="text/html; charset=gb2312">
<title>员工管理主菜单</title>
<link rel="stylesheet" type="text/css" href="../css/site.css">
</head>
<body>
<!-- 嵌入顶部 JSP 页面 -->
<jsp:include page="../include/top.jsp" flush="true" />
<table width="100%" height="200" border="0">
  <tr>
    <td width="19%" valign="top" bgcolor="#99FFFF">
```

```
        <!-- 嵌入左部JSP页面 -->
        <jsp:include page="../include/left.jsp" flush="true" />
      </td>
      <td width="81%" valign="top"><table width="100%" border="0">
        <tr>
          <td><span class="style4">首页-&gt;新闻管理</span></td>
          <td>更多</td>
        </tr>
      </table>
      <table width="100%" border="0">
        <tr bgcolor="#99FFFF">
          <td width="25%"><div align="center">账号</div></td>
          <td width="25%"><div align="center">姓名</div></td>
          <td width="14%"><div align="center">入职日期</div></td>
          <td width="14%">操作</td>
        </tr>
        <c:forEach var="emp" items="${empList}">
        <tr>
          <td><span class="style2"><a href="toview.do?id=${emp.id}">${emp.id}</a></span></td>
          <td><span class="style2">${emp.name}</span></td>
          <td><span class="style2">2006-03-19</span></td>
          <td><span class="style2"><a href="toModofy.do?id=${emp.id}">修改</a><a href="toDelete.do?id=${emp.id}">删除</a></span></td>
        </tr>
        </c:forEach>
      </table>
      <span class="style2"><a href="toAdd.do">增加员工</a></span>
      </td>
  </tr>
</table>
<!-- 嵌入底部JSP页面 -->
<jsp:include page="../include/bottom.jsp" flush="true" />
</body>
</html>
```

由此可见，include指令和动作的使用是非常相似的，作用基本一致。但二者还是有区别的，接下来将详述include指令和动作的区别。

3. include指令和动作的区别

include动作和include指令之间的根本性不同在于它们被调用的时间。include动作在请求的响应输出时被嵌入，而include指令在页面解析期间被嵌入。如图10-4所示的是include指令和动作嵌入的工作流程图。

两者之间的差异决定了它们在使用上的区别。使用include指令的页面要比使用include动作的页面难于维护。前面已经说过，使用JSP指令，如果包含的JSP页面发生变化，那么用到这个页面的所有页面都需要手动更新。在JSP服务器的相关规范中并没有要求能够检测出包含的文件什么时候发生改变，实际上大多数服务器也没有去实现这种机制。这样就会导致十分严重的维护问题，需要记住所有包含某一个页面的其他页面，或者重新编译所有的页面,以使更改能够生效。在这点上,include 动作就体现出了十分巨大的优势,它在每次请求时重新把资源包含进来。在实现文件包含上,应该尽可能地使用 include 动作。

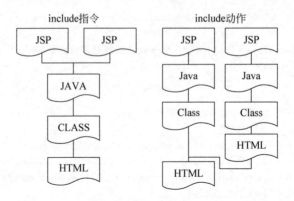

图 10-4　include 指令和动作实现复合页面的工作流程图

include 动作相比于 include 指令在维护上有着明显优势,而 include 指令仍然能够得以存在,自然在其他方面有特殊的优势。这个优势就是 include 指令的功能更强大,执行速度也稍快。include 指令允许所包含的文件中含有影响主页面的 JSP 代码,比如响应报送的设置和属性方法的定义。

10.3.3　useBean 动作

引用并调用 JavaBean 的方法和属性是 JSP 开发时必须面对的主要任务。当然可以使用常规的做法,在 Java 脚本代码中使用 new 来创建 JavaBean 对象,然后取得它的引用,进而调用它的方法。

JSP 为简化调用 JavaBean,提供了 useBean 动作标记,使得不必使用 Java 脚本代码,而使用标记方式就可以取得 JavaBean 的对象引用。

1. useBean 动作语法

JSP useBean 的语法如下:

< jsp:useBean id = "变量名" class = "包名.类名" scope = "范围" />

其中:id 属性指定 JavaBean 对象的变量名;class 属性指定 JavaBean 的类型,即包.类名;scope 指定将 JavaBean 保存的范围对象,有 page,request,session,application 4 种。如果没有指定 scope 属性,则默认为 page 范围。

在使用 useBean 动作之前,要创建 JavaBean 类 User,注意类的包要求与 useBean 动作中的包相同,该类代码如程序 10-3 所示。

程序 10-3　User.java

```
package com.city.oa.value;
import java.io.Serializable;
//用户 Bean 类
public class User implements Serializable
```

```java
{
    private String id = null;                    //账号
    private String password = null;              //密码
    private String name = null;                  //姓名
    private int age = 0;                         //年龄
    //
    public String getId() {
        return id;
    }
    public void setId(String id) {
        this.id = id;
    }
    public String getPassword() {
        return password;
    }
    public void setPassword(String password) {
        this.password = password;
    }
    public String getName() {
        return name;
    }
    public void setName(String name) {
        this.name = name;
    }
    public int getAge() {
        return age;
    }
    public void setAge(int age) {
        this.age = age;
    }
}
```

如下代码将创建或取得指定 JavaBean 的对象,并保存在 request 对象中:

```
<jsp:useBean id = "user" class = "com.city.oa.value.User" scope = "request" />
```

使用了 useBean 取得 JavaBean 对象的引用后,在此 JSP 页面中就可以随时使用此定义的 JavaBean 对象名。

2. useBean 动作的优点

通过使用 JSP 中的 Java 脚本代码,也可以创建并取得 JavaBean 对象的引用,如下代码所示:

```
<% User user = new User(); %>
```

而使用 useBean 也能取得 JavaBean 的对象引用,如:

```
<jsp:useBean id = "user" class = "com.city.oa.value.User" scope = "request" />
```

那么二者有什么区别呢?

使用 Java 脚本创建 JavaBean,只能在本页面中使用,且每次都是创建新的 JavaBean 对象，对象本身不会保存到任何范围对象中。

而使用 useBean 动作，每次都是先到指定的范围内查找是否有 id 属性指定的对象，如果找到则直接使用该对象，否则创建新的对象，并保存到 scope 对象中。useBean 动作代码：

<jsp:useBean id="user" class="com.city.oa.value.User" scope="request" />相当于如下 Java 脚本：

```
<%
    User user = (User)request.getAttribute("user");
    if(user == null)
    {
        user = new User();
        request.setAttribute("user",user);
    }
%>
```

由此可见，useBean 动作是先查找，后创建，并且是没有以后才创建新的 Bean 对象。可以使用 useBean 引用 Servlet 转发过来的 Bean 对象，只要这些对象保存在 scope 对象中，如 request，session 或 application 中，实现 Servlet 到 JSP 的数据和对象传递。这是使用脚本直接创建 1 个 Bean 对象所不具备的功能。

引用 Bean 对象后，可以用 setProperty 和 getProperty 动作进行属性的设置和取得。

10.3.4　setProperty 动作

用于设定 useBean 动作取得的 Bean 对象的属性。相当于执行 Bean 对象的 setXxx 方法。

其语法为：

<jsp:setProperty name="beanid" name="属性名" value="值" />

如下例子：

<jsp:useBean id="user" class="com.city.oa.value.User" scope="request" />
<jsp:setProperty name="user" name="name" value="吴明" />

将设置 user 对象的属性 name 值为吴明。

10.3.5　getProperty 动作

与 setProperty 动作对应，getProperty 动作取得 Bean 对象指定的属性值，并显示在此动作所在的位置。

getProperty 动作语法：

<jsp:getProperty name="beanid" property="属性名" />

其中 name 指定 bean 对象的名称，与 useBean 动作的 id 值对应；property 指定属性名，与 JavaBean 的 getXxx 方法对应。

应用例子如下：

```
<jsp:useBean id = "user" class = "com.city.oa.value.User" scope = "request" />
<jsp:setProperty name = "user" name = "name" value = "吴明" />
用户名：<jsp:getProperty name = "user" property = "name" /><br/>
```

首先使用 useBean 创建 Bean 引用，接下来使用 setProperty 动作设置 Bean 的属性 name，最后使用 getProperty 取得 Bean 的属性 name 的值并显示。

10.3.6 forward 动作

forward 动作把请求转到另外的页面。
转发动作的语法如下。

1. 无嵌入参数的转发动作

```
<jsp:forward page = "URL" />
```

此语法用于不向转发目标传递参数。

2. 有嵌入参数的转发动作

```
<jsp:forward page = "URL" >
    <jsp:param name = "参数名" value = "值" />
    ...
</jsp:forward>
```

此语法用于传递参数到目标转发地址。

jsp:forward 标记只有一个属性 page，page 属性包含的是一个相对 URL，表示要转发的目标地址。

转发动作的例子如下。

1. 不传递参数转发

```
<jsp:forward page = "main.jsp" />
```

此动作将转发到同目录下的 main.jsp 页面。

2. 传递参数转发

```
<jsp:forward page = "main.jsp" >
    <jsp:param name = "id" value = "9001" />
    <jsp:param name = "password" value = "9002" />
</jsp:forward>
```

此转发动作也将转发到同目录下的 main.jsp 文件，但传递两个参数，分别是 id 和 password，在 main.jsp 页面中可以通过 request 取得传递的参数的值。

10.3.7 param 动作

param 动作是唯一不能单独使用的动作，它需要嵌套在其他动作中，为其他动作提供参数。它可以嵌入到 include，forward 动作中为目标地址提供参数。

param 动作的语法为：

<jsp:param name = "参数名" value = "值" />

每个 param 动作定义 1 个参数，当需要多个参数时，可以使用多个 param 动作。
前面的例子：

```
<jsp:forward page = "main.jsp">
    <jsp:param name = "id" value = "9001" />
    <jsp:param name = "password" value = "9002" />
</jsp:forward>
```

即使用 param 动作为 forward 动作提供参数。

10.4　JSP 脚本

JSP 脚本标记用于在 JSP 页面中嵌入 Java 代码，实现页面业务所需的功能和数据输出。但在现代软件项目开发中，尤其是使用 MVC 模式的架构中，JSP 页面基本不使用 Java 脚本代码，取而代之的是各种标记，如 JSTL，EL 表达式等。但学习 JSP 还是需要了解 JSP 的各种脚本。

10.4.1　JSP 脚本类型

JSP 中可以放置的 Java 脚本有 4 种，它们分别是：
(1) 代码脚本：用于嵌入 Java 代码。
(2) 表达式脚本：用于输出 Java 表达式的值。
(3) 声明脚本：用于声明 JSP 类变量和方法。
(4) 注释脚本：在 JSP 服务器端进行注释。

10.4.2　代码脚本

代码脚本用于在 JSP 中编写 Java 代码，代码脚本中编写代码与 Java 类的方法中书写代码一样。

嵌入脚本的语法为：

```
<%   Java 代码；    %>
```

此脚本代码可以放置在 JSP 页面任何位置，可以同时嵌入多个脚本代码段，但它们都表示在一个方法内，属于一个代码端。因此一个脚本内定义的变量，另一个脚本可以使用。
在代码脚本中定义的变量都是方法内的局部变量，类似于在 Servlet 的 doGet 方法中定义的变量，未初始化就进行使用是非法的。
程序 10-4 的 JSP 代码展示了 Java 脚本代码的使用，JSP 页面中 Java 代码直接连接数据库，显示表中的记录列表。

程序 10-4　main.jsp

```
<%@ page language = "java" import = "java.util.*,java.sql.*" pageEncoding = "GBK" %>
<!DOCTYPE HTML PUBLIC "-//W3C//DTD HTML 4.01 Transitional//EN">
```

```jsp
<html>
  <head>
    <title>员工显示</title>
    <meta http-equiv="pragma" content="no-cache">
    <meta http-equiv="cache-control" content="no-cache">
    <meta http-equiv="expires" content="0">
    <meta http-equiv="keywords" content="keyword1,keyword2,keyword3">
    <meta http-equiv="description" content="This is my page">
  </head>
  <body>
    <table width="100%" border="0">
      <tr bgcolor="#99FFFF">
        <td width="25%"><div align="center">账号</div></td>
        <td width="25%"><div align="center">姓名</div></td>
        <td width="14%"><div align="center">入职日期</div></td>
        <td width="14%">操作</td>
      </tr>
      <%
        Connection cn = null;
        try  {
            Class.forName("sun.jdbc.odbc.JdbcOdbcDriver");
            cn = DriverManager.getConnection("jdbc:odbc:cityoa");
            String sql = "select * from EMP";
            PreparedStatement ps = cn.prepareStatement(sql);
            ResultSet rs = ps.executeQuery();
            while(rs.next())
            {
                String id = rs.getString("EMPID");
      %>
      <tr>
        <td><span class="style2"><a href="toview.do?id=<%=id%>"><%=id%></a></span></td>
        <td><span class="style2"><%=rs.getString("name")%></span></td>
        <td><span class="style2">2006-03-19</span></td>
        <td><span class="style2"><a href="toModofy.do?id=<%=id%>">修改</a><a href="toDelete.do?id=<%=id%>">删除</a></span></td>
      </tr>
      <%
          }
        }  catch(Exception e)   {
      %>
      <tr>
        <td><span class="style2">出现错误：</span></td>
        <td><span class="style2"><%=e.getMessage()%></span></td>
        <td><span class="style2"></span></td>
        <td><span class="style2"><a href="login.jsp">返回</a></span></td>
      </tr>
      <%
        } finally {
            cn.close();
        }
```

```
        %>
    </table>
  </body>
</html>
```

先配置好数据源,连接到此数据库,请求此 JSP,显示所有的员工列表,如图 10-5 所示。

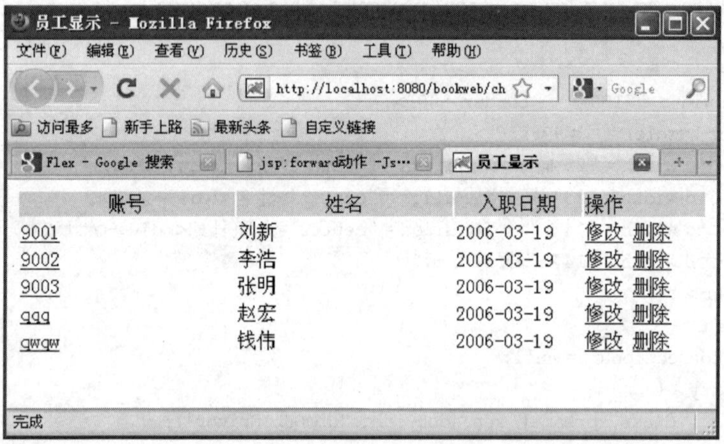

图 10-5 代码脚本案例页面显示

由程序 10-4 可以看到,JSP 页面嵌入过多 Java 代码脚本,导致 JSP 页面臃肿复杂,没有使用 JSTL 标记简洁轻巧。

10.4.3 表达式脚本

当要在 JSP 页面上输出 Java 脚本中变量的值时,就需要使用表达式脚本,它将计算包含的表达式的值,然后输出在表达式脚本所在的位置。

表达式脚本语法为:

```
<% = 表达式 %>
```

要特别注意的是,表达式后不能有分号,=号与<%之间不能有空格。

在上面的代码脚本案例中也使用了表达式脚本,用于输出 Java 对象的值,如:

```
<% = rs.getString("NAME") %>
```

将输出结果即当前记录的 NAME 字段值。

10.4.4 声明脚本

JSP 声明脚本用于声明 JSP 页面的类变量和方法。由于 JSP 在运行时会转换为 Servlet 类,声明的脚本部分会成为类中定义的一部分。

声明语法为:

```
<%!  声明脚本   %>
```

声明脚本中只能定义变量和方法,不能单独写 Java 代码。
如下声明脚本是正确的:

```jsp
<%!
    int num = 0;
    public void addNum()
    {
        num ++ ;
    }
%>
```

而如下代码是包含错误的:

```jsp
<%!
    int num = 0;
    num ++ ;                                     //声明脚本中不能直接有非声明代码
    public void addNum()
    {
        num ++ ;
    }
%>
```

如程序 10-5 所示的 JSP 页面代码中声明脚本和代码脚本结合,分别声明了 JSP 类变量和局部变量,通过每次请求进行累计,通过请求此 JSP 可以看到声明脚本中变量和代码脚本中变量的区别。

程序 10-5　main01.jsp

```jsp
<%@ page language="java" import="java.util.*" pageEncoding="GBK"%>
<!DOCTYPE HTML PUBLIC "-//W3C//DTD HTML 4.01 Transitional//EN">
<html>
  <head>
    <title>声明脚本和代码脚本区别</title>
  </head>
<%-- 声明类变量和类方法 --%>
<%!
  int num00 = 0;
  public void addNum00()
  {
    num00 ++ ;
  }
%>
<%-- 声明局部变量 --%>
<%
  int num01 = 0;
  addNum00();
  num01 ++ ;
%>
 <body>
   <h1>验证计数器</h1>
   <hr/>
   NUM00 = <%= num00 %><br/>
```

```
NUM01 = <% = num01 %><br/>
<hr/>
</body>
</html>
```

对此 JSP 页面进行多次访问，访问页面输出如图 10-6 所示。

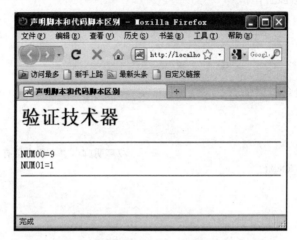

图 10-6　声明脚本和代码脚本使用区别页面输出

可以看到，声明的类变量只执行初始化一次，以后进行累计，而脚本代码中声明的变量每次都赋值为初值，无法进行累加。

10.4.5　注释脚本

易于理解和清晰的注释永远都是非常重要的，开发 JSP 页面也是如此。
在 JSP 中可以使用 HTML 格式的注释，即：

```
<!-- 注释 -->
```

但是，使用 HTML 注释是不安全的，不要放置关键信息，因为 HTML 注释是随着 JSP 生成的 HTML 响应下载到客户端浏览器的，客户可以看到。

而 JSP 的注释脚本，是服务器端技术，在服务器端处理，不会发送到客户端，因此比较安全。
JSP 注释脚本的语法为：

```
<%--
    注释内容
--%>
```

例子如下：

```
<%-- 声明局部变量 --%>
```

10.5　JSP 内置对象

JSP 作为 Web 组件，为和 Web 容器和其他 Web 组件进行通信和协作，提供了内置的与 HTTP 请求和响应相关的对象，方便与其他 Web 组件协作和信息共享。这些对象不需要定义和引用,在 JSP 代码脚本和表达式脚本中可以直接使用。

JSP 提供了 9 种内置对象。它们分别与 Servlet API 中的类和接口对应,它们是:

(1) request:请求对象;

(2) response:响应对象;

(3) session:会话对象;

(4) application:应用服务器对象;

(5) page:JSP 本身页面类对象;

(6) pageContext:页面级环境变量,作为页面级容器;

(7) out:输出对象;

(8) exception:异常对象;

(9) config:配置对象,用于读取 Web.xml 的配置信息。

10.5.1 请求对象 request

JSP 内置对象 request,即请求对象,与 Servlet 中传递的请求对象为同一个,它的类型是 javax.servlet.http.HttpServletRequest。

它的功能方法与第 4 章的请求对象完全相同,请求对象在 JSP 脚本中可以直接使用,不要事先声明和定义。

当 Servlet 转发到 JSP 时,JSP 中的 request 对象可以与 Servlet 共用请求对象。

下面为请求对象的常见方法。

(1) object getAttribute(String name) 返回指定属性的属性值。

(2) Enumeration getAttributeNames() 返回所有可用属性名的枚举。

(3) String getCharacterEncoding() 返回字符编码方式。

(4) int getContentLength() 返回请求体的长度(以字节数)。

(5) String getContentType() 得到请求体的 MIME 类型。

(6) ServletInputStream getInputStream() 得到请求体中 1 行的二进制流。

(7) String getParameter(String name) 返回 name 指定参数的参数值。

(8) Enumeration getParameterNames() 返回可用参数名的枚举。

(9) String[] getParameterValues(String name) 返回包含参数 name 的所有值的数组。

(10) String getProtocol() 返回请求用的协议类型及版本号。

(11) String getScheme() 返回请求用的计划名,如 http,https 及 ftp 等。

(12) String getServerName() 返回接受请求的服务器主机名。

(13) int getServerPort() 返回服务器接受此请求所用的端口号。

(14) BufferedReader getReader() 返回解码过了的请求体。

(15) String getRemoteAddr() 返回发送此请求的客户端 IP 地址。

(16) String getRemoteHost() 返回发送此请求的客户端主机名。

(17) void setAttribute(String key,Object obj) 设置属性的属性值。

(18) String getRealPath(String path) 返回虚拟路径的真实路径。

程序 10-6 的 request01.jsp 页面为使用 request 的例子,请比较内置对象 request 和 Servlet 中的请求对象参数的使用。

程序 10-6 request01.jsp

```jsp
<%@ page contentType="text/html;charset=GBK" %>
<% request.setCharacterEncoding("GBK"); %>
<html>
<head>
<title>request对象应用案例</title>
</head>
<body bgcolor="#FFFFF0">
<form action="" method="post">
    <input type="text" name="username">
    <input type="submit" value="提交">
</form>
请求方式:<%=request.getMethod()%><br>
请求的资源:<%=request.getRequestURI()%><br>
请求用的协议:<%=request.getProtocol()%><br>
请求的文件名:<%=request.getServletPath()%><br>
请求的服务器的IP:<%=request.getServerName()%><br>
请求服务器的端口:<%=request.getServerPort()%><br>
客户端IP地址:<%=request.getRemoteAddr()%><br>
客户端主机名:<%=request.getRemoteHost()%><br>
表单提交来的值:<%=request.getParameter("username")%><br>
</body>
</html>
```

部署包含此 JSP 页面的 Web 应用,请求 JSP,在文本框中输入任意信息,提交后,重新显示此 JSP 页面,如图 10-7 所示。

此案例展示在 JSP 内部使用 request 对象取得客户端信息的方法。

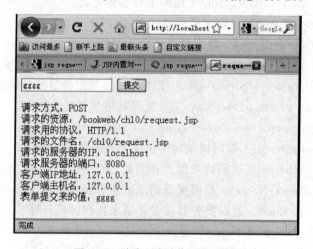

图 10-7 请求对象案例 JSP 输出

10.5.2 响应对象 response

内置响应对象 response 用于向客户端发送响应。JSP 页面本身使用文本方式实现 HTTP 响应,因此在 JSP 内部 response 对象没有像 Servlet 中响应对象使用那么频繁,在

JSP 中实现响应,直接将响应内容写在 JSP 页面就可以了,不需要使用响应对象取得 PrintWriter 对象,再进行响应输出。

响应对象 response 对应 Servlet 的 javax.servlet.http.HttpServletResponse,JSP 页面内 response 对象使用不是很多。

如下为 response 对象的主要方法:
(1) String getCharacterEncoding() 返回响应用的是何种字符编码。
(2) ServletOutputStream getOutputStream() 返回响应的一个二进制输出流。
(3) PrintWriter getWriter() 返回可以向客户端输出字符的一个对象。
(4) void setContentLength(int len) 设置响应头长度。
(5) void setContentType(String type) 设置响应的 MIME 类型。
(6) sendRedirect(java.lang.String location) 重新定向客户端的请求。

10.5.3 会话对象 session

JSP 的 session 内置对象与其他 Web 组件如 JSP 和 Servlet 共用会话对象,它对应 Servlet 中的 javax.servlet.http.HttpSession。

JSP 页面内可以使用 page 指令<%@ page session="true|false" %>来指示此 JSP 页面是否可以使用 session 内置对象,如果为 false 则屏蔽 session 对象。

在 Servlet 中必须通过编程才能得到 session 对象,如:

HttpSession session = request.getSession();

而在 JSP 内部,可以直接使用 session 对象,因此 JSP 在运行时,内部代码自动执行了与 Servlet 相似的语句,并取得 session 对象,赋值到内置对象 session 中。

Session 对象的主要方法如下:
(1) long getCreationTime() 返回 session 创建时间。
(2) public String getId() 返回 session 创建时 JSP 引擎为它设的唯一 ID 号。
(3) long getLastAccessedTime() 返回此 session 中客户端最近一次请求时间。
(4) int getMaxInactiveInterval() 返回两次请求间隔多长时间此 session 被取消(ms)。
(5) String[] getValueNames() 返回一个包含此 session 中所有可用属性的数组。
(6) void invalidate() 取消 session,使 session 不可用。
(7) boolean isNew() 返回服务器创建的一个 session,客户端是否已经加入。
(8) void removeValue(String name) 删除 session 中指定的属性。
(9) void setMaxInactiveInterval() 设置两次请求间隔多长时间此 session 被取消(ms)。

程序 10-7 为 session 对象使用案例的 JSP 页面。

程序 10-7 session.jsp

```
<%@ page contentType="text/html;charset=GBK" %>
<%@ page import="java.util.*" %>
<html>
<head><title>session 对象应用案例</title><head>
<body><br>
    session 的创建时间:<%=session.getCreationTime()%>  <%=new Date
```

```
            (session.getCreationTime())%><br><br>
        session的ID号:<% = session.getId()%><br><br>
        客户端最近一次请求时间:<% = session.getLastAccessedTime()%> <% = new java.sql.
Time(session.getLastAccessedTime())%><br><br>
        两次请求间隔多长时间此session被取消(ms):<% = session.getMaxInactiveInterval()%>
<br><br>
        是否是新创建的一个session:<% = session.isNew()?"是":"否"%><br><br>
<%
    session.setAttribute("usename","吴名");
    session.setAttribute("tel","0411 - 89897898");
%>
<%
    Enumeration e = session.getAttributeNames();
    while(e.hasMoreElements())
    {
        String name = (String)e.nextElement();
%>
<% = name %>=<% = session.getAttribute(name) %><br/>
<%  }  %>
</body>
</html>
```

请求该页面,响应输出如图10-8所示。

图10-8   session对象案例JSP响应输出

10.5.4 服务器环境对象 application

application 即 Web 应用环境对象,对应 Servlet 中的 javax.servlet.ServletContext 对象实例。当 Web 应用启动后,该对象自动创建,Web 应用停止时,该对象被清除。

application 对象的主要功能是作为 Web 级的容器,用于保存整个 Web 应用各 Web 组件之间需要共享的数据。

application 的其他功能是取得 Web 应用的基本信息,如 Web 容器的产品信息、支持的 Servlet 的版本、外部资源文件、Web 元素的绝对物理目录等。

新的 Java EE 规范在 application 对象中增加了日志的输出功能。

如下为 application 对象的主要功能，每个功能的详细应用，请参阅第 7 章内容。

(1) Object getAttribute(String name) 返回给定名的属性值。

(2) Enumeration getAttributeNames() 返回所有可用属性名的枚举。

(3) void setAttribute(String name,Object obj) 设定属性的属性值。

(4) void removeAttribute(String name) 删除属性及其属性值。

(5) String getServerInfo() 返回 JSP 引擎名及版本号。

(6) String getRealPath(String path) 返回虚拟路径的真实路径。

(7) ServletContext getContext(String uripath) 返回指定 WebApplication 的 application 对象。

(8) int getMajorVersion() 返回服务器支持的 Servlet API 的最大版本号。

(9) int getMinorVersion() 返回服务器支持的 Servlet API 的最小版本号。

(10) String getMimeType(String file) 返回指定文件的 MIME 类型。

(11) URL getResource(String path) 返回指定资源（文件及目录）的 URL 路径。

(12) InputStream getResourceAsStream(String path) 返回指定资源的输入流。

(13) RequestDispatcher getRequestDispatcher(String uripath) 返回指定资源的 RequestDispatcher 对象。

(14) Servlet getServlet(String name) 返回指定名的 Servlet。

(15) Enumeration getServlets() 返回所有 Servlet 的枚举。

(16) Enumeration getServletNames() 返回所有 Servlet 名的枚举。

(17) void log(String msg) 把指定消息写入 Servlet 的日志文件。

(18) void log(Exception exception,String msg) 把指定异常的栈轨迹及错误消息写入 Servlet 的日志文件。

(19) void log(String msg,Throwable throwable) 把栈轨迹及给出的 Throwable 异常的说明信息写入 Servlet 的日志文件。

程序 10-8 为演示 application 对象使用的 JSP 页面。

程序 10-8 application.jsp

```
<%@ page contentType = "text/html;charset = gb2312" %>
<html>
<head><title>APPLICATION 对象_例 1</title><head>
<body><br>
JSP(SERVLET)容器及版本号:<% = application.getServerInfo() %><br><br>
返回/application01.jsp 虚拟路径的真实路径:<% = application.getRealPath("/application01.jsp") %><br><br>
Web 容器支持的 Servlet API 的大版本号:<% = application.getMajorVersion() %><br><br>
Web 容器支持的 Servlet API 的小版本号:<% = application.getMinorVersion() %><br><br>
指定资源(文件及目录)的 URL 路径:<% = application.getResource("/application1.jsp") %><br>
<br>
<br><br>
<%
    application.setAttribute("username","吴明");
    out.println(application.getAttribute("username"));
```

```
            application.removeAttribute("username");
            out.println(application.getAttribute("username"));
        %>
    </body>
</html>
```

在此 JSP 页面中使用了 application 对象的容器功能，保存用户名称到 application，并取出显示，最后执行了属性删除。

同时可以看到通过 application 对象可以得到 Web 容器的基本信息，包括服务器名称、文件的物理目录地址和 Servlet 的版本等信息。

此 JSP 页面的响应输出如图 10-9 所示。

图 10-9　application 对象应用案例 JSP 响应输出

10.5.5　页面对象 page

page 对象就是指向当前 JSP 页面本身，有点像类中的 this 指针，它是 java.lang.Object 类的实例。在 JSP 编程中应用较少。

它的主要方法如下：

（1）class getClass 返回此 Object 的类。

（2）int hashCode() 返回此 Object 的 hash 码。

（3）boolean equals(Object obj) 判断此 Object 是否与指定的 Object 对象相等。

（4）void copy(Object obj) 把此 Object 拷贝到指定的 Object 对象中。

（5）Object clone() 克隆此 Object 对象。

（6）String toString() 把此 Object 对象转换成 String 类的对象。

（7）void notify() 唤醒一个等待的线程。

（8）void notifyAll() 唤醒所有等待的线程。

（9）void wait(int timeout) 使一个线程处于等待直到 timeout 结束或被唤醒。

（10）void wait() 使一个线程处于等待直到被唤醒。

（11）void enterMonitor() 对 Object 加锁。

（12）void exitMonitor() 对 Object 开锁。

10.5.6 页面环境对象 pageContext

pageContext 对象提供了对 JSP 页面内所有对象及名字空间的访问,它可以访问到本页所在的 Session,也可以取本页面所在的 application 的某一属性值,它相当于 JSP 页面的所有 scope 对象的集成,它本身类名也叫 pageContext。

pageContext 对象的主要方法如下:

(1) JSPWriter getOut() 返回当前客户端响应被使用的 JSPWriter 流(out)。
(2) HttpSession getSession() 返回当前页中的 HttpSession 对象(session)。
(3) Object getPage() 返回当前页的 Object 对象(page)。
(4) ServletRequest getRequest() 返回当前页的 ServletRequest 对象(request)。
(5) ServletResponse getResponse() 返回当前页的 ServletResponse 对象(response)。
(6) Exception getException() 返回当前页的 Exception 对象(exception)。
(7) ServletConfig getServletConfig() 返回当前页的 ServletConfig 对象(config)。
(8) ServletContext getServletContext() 返回当前页的 ServletContext 对象(application)。
(9) void setAttribute(String name,Object attribute) 设置属性及属性值。
(10) void setAttribute(String name,Object obj,int scope) 在指定范围内设置属性及属性值。
(11) public Object getAttribute(String name) 取属性的值。
(12) Object getAttribute(String name,int scope) 在指定范围内取属性的值。
(13) public Object findAttribute(String name) 寻找一属性,返回其属性值或 NULL。
(14) void removeAttribute(String name) 删除某属性。
(15) void removeAttribute(String name,int scope) 在指定范围删除某属性。
(16) int getAttributeScope(String name) 返回某属性的作用范围。
(17) Enumeration getAttributeNamesInScope(int scope) 返回指定范围内可用的属性名枚举。
(18) void release() 释放 pageContext 所占用的资源。
(19) void forward(String relativeUrlPath) 使当前页面重导向到另一页面。
(20) void include(String relativeUrlPath) 在当前位置包含另一文件。

10.5.7 输出对象 out

out 内置对象即 JSP 页面向浏览器发出响应流 PrintWriter 的实例对象,通过 out 的 print 或 println 方法向浏览器发送文本响应。

但 JSP 页面可以直接放入响应文本,使用 out 反而繁琐,因此 JSP 页面中基本不使用 out 进行文本响应。

10.5.8 异常对象 exception

异常对象 exception 是 java.lang.Exception 类实例,封装 JSP 页面出现的异常信息。此内置对象只有在 JSP 的 page 指令中设定属性 isErrorPage 为 true 时,才能使用,设置指令如下：

```
<%@ page isErrorPage="true" %>
```

标示此属性为 true 的页面为错误信息显示页面，可以使用内置的异常对象 exception。

程序 10-9 为运行时有异常的 JSP 页面，通过 page 指令设定当异常发生时，自动转发到程序 10-10 error.jsp 页面，进行错误信息显示。

程序 10-9 exception01.jsp

```jsp
<%@ page language="java" errorPage="error.jsp" import="java.util.*" pageEncoding="GBK"%>
<!DOCTYPE HTML PUBLIC "-//W3C//DTD HTML 4.01 Transitional//EN">
<html>
  <head>
    <title>测试 exception 内置对象的案例</title>
  </head>
  <body><br>
    <%
      int m = 0;
      int n = 0;
      int s = m/n;                            //此语句会产生异常
    %>
  </body>
</html>
```

程序 10-10 error.jsp

```jsp
<%@ page language="java" isErrorPage="true" import="java.util.*" pageEncoding="GBK"%>
<!DOCTYPE HTML PUBLIC "-//W3C//DTD HTML 4.01 Transitional//EN">
<html>
  <head>
    <title>异常显示页面</title>
  </head>
  <body>
    <h1>异常信息显示</h1>
    错误原因:<%= exception.getMessage() %>
  </body>
</html>
```

在此页面中通过设定 isErrorPage="true" 为错误处理页面，调用 exception 对象的 getMessage() 方法取得错误消息。

请求包含错误的页面 exception01.jsp，响应输出如图 10-10 所示。

通过设定 errorPage="error.jsp" 方式实现页面跳转，使用的是转发方式，而不是重定向模式，这一点要牢记。

图 10-10　异常对象应用 JSP 页面响应输出

10.5.9　配置对象 config

config 对象提供了对每一个给定的服务器小程序或 JSP 页面的 javax.servlet.ServletConfig 对象的访问。它封装了初始化参数以及一些使用方法。作用范围是当前页面，被包含到别的页面无效。JSP 中的 config 对象作用很少，因为 JSP 本身没有配置信息，无法得到 JSP 配置的初始参数，而在 Servlet 编程中则可以得到 Servlet 配置的初始参数。

Config 对象的主要方法如下：

（1）ServletContext getServletContext() 返回含有服务器相关信息的 ServletContext 对象。

（2）String getInitParameter(String name) 返回初始化参数的值。

（3）Enumeration getInitParameterNames() 返回 Servlet 初始化所需所有参数的枚举。

要得到 JSP 的配置信息，需要为 JSP 做一个 Servlet 配置。配置 JSP 的 Servlet 的代码如下：

```
<servlet>
    <servlet-name>admin</servlet-name>
    <jsp-file>/ch10/config.jsp</jsp-file>
    <init-param>
        <param-name>driverName</param-name>
        <param-value>sun.jdbc.odbc.JdbcOdbcDriver</param-value>
    </init-param>
</servlet>
<servlet-mapping>
    <servlet-name>admin</servlet-name>
    <url-pattern>/ch10/config.jsp</url-pattern>
</servlet-mapping>
```

为取得配置的初始参数的 JSP 页面/ch10/config.jsp 的代码如程序 10-11 所示。

程序 10-11　config.jsp

```
<%@ page language="java" import="java.util.*" pageEncoding="GBK" %>
<!DOCTYPE HTML PUBLIC "-//W3C//DTD HTML 4.01 Transitional//EN">
<html>
```

```
<head>
  <title>config对象应用案例</title>
</head>
<body>
  参数：<% = config.getInitParameter("driverName") %>
</body>
</html>
```

访问此 JSP 页面，输出响应如图 10-11 所示。

图 10-11　config 对象应用 JSP 页面响应输出

10.6　JSP 应用实例：使用脚本和动作显示数据库记录列表

在此案例中将结合 JavaBean 和 JSP，由 JavaBean 负责取得数据库员工列表。在 JSP 页面中使用 useBean 动作定义 JavaBean 对象，调用 Bean 对象的方法，取得所有员工列表，使用 JSP 代码脚本和表达式脚本进行列表显示。

10.6.1　设计与编程

1. 封装员工表的 JavaBean

为了保存数据库表 EMP 中的每个员工信息，设计 1 个 JavaBean 类，封装员工表的每个字段。员工表的信息如表 10-1 所示，本案例使用 SQL Server 数据库，如果使用其他类型的数据库请参阅对应的数据类型。

表 10-1　员工表 EMP 字段

字段名	类型	约束	说明
EMPID	Varchar(20)	主键	员工账号
PASSWORD	Varchar(20)	非空	密码
NAME	Varchar(50)	非空	姓名
AGE	INT		年龄

封装此表记录的 JavaBean 类如程序 10-12 所示。

程序 10-12　EmployeeValue.java

```java
package com.city.oa.value;
//员工记录封装类
public class EmployeeValue
{
    private String id = null;
    private String password = null;
    private String name = null;
    private int age = 0;

    public String getId() {
        return id;
    }
    public void setId(String id) {
        this.id = id;
    }
    public String getPassword() {
        return password;
    }
    public void setPassword(String password) {
        this.password = password;
    }
    public String getName() {
        return name;
    }
    public void setName(String name) {
        this.name = name;
    }
    public int getAge() {
        return age;
    }
    public void setAge(int age) {
        this.age = age;
    }
}
```

从此程序可见,需要给每个字段定义 1 个私有属性,同时给每个属性定义 1 对 get/set 方法,符合典型的 JavaBean 规范。

2. 连接数据库取得员工列表的 JavaBean

为连接数据库并取出员工的所有记录,开发 1 个完成此功能的 JavaBean,在实际项目中这个 JavaBean 可以称为业务类或数据存取类(Data Access Object,DAO)。它完成连接数据库、执行 Select 查询,并将每个记录的字段值从结果集中读出写入到上面的 JavaBean 封装类中,将代表每个员工的 JavaBean 保存到 List 容器中,返回所有员工的列表对象。此 JavaBean 代码如程序 10-13 所示。

程序 10-13 EmployeeBusiness.java

```java
package com.city.oa.dao.impl;
import java.util.*;
import java.sql.*;
//员工功能 JavaBean
public class EmployeeBusiness
{
  //取得所有员工列表
  public List getList() throws Exception
  {
    List empList = new ArrayList();
    String sql = "select * from EMP";
    Connection cn = null;
    try
    {
      Class.forName("sun.jdbc.odbc.JdbcOdbcDriver");
      cn = DriverManager.getConnection("jdbc:odbc:cityoa");
      PreparedStatement ps = cn.prepareStatement(sql);
      ResultSet rs = ps.executeQuery();
      while(rs.next())
      {
        EmployeeValue ev = new EmployeeValue();
        ev.setId(rs.getString("EMPID"));
        ev.setPassword(rs.getString("Password"));
        ev.setName(rs.getString("NAME"));
        ev.setAge(rs.getInt("AGE"));
        empList.add(ev);
      }
      rs.close();
      ps.close();
    }
    catch(Exception e)
    {
      throw new Exception("取得员工列表错误:" + e.getMessage());
    }
    finally
    {
      cn.close();
    }
    return empList;
  }
}
```

3. 调用 JavaBean 业务方法显示员工列表的 JSP 页面

显示员工列表的 JSP 页面代码如程序 10-14 所示。页面中使用 useBean 动作取得业务对象的引用,在 Java 代码脚本中调用业务对象的方法,取得员工的列表 List 对象,对其进行遍历,显示出所有员工的记录列表。

程序10-14 /employee/employeeList.jsp

```jsp
<%@ page language="java" import="java.util.*,com.city.oa.value.*" pageEncoding="GBK"%>
<!DOCTYPE HTML PUBLIC "-//W3C//DTD HTML 4.01 Transitional//EN">
<html>
<head>
<meta http-equiv="Content-Type" content="text/html; charset=gb2312">
<title>员工管理主菜单</title>
<link rel="stylesheet" type="text/css" href="../css/site.css">
</head>
<body>
<jsp:useBean id="emp" class="com.city.oa.dao.impl.EmployeeBusiness" scope="application" />
<%
    List empList = emp.getList();
%>
<jsp:include page="../common/top.jsp"></jsp:include>
<table width="100%" height="200" border="0">
  <tr>
    <td width="19%" valign="top" bgcolor="#99FFFF">
      <jsp:include page="../common/left.jsp"></jsp:include>
    </td>
    <td width="81%" valign="top"><table width="100%" border="0">
      <tr>
        <td><span class="style4">首页-&gt;新闻管理</span></td>
        <td></td>
      </tr>
    </table>
    <table width="100%" border="0">
      <tr bgcolor="#99FFFF">
        <td width="25%"><div align="center">账号</div></td>
        <td width="25%"><div align="center">姓名</div></td>
        <td width="14%"><div align="center">年龄</div></td>
        <td width="14%">操作</td>
      </tr>
      <%
        for(Object o:empList)
        {
           EmployeeValue ev = (EmployeeValue)o;
      %>
      <tr>
        <td><span class="style2"><a href="toview.do?id=<%=ev.getId() %>"><%=ev.getId() %></a></span></td>
        <td><span class="style2"><%=ev.getName() %></span></td>
        <td><span class="style2"><%=ev.getAge() %></span></td>
        <td><span class="style2"><a href="toModofy.do?id=<%=ev.getId() %>">修改</a> <a href="toDelete.do?id=<%=ev.getId() %>">删除</a></span></td>
      </tr>
      <%
        }
      %>
```

```
        </table>
        <span class = "style2"><a href = "toAdd.do">增加员工</a></span>
        </td>
    </tr>
</table>
<jsp:include page = "../common/bottom.jsp"></jsp:include>
</body>
</html>
```

10.6.2 项目部署和测试

将包含以上 JavaBean 和 JSP 页面的 Web 部署到 Tomcat 上，启动 Tomcat 后，访问 /employee/employeeList.jsp，得到员工的列表，同时采用 include 动作嵌入顶部、左部和底部的公共页面。JSP 显示输出如图 10-12 所示。

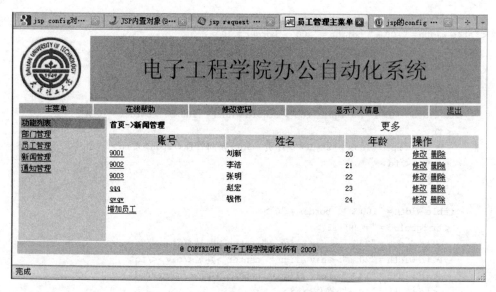

图 10-12　JSP 综合案例 JSP 页面响应输出

由于采用 include 动作嵌入公共页面，主 JSP 页面代码明显减少，有利于 JSP 页面的维护。目前 JSP 页面的主要缺点是 Java 脚本代码过多，导致页面杂乱，未来应该使用自定义标记如 JSTL 替代 Java 代码和表达式脚本，实现 JSP 页面代码的规范化和简单化，即只含有标记，没有 Java 代码。

习　题　10

1．思考题

（1）比较 JSP 和 Servlet 的相同点和不同点。
（2）简述 JSP 的执行过程。
（3）简述 JSP 的组成部分。

2．编程题

（1）编写 3 个公共 JSP 页面：

/include/top.jsp；

/include/left.jsp；

/include/bottom.jsp。

（2）编写产品管理主页面，如图 10-13 所示。

文件名和位置：/product/main.jsp。

嵌入以上 3 个公共页面，显示所有的产品列表，在 main.jsp 页面中连接 SQL Server 数据库，使用 Java 代码脚本显示产品表的所有产品记录。

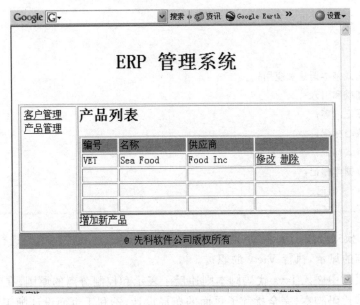

图 10-13　产品管理主页面

第 11 章

EL 与 JSTL

本章要点

- EL 表达式基本语法和应用；
- JSTL 基础和引入；
- JSTL 标记内容；
- JSTL 核心标记；
- JSTL 格式标记；
- JSTL 数据库标记；
- JSTL I18N 标记。

按照 MVC 模式开发 Java Web 的核心思想是将内容表达和控制代码进行分离，即 JSP 页面只负责内容的显示，执行 View 的职责。

而在 JSP 页面中嵌入 Java 代码脚本则违反了表示和控制分离的原则，在 JSP 中大量使用 JSP 表达式和代码脚本，完全扰乱了页面的布局设计，不利于页面设计师工作。由于 JSP 页面充斥大量 Java 脚本，而这些代码的编辑是软件工程师的职责，彻底打乱了软件开发团队分工协作的高效模式，严重降低了项目的开发进度。

如何将 JSP 中的 Java 代码移除一直是现在 Web 应用开发不懈努力的目标。由此出现各种不同的解决方案，如 EL，JSTL，Struts，JSF 等。本章讲述 EL 表达式和 JSTL 两种替代 Java 代码和表达式脚本的技术和应用，有效简化了 JSP 页面的编写。

11.1 EL 表达式基础

在使用 JSP 开发动态页面时，经常需要在 JSP 页面中取得内置对象如 pageContext, request, session, application 中保存的属性数据。为取得这些对象中的属性值，在 EL 表达式出现之前，需要使用 JSP 代码脚本或表达式脚本，一方面编写代码编写繁杂，另一方面是 JSP 页面中到处充斥 Java 脚本，影响页面设计，不利于页面设计师和 Java 软件工程师的协同工作。为简化 JSP 页面动态内容的输出，Java EE 引入了 EL 表达式。

11.1.1 EL 基本概念

引入 EL(Expressing Language,表达式语言)的目的是使用简洁的语法来替代 JSP 的表达式脚本<%=表达式 %>,在 JSP 页面中输出动态内容。

EL 的基本格式是:${表达式}。功能是计算花括号内的表达式的值,将其转换为 String 类型并进行显示。

EL 可以放在 JSP 页面的任何地方,如下为几种 EL 使用的例子:

(1) <p>您好:${username} </p>。

EL 放在页面文本中,显示 username 属性的值。

(2) <input type="text" name="age" value="${age}" />。

EL 在表单元素中,为其提供初始值。

(3) <a href="product/view.do?productid=${productid}">查看产品明细</a>。

EL 使用在超链接中,为请求 URL 提供请求参数。

11.1.2 EL 基本语法

EL 的基本语法为:${表达式}。那么表达式可以是哪些内容呢?下面逐一进行分解。
EL 中的表达式为如下内容。

(1) 常量:${常量}。

如:你的年龄是${20} 整数常量

　　你的名字是${"吕海东"} 字符串常量

但使用 EL 表达式输出常量是没有用途的,因为 JSP 页面可以直接输出常量。

如:你的年龄是 20

　　你的名字是吕海东

可见没有必要使用 EL 表达式。

(2) 变量:${变量名}。

这是 EL 最常用的形式,用于输出 Web 应用中范围(scope)对象 pageContext,request,session 或 application 中属性为变量名的值。而且 EL 会自动按 pageContext,request,session,application 顺序进行,如果在某个对象中找到,则中止查找过程,取出变量名指定的属性的值。如果没有则显示空串,并不显示 null 值。这是编程中特别注意的地方。

如下 EL:姓名:${username}

因为没有指定范围,将从上述 4 个对象中进行顺序查找,直到找到为止。如果不使用 EL,而使用 Java 脚本代码,则需要编写如下示例代码。

姓名:

```
<%
    if(pageContext.getAttribute("username")!=null)
    {
        out.println(pageContext.getAttribute("username"));
    }
    else if(request.getAttribute("username")!=null)
```

```
        {
            out.println(request.getAttribute("username"));
        }
        else if(session.getAttribute("username")!= null)
        {
            out.println(session.getAttribute("username"));
        }
        else if(application.getAttribute("username")!= null)
        {
            out.println(application.getAttribute("username"));
        }
        else
        {
            Out.println("");
        }
%>
```

由此可见,使用 EL 对简化 JSP 动态网页编写的意义有多大,节省了程序员大量时间。

(3) 运算符:${变量 运算符 常量} 或 ${变量 运算符 变量}。

如:合计工资:${sal+comm} 将取得 sal 属性和 comm 属性相加

　　合计奖金:${bus+500} 算术运算符

　　年龄合法:${age>=18 and age <=60} 比较和逻辑运算符

(4) "."运算符:${变量名.属性名}。

取得变量名指定的 JavaBean 的属性名的值。当变量名指定的 scope 对象的属性是一个 JavaBean 对象时,可以使用"."运算符取得此 JavaBean 对象的属性的值。

例如:有如下用户的 JavaBean 类。

```java
package javaee.ch11;
import java.io.Serializable;
public class UserValue implements Serializable
{
    private String id = null;
    private String name = null;
    private int age = 0;
    private double salary = 0;
    //
    public String getId() {
        return id;
    }
    public void setId(String id) {
        this.id = id;
    }
    public String getName() {
        return name;
    }
    public void setName(String name) {
        this.name = name;
    }
    public int getAge() {
```

```java
            return age;
        }
        public void setAge(int age) {
            this.age = age;
        }
        public double getSalary() {
            return salary;
        }
        public void setSalary(double salary) {
            this.salary = salary;
        }
}
```

此用户 Bean 类有 4 个属性分别是 id,name,age 和 salary。

如程序 11-1 所示展示的 Servlet 组件,在此 Servlet 中创建一个 UserValue 的对象,并赋予所有属性的值,然后转发到显示 JSP。

程序 11-1 TestEL.java

```java
package javaee.ch11;
import java.io.IOException;
import java.io.PrintWriter;
import javax.servlet.RequestDispatcher;
import javax.servlet.ServletException;
import javax.servlet.http.HttpServlet;
import javax.servlet.http.HttpServletRequest;
import javax.servlet.http.HttpServletResponse;
public class TestEL extends HttpServlet
{
        public void doGet(HttpServletRequest request, HttpServletResponse response)
                    throws ServletException, IOException
        {
            UserValue user = new UserValue();
            user.setId("");
            user.setName("WuMing");
            user.setAge(20);
            user.setSalary(2000.30);
            request.setAttribute("user", user);
            RequestDispatcher rd = request.getRequestDispatcher("el.jsp");
            rd.forward(request, response);
        }
        public void doPost(HttpServletRequest request, HttpServletResponse response)
                    throws ServletException, IOException
        {
            doGet(request,response);
        }
}
```

将 UserValue 对象保存到 request 对象中,属性名为 user。因为使用转发方式,则在 JSP 页面 el.jsp 中使用"."操作符取得 request 对象中保存的 UserValue 对象的属性值。如下代码显示 Servlet 保存到请求对象 request 中的用户信息。

ID：${user.id}
姓名：${user.name}
年龄：${user.age}

(5)"[]"运算符：${变量名[属性名]}。

"[]"与"."作用相同，可以互换使用。

如程序 11-1 中显示 UserValue 对象的属性，可以修改为如下形式。

ID：${user[id]}
姓名：${user[name]}
年龄：${user[age]}

11.1.3 EL 运算符

EL 表达式支持各种类型的 Java 运算符，实现对各种数据的运算和判断，EL 中可以使用算术运算符、比较运算符、逻辑运算符、空运算符和三元条件运算符。

1. 算术运算符

在 EL 表达式内可以使用 Java 语言的算术运算符，如表 11-1 所示。

表 11-1　EL 支持的算术运算符

运算符	意义	例子
+	加	${10+20} ${age+20}
−	减	${20−10} ${age−20}
*	乘	${20*10} ${age*10}
/ 或 div	除	${20/10} ${20 div 10}
% 或 mod	求余	${20%10} ${20 mod 10}
−	求反运算	${−20} ${−age}

2. 比较运算符

EL 表达式可以进行比较运算，返回 boolean 结果（true/false），比较运算符如表 11-2 所示。

表 11-2　EL 表达式支持的比较运算符

运算符	意义	例子
> 或 gt	大于	${age>20} ${age gt 20}
< 或 lt	小于	${age<20} ${age lt 20}
>= 或 ge	大于等于	${age>=20} ${age ge 20}
<= 或 le	小于等于	${age<=20} ${age le 20}
== 或 eq	等于	${age==20} ${age eq 20}
!= 或 ne	不等于	${age!=20} ${age ne 20}

3. 逻辑运算符

当 EL 中逻辑运算较复杂时，需要使用逻辑运算符，EL 支持的逻辑运算符如表 11-3 所示。

表 11-3　EL 表达式支持的逻辑运算符

运算符	意义	例子
&& 或 and	与运算	${age>20 && age<60} ${age gt 20 and age lt 60}
|| 或 or	或运算	${age<20|| age<60} ${age lt 20 or age gt 60}
! 或 not	非运算	${!(age>=20)} ${!(age ge 20)}

4. 空判断运算符

EL 使用空运算符（empty），完成对表达式是否为空的判断，如表 11-4 所示。

表 11-4　EL 支持的空运算符

运算符	意义	例子
empty	空判断运算符	${empty age} ${empty userlist}

empty 空运算可用于如下对象的空判断：
（1）任意类型对象为 null，返回 true。
（2）String 类型对象为空字符串时，返回 true。
（3）数组类型对象无元素时，即 0 维数组，返回 true。
（4）容器类型对象无包含元素时，返回 true。

由此可见，它与比较运算==null 还是有区别的，如：${userlist==null}只能判断 userlist 对象是否为 null，而 ${empty userlist}却要进行多种情况下为空的判断。

5. 三元判断运算符

与 Java 语言规范一样，EL 中也可以使用三元判断运算符，如表 11-5 所示。

表 11-5　三元条件判断运算符

运算符	意义	例子
条件？值 1:值 2	条件为 true，返回值 1，否则返回值 2	${age>30?"年龄大":"年龄小"}

三元条件运算符可以实现 Java 语言中的两分支比较运算，如例子中的 EL 表达式：${age>30?"年龄大":"年龄小"}，等价于如下 JSP 代码完成的功能：

```
<%
    int age = 0;
    if(pageContext.getAttribute("age")!= null)
    {
        age = (Integer)pageContext.getAttribute("age");
    }
```

```
        else if(request.getAttribute("age")!= null)
        {
            age = (Integer)request.getAttribute("age");
        }
        else if(session.getAttribute("age")!= null)
        {
            age = (Integer)session.getAttribute("age");
        }
        else if(application.getAttribute("age")!= null)
        {
            age = (Integer)application.getAttribute("age");
        }
        else
        {
            age = 0;;
        }
        if(age>2)
        {
            Out.println("年龄大");
        }
        else
        {
            Out.println("年龄小");
        }
%>
```

将 JSP 脚本代码和 EL 的三元比较运算符相比,可见 EL 的简洁和功能的强大,可以节省程序员大量的开发时间,加快项目的开发速度。

11.1.4 EL 内置对象访问

在使用 EL 表达式时,如果没有指定属性变量名的范围如 ${age},则 EL 会自动从 4 个范围对象 pageContext、request、session、application 中从低到高查找属性名称为"age"的属性的值,如果没有找到则输出空串。

实际编程时,有时需要直接指定某个范围(scope)对象中的属性,而不是其他 scope 对象中的属性。

EL 表达式提供了如下内置对象指示符来引用 JSP 的内置对象,如表 11-6 所示。

表 11-6 EL 内置对象指示符

运算符	意义	例子
pageScope	pageContext 对象	${pageScope.username} ${pageScope["username"]}
requestScope	request 对象	${requestScope.username} ${requestScope["username"]}
sessionScope	session 对象	${sessionScope.username} ${sessionScope["username"]}

续表

运算符	意义	例子
applicationScope	application 对象	${applicationScope.username} ${applicationScope["username"]}
param	Request 中的参数	${param.username} ${param["username"]}
cookie	Cookie 中的属性	${cookie.username} ${cookie["username"]}
header	Header 中的属性	${header.username} ${header["User-Agent"]}

EL 表达式访问 JSP 内置对象的属性,可以使用"."运算符,也可以使用"[]"运算符。当属性名称包含空格或特殊字符时,不能使用"."运算符,只能使用"[]"运算符,如:

${header["User-Agent"]},因为属性名称中包含"-",无法使用"."运算符。

由于 EL 表达式只能进行简单的运算和判断,无法完成比较复杂的逻辑判断和循环功能。为避免继续使用 Java 代码脚本完成这些功能,Sun 推出了 JSTL 标记库,用于实现复杂的逻辑功能和运算,用以替代在 JSP 中嵌入 Java 代码脚本,实现页面和代码分离。

11.2 JSTL 基础

JSTL(JavaServerPage Standard Tag Library,JSP 标准标记库)实现了 Web 应用中 JSP 页面各种任务的统一化标记,解决了之前不同公司和组织使用不同的自定义标记的混乱局面,减轻了开发人员的学习时间和工作成本。

Sun 于 2002 年 6 月推出 JSTL 1.0 版本,目前最新版本是 JSTL 1.2,要求运行在符合 Java EE 5.0 Servlet 2.4 和 JSP 2.0 的 Web 容器中,符合 Java EE 5.0 规范的服务器已经内置了 JSTL 类库,因此开发时不需要单独引入标记类库文件。而 J2EE 1.4 及以前版本的 Web 服务器需要单独引入 JSTL 标记类型。

目前 JSTL 规范的实现产品由 Apache 软件基金会负责维护,为开源免费产品,可以无限制地在项目和产品中使用。下载地址为:http://Tomcat.apache.org/taglibs/standard/。在 Sun 公司的官方网站中有 JSTL 的规范文档,网址为:http://java.sun.com/products/jsp/jstl/reference/docs/index.html。

11.2.1 JSTL 的目的

JSTL 的目的是规范并统一 JSP 动态网页开发中基本任务的标记实现,如进行动态数据的显示判断、数据库记录字段的循环显示等。在没有 JSTL 之前,这些任务需要使用 JSP 中嵌入 Java 脚本代码完成或单独开发自定义标记库,浪费了开发人员的大量时间。且由于这些自定义标记不统一,每个公司甚至每个程序员各自为政采取不同的标记库和标记符,不利于这些 JSP 页面的开发和维护,同时不利于 Web 项目的移植,违背了 Java 平台"一次编写,到处运行"的原则。

在此背景下,Sun 推出了 JSTL 标记库,将 JSP 开发中最常用的任务用标准标记库实现,极大地简化了 JSP 动态内容的开发,提高了 JSP 的开发效率,为网页设计师和软件工程师协同工作提供了方便条件。JSTL 极大提高了 Java EE Web 项目的兼容性和可移植性。

11.2.2　JSTL 标记类型

JSTL 按照完成任务的不同,分类为如下标记库和标记符。

1．核心标记库

完成 JSP 最基本的数据输出、数据存储、流程控制、逻辑判断、循环遍历等功能。它的 URI 地址是 http://java.sun.com/jsp/jstl/core。

2．数据库操作标记库

通过标记来实现数据库的操作,实现增(insert)、删(delete)、改(update)、查(select),而不需要进行 Java 代码的编程。

URI 地址是 http://java.sun.com/jsp/jstl/sql。

3．国际化标记库

完成不同国家标准的数据、日期等格式化的自动转换,便于开发国际化(Internationalization-I18N)企业级应用。

URI 地址是 http://java.sun.com/jsp/jstl/fmt。

4．XML 处理标记库

以标记方式进行 XML 数据的操作,此标记节省的 Java 代码编程量较多,所有程序开发人员都知道操作 XML 需要编写代码的工作量是很大的。

URI 地址是 http://java.sun.com/jsp/jstl/xml。

5．函数标记库

将 Java 语言中主要对象的方法,如 String 类型的方法、Collection 对象的方法封装在标记库中,形成 JSTL 函数标记库。

URI 地址是 http://java.sun.com/jsp/jstl/functions。

以上每个 JSTL 标记库都提供了访问它们的 URI 地址,在 JSP 引入 JSTL 时,需要指定每种 JSTL 标记的 URI 地址,才能在 JSP 页面中使用不同的 JSTL 标记库。

11.2.3　JSTL 引入

在开发 Java EE 规范的企业级项目时,要使用 JSTL 都需要如下两个步骤。

1．引入 JSTL JAR 类库

JSTL 标记库包含两个 JAR 类库:jstl.jar 和 standard.jar。

如果开发符合 Java EE 5.0 的 Web 应用项目,JSTL 以上两个 JAR 文件已经包含在

Java EE 服务器的类库中,不需要单独引入。

而当开发 J2EE 1.4 及以下版本的项目时,需要单独引入 JSTL 标记库。

到 JSTL 的维护网站 http://Tomcat.apache.org/taglibs/standard/下载 JSTL 的最新版本。

将下载的 JSTL 软件包 jakarta-taglibs-standard-1.1.2.zip 解压后,在子目录 lib 下包含如下两个 JAR 库文件:jstl.jar 和 standard.jar。将以上两个文件引入到 Java EE 项目中,即可实现 JSTL 的引入。

2. JSP 页面引入 JSTL 标记

JSP 页面中通过 taglib 指令来引入 JSTL 标记,如下为 JSP 页面中引入所有 JSTL 标记库的 taglib 指令:

```
<%@ taglib uri = "http://java.sun.com/jsp/jstl/core" prefix = "c" %>
<%@ taglib uri = "http://java.sun.com/jsp/jstl/fmt" prefix = "fmt" %>
<%@ taglib uri = "http://java.sun.com/jsp/jstl/sql" prefix = "sql" %>
<%@ taglib uri = "http://java.sun.com/jsp/jstl/xml" prefix = "x" %>
<%@ taglib uri = "http://java.sun.com/jsp/jstl/functions" prefix = fn" %>
```

在使用 taglib 指令后,即可使用 JSTL 的以上各种类型标记,如果实际应用中只需要某个标记库,只要引入对应的标记即可,不需要引入全部的 JSTL 标记。

11.3　JSTL 核心标记

Sun 将 JSP 编程中最常用的操作任务集中在核心标记中实现。核心标记是最基础的标记,也是使用最多的,每个 Web 开发人员都要熟练掌握核心标记。

JSTL 核心标记按功能分类为。

1. 通用标记

实现保存在 JSP 内置对象中属性的值的显示、保存、删除等操作以及 JSP 页面异常处理。主要有<c:out/>,<c:set/>,<c:remove/>和<c:catch/>等。

2. 逻辑判断标记

对 JSP 页面中内容显式进行判断和控制输出,可以实现单分支、多分支的控制,包括 Java Switch 类型的内容输出控制。

3. 循环遍历标记

实现保存在容器内的对象的遍历和输出,是项目开发中应用最多的,因为所有 Web 项目都需要将数据库表中的记录取出并进行列表显示。循环遍历标记使用非常简化的方式来实现这项功能。

4. URL 地址标记

实现 URL 的重定向、URL 格式化和 URL 重写等常见功能。

11.3.1 核心基础标记

JSTL 核心标记库中基础标记主要完成保存在 scope 范围对象（pageContext，request，session，application）中属性的管理，包括属性的显示、保存、删除等。

1. ＜c:out/＞数据输出标记

用于输出 scope 对象的属性和表达式值，语法：

＜c:out value="${表达式}"[escapeXml="true|false"] [default="默认值"] /＞

（1）value 属性

value 属性不能省略，该标记计算 value 属性中 ${表达式} 的值并进行输出。

如：＜c:out value="${age+10}" /＞将取得 scope 对象的 age 属性值并与常量 10 相加。

（2）escapeXml 属性

escapeXml="true|false"属性决定是否将输出字符串中包含的 XML 标记进行转换，这些标记包括如下字符：＜，＞，&，'，"。如果属性为 true，则对这些字符进行转换，如果属性为 false，则直接原样输出，不进行任何转换，默认为 true。

代码：＜c:out value="＜h1＞您好＜/h1＞" /＞ 的显示结果如图 11-1 所示。

通过查看源代码，＜h1＞您好＜/h1＞被自动转换为：<h1>您好</h1>，可见 escapeXml 默认的属性为 true。将此属性改为 false：

＜c:out value="＜h1＞您好＜/h1＞" escapeXml="false" /＞则显示结果如图 11-2 所示。

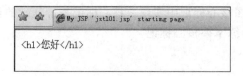 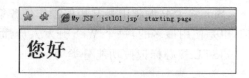

图 11-1 ＜c:out＞标记 escapeXml 为 true 的显示结果　　　　图 11-2 当 escapeXml 为 false 时的＜c:out/＞输出结果

此时输出值不进行转换，为：＜h1＞您好＜/h1＞，将显示标题 H1 格式的"您好"。

（3）default 属性

使用此属性为＜c:out/＞标记提供默认值，如果表达式为 null 时，则输出此默认值。如：

＜c:out value="age" default="年龄不存在!" /＞当没有在任何 scope 对象中保存 age 属性时，将直接显示如图 11-3 所示的 default 指定的值。

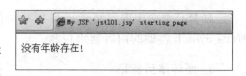

图 11-3 有默认值时＜c:out/＞的输出

2. ＜c:set/＞属性存储标记

＜c:set/＞标记功能将指定的值以指定的属性保存到 scope 对象中，语法为：

＜c:set var="属性名" value="值" [scope="page|request|session|application"] /＞

var 指定属性名，value 指定值，scope 指定保存的对象。

如果省略 scope，则保存在默认的 pageContext 对象中。

<c:out var="age" value="20" /> 执行的结果是将"20"保存到 pageContext 对象中的 age 属性中，与<% pageContext.setAttribute("age",20) %>等价。

<c:out var="age" value="20" scope="session" /> 则保存到 Session 对象中，与<% session.setAttribute("age",20) %>等价。

3. <c:remove/> 属性删除标记

<c:remove/>标记将保存在 scope 对象的指定属性进行删除，语法为：

<c:remove var="属性名" scope="page|request|session|application"/>

var 指定属性名，scope 指定属性保存的对象。

如：<c:remove var="age" />自动从 page 对象开始查找一直到 application，将找到的属性 age 删除。

如：<c:remove var="age" scope="session" />将 Session 对象中属性名为 age 的属性删除。

4. <c:catch/> 异常处理标记

该标记的功能是捕获该标记嵌套的 JSP 页面中出现的异常，并可以将捕获的异常对象保存在 pageContext 对象中，然后使用<c:out />标记显示错误信息。语法：

```
<c:catch [var="属性名"]>
    出现异常的处理代码
</c:catch>
```

省略 var 属性则不保存捕获的异常对象，否则将捕获的异常对象以 var 属性确定的名称保存在 pageContext 对象的属性中。

如下 JSP 页面，演示<c:catch>的使用：

```
<%@ page language="java" import="java.util.*" pageEncoding="GBK" %>
<%@ taglib uri="http://java.sun.com/jsp/jstl/core" prefix="c" %>
<%@ taglib uri="http://java.sun.com/jsp/jstl/fmt" prefix="fmt" %>
<%@ taglib uri="http://java.sun.com/jsp/jstl/sql" prefix="sql" %>
<%@ taglib uri="http://java.sun.com/jsp/jstl/xml" prefix="x" %>
<%@ taglib uri="http://java.sun.com/jsp/jstl/functions" prefix="fn" %>
<!DOCTYPE HTML PUBLIC "-//W3C//DTD HTML 4.01 Transitional//EN">
<html>
  <head>
    <title>JSTL 应用</title>
  </head>
  <body>
    <c:catch var="error">
      <c:out value="${10/0}" />
    </c:catch>
    <c:out value="${error.message}" />
```

```
        </body>
</html>
```

访问此 JSP 页面，由于被 0 除，将产生异常，异常对象被保存到 pageContext 对象中，然后使用 <c:out/> 将错误信息进行输出，输出结果如图 11-4 所示。

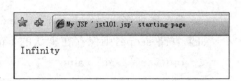

图 11-4　使用 <c:catch/> 标记的 JSP 页面输出

11.3.2　逻辑判断标记

JSP 页面中经常需要根据某个动态的数据选择性输出某些内容，如在某个高校的教学管理系统中，当用户没有登录时，显示登录表单，如图 11-5 所示。

图 11-5　用户未登录前显示登录表单

在登录表单中输入用户名、密码和验证码，提交处理后，如果验证通过，在相同页面则显示登录用户姓名和注销超链接，如图 11-6 所示。

图 11-6　用户登录后显示用户姓名和注销超链接

以上例子中这种根据不同情况显示不同内容的控制逻辑就是由 JSTL 逻辑控制标记完成的。JSTL 中提供了两种实现逻辑控制的标记。

1. <c:if>标记

JSTL 核心标记<c:if>提供了单分支的 if 条件判断结构,用于控制指定内容的显示。该标记的语法分为两种:

(1) 语法格式 1

<c:if test = "${逻辑表达式}" var = "变量名" [scope = "{page | request | session | application}"] />

该格式语法没有控制的显示部分,只是将 test 的测试结果保存到 var 指定的 scope 变量中,供其他 JSTL 标记使用。该语法 var 部分不能省略,但 scope 属性可以省略。省略 scope 则默认将测试结果保存在 page 范围对象内。其中判断表达式为合法的 EL 逻辑表达式。

使用 if 标记的演示例子代码如下:

<c:if test = "${user.age>60}" var = "result" scope = "request />

该 if 标记判断 user 对象的年龄属性 age 是否大于 60,将判断结果 boolean 类型的值保存在 request 对象属性名为 result 的属性中。该标记如果使用 Java 脚本来实现,类似如下代码:

```
<%
    If(user.getAge()>60)  {
        request.setAttribute("result",true);
    } else {
        request.setAttribute("result",false);
    }
%>
```

通过比较 if 标记和 Java 代码脚本可以看到标记更简洁,有利于页面美化。

(2) 语法格式 2

```
<c:if test = "${逻辑表达式}"
    [var = "varName"] [scope = "{page|request|session|application}"]>
    显示内容
</c:if>
```

该格式的 if 标记用于控制标记包含的显示内容是否显示。当逻辑表达式为 true 时,显示输出包含的显示内容,否则不显示。当指定 var 属性时,将逻辑表达式结果存入 var 为属性名 scope 指定的对象中。

使用此语法格式的 if 的示例代码如下,它判断会话对象中是否有 userid 属性,表示用户是否登录。如果没有登录,则显示登录表单,否则显示登录用户信息和注销超链接。

```
<!-- 用户没有登录 -->
<c:if test = "${sessionScope.userid == null}">
<form action = "login.do" method = "post">
```

```
        账号:< input type = "text" name = "userid" /><br/>
        密码:< input type = "password" name = "password" /><br/>
        < input type = "submit" value = "提交"/>
    </form>
</c:if>
<!-- 用户已经登录 -->
<c:if test = " $ {sessionScope.userid!= null}">
    登录用户: $ {sessionScope.userid}<br/>
    < a href = "logout.do">注销</a>
</c:if>
```

使用 if 核心标记控制指定内容是否显示是非常方便的。

2. <c:choose>,<c:when>,<c:otherwise>组合标记

使用 if 标记只能实现单独条件的判断,无法实现像 Java 语言的多分支判断效果,而多分支判断是实际应用开发中经常需要使用的。为此 JSTL 提供了多分支条件判断的组合标记,它们是<c:choose>,<c:when>,<c:otherwise>,使用的基本语法结构如下:

```
<c:choose>
<c:when test = " $ {条件表达式 1}">
...
</c:when>
<c:when test = " $ {条件表达式 2}">
...
</c:when>
<c:when test = " $ {条件表达式 3}">
...
</c:when>
<c:otherwise>
...
</c:otherwise>
</c:choose>
```

其中<c:choose>构成多分支判断的最外层标记,每个条件分支使用<c:when>表达,它相当于一个<c:if>标记。当所有的<c:when>中的 test 条件都为 false 时,如果<c:otherwise>存在则显示它包含的内容。

如下示例代码展示多分支判断的使用。

```
<c:choose>
<c:when test = " $ {user.age < 18}">
    少年<br/>
</c:when>
<c:when test = " $ {user.age > = 18 && user.age < 40}">
    青年<br/>
</c:when>
<c:when test = " $ {user.age > = 40 && user.age < 60}">
    壮年<br/>
</c:when>
<c:otherwise>
```

老年\
</c:otherwise>
</c:choose>

示例代码中 user 为 JavaBean 对象,有属性 age 表示注册用户的年龄,此 user 对象可以保存在 page,request,session,application 四个对象中的任何一个。

11.3.3　容器循环遍历标记＜c:forEach＞

Web 应用中信息的列表显示方式是最常用的,任何应用都需要提供信息的列表显示,如新闻列表、公告类表、在线商城商品列表等。通常这些列表信息以容器形式存储,每个具体的信息都以 JavaBean 形式表达,即许多 JavaBean 业务对象保存在容器内,构成信息的列表。显示时只需要遍历出容器中包含的每个 JaveBean,再显示每个 JavaBean 的属性即可实现列表显示方式。

在没有 JSTL 也不使用其他框架的情况下,一般不得不使用 Java 脚本提供的编程方式实现信息的列表显示。在 JSP 一章中读者已经看到这种编程方式。

JSTL 针对此应用,特别提供了容器遍历标记＜c:forEach＞,极大简化了遍历容器中每个对象从而实现信息列表的显示的实现。

＜c:forEach＞标记的语法为:

```
<c:forEach [var="varName"] items="${collection}" [varStatus="varStatusName"]
[begin="begin"] [end="end"] [step="step"]>
    显示的内容
</c:forEach>
```

标记中每个属性的含义、数据类型和取值范围如表 11-7 所示。

表 11-7　＜c:forEach＞标记的属性和含义

属性名称	类型	说　　明
var	String	容器中取出每个对象保存到 scope 对象中的属性名称。属性的值为取得的对象本身
items	支持的所有容器类型	指定需要遍历的容器。该容器一般保存在某个 scope 范围的对象中,如 request,session,application 等
varStatus	String	遍历的状态信息保存到 scope 中的属性名称。提出包括遍历的个数和遍历的序号
begin	int	指定遍历的起始序号,从 0 开始
end	int	指定遍历的中止序号。最大为容器尺寸减 1
step	int	指定间隔的对象个数

如果指定了 begin 则其值必须＞＝0;如果指定了 step 属性,则其值必须＞＝1;如果 end 值小于 begin 值,则不能进行遍历,无法实现循环功能。如果 begin 指定数值大于或等于容器中对象的个数,也不会进行遍历。

如果 items 属性指定的容器为 null,则不执行遍历,也不会抛出异常。

＜c:forEach＞标记支持如下类型的容器:

(1) 实现 java.util.Collection 接口的实现类,包括 List 和 Set 接口的实现类对象。

(2) 实现 java.util.Iterator 接口的实现类对象。
(3) 实现 java.util.Enumeration 接口的实现类对象。
(4) 实现 java.util.Map 接口的实现类对象。
(5) 数组。

如程序 11-2 所示是使用<c:forEach>标记的显示员工列表的 JSP 页面,在访问此 JSP 之前,需要取得员工的列表、读取员工数据表、写入到员工 JavaBean,并将员工 JavaBean 加入到 List 容器中,将容器保存到 request 对象,转发到此 main.jsp。

程序 11-2　/employee/main.jsp

```jsp
<%@ page language="java" import="java.util.*" pageEncoding="GBK"%>
<%@ taglib uri="http://java.sun.com/jsp/jstl/core" prefix="c" %>
<!DOCTYPE HTML PUBLIC "-//W3C//DTD HTML 4.01 Transitional//EN">
<html>
<head>
<meta http-equiv="Content-Type" content="text/html; charset=gb2312">
<title>员工管理主菜单</title>
<link rel="stylesheet" type="text/css" href="../css/site.css">
</head>
<body>
<jsp:include page="../common/top.jsp"></jsp:include>
<table width="100%" height="200" border="0">
  <tr>
    <td width="19%" valign="top" bgcolor="#99FFFF">
        <jsp:include page="../common/left.jsp"></jsp:include>
    </td>
    <td width="81%" valign="top"><table width="100%" border="0">
      <tr>
        <td><span class="style4">首页-&gt;新闻管理</span></td>
        <td>更多</td>
      </tr>
    </table>
    <table width="100%" border="0">
      <tr bgcolor="#99FFFF">
        <td width="25%"><div align="center">账号</div></td>
        <td width="25%"><div align="center">姓名</div></td>
        <td width="14%"><div align="center">入职日期</div></td>
        <td width="14%">操作</td>
      </tr>
      <c:forEach var="emp" items="${empList}">
      <tr>
        <td><span class="style2"><a href="toview.do?id=${emp.id}">${emp.id}</a></span></td>
        <td><span class="style2">${emp.name}</span></td>
        <td><span class="style2">2006-03-19</span></td>
        <td><span class="style2"><a href="toModofy.do?id=${emp.id}">修改</a> <a href="toDelete.do?id=${emp.id}">删除</a></span></td>
      </tr>
      </c:forEach>
    </table>
```

```
        <span class="style2"><a href="toAdd.do">增加员工</a></span>
      </td>
    </tr>
</table>
<jsp:include page="../common/bottom.jsp"></jsp:include>
</body>
</html>
```

11.3.4 字符串分割遍历标记<c:forTokens>

JSTL 还提供了遍历指定字符串中以指定间隔符分开的所有字符串的方法。该遍历标记的语法为：

```
<c:forTokens items="要遍历的字符串" delims="间隔符" [var="varName"]
  [varStatus="varStatusName"]
  [begin="begin"] [end="end"] [step="step"]>
    显示内容
</c:forTokens>
```

该标记的属性基本与<c:forEach>相同，区别主要是：
(1) items 指定字符串，而不是容器。
(2) delims 指定字符串间隔符。通过此间隔符将字符串分成多个子字符串。
如程序 11-3 所示是演示使用<c:forTokens>遍历 String 的案例。

程序 11-3 jstl01.jsp

```
<%@ page language="java" import="java.util.*" pageEncoding="GBK"%>
<%@ taglib uri="http://java.sun.com/jsp/jstl/core" prefix="c" %>
<%@ taglib uri="http://java.sun.com/jsp/jstl/fmt" prefix="fmt" %>
<%@ taglib uri="http://java.sun.com/jsp/jstl/sql" prefix="sql" %>
<%@ taglib uri="http://java.sun.com/jsp/jstl/xml" prefix="x" %>
<%@ taglib uri="http://java.sun.com/jsp/jstl/functions" prefix="fn" %>
<!DOCTYPE HTML PUBLIC "-//W3C//DTD HTML 4.01 Transitional//EN">
<html>
  <head>
    <title>JSTL 应用</title>
  </head>
  <body>
      <c:set var="infos" value="10,30,40,50,60" />
    <c:forTokens items="${infos}" delims="," var="info" varStatus="status">
      <c:out value="${status.index}" />-<c:out value="${status.count}" />-<c:out value="${info}" /><br/>
    </c:forTokens>
  </body>
</html>
```

请求该 JSP 页面，显示结果如图 11-7 所示。

该标记没有<c:forEach>的使用那样普遍。读者应该重点掌握<c:forEach>标记，通过对容器的遍历来实现信息列表方式显示。

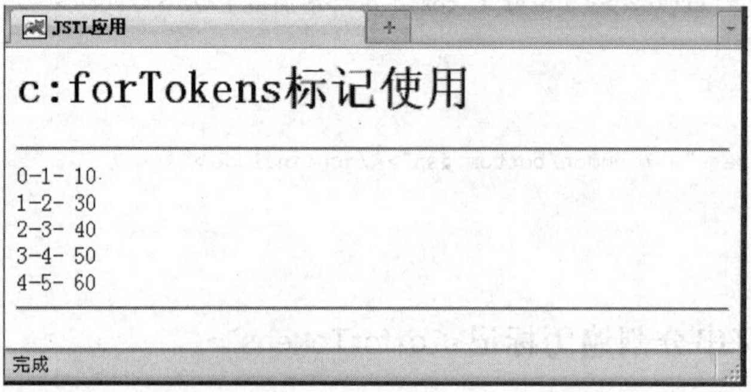

```
┌─────────────────────────────────────┐
│ JSTL应用                        +   │
├─────────────────────────────────────┤
│                                     │
│ c:forTokens标记使用                 │
│ ─────────────────────────────────── │
│ 0-1- 10                             │
│ 1-2- 30                             │
│ 2-3- 40                             │
│ 3-4- 50                             │
│ 4-5- 60                             │
│                                     │
│                                     │
├─────────────────────────────────────┤
│ 完成                                │
└─────────────────────────────────────┘
```

图 11-7 ＜c:forTokens＞标记案例输出

11.4 JSTL 格式输出和 I18N 标记

　　一般 Web 应用要部署在 Internet 上供全世界的用户访问，而不同的国家使用不同的语言、不同的时区，因此需要不同的字符编码集。另外不同国家的显示日期和数字的格式也有所不同。如何在设计 Web 时考虑到不同国家、不同语言的用户的使用习惯，使 Web 页面的显示能自动适应客户，这是目前所有 Web 开发人员都要面临的问题。这个问题目前统称为国际化问题，即 Internationalization，简化为 I18N，表示国际化的单词以 I 开头，中间有 18 个字母，以 N 结尾。

　　JSTL 提供了日期、数字的格式标记来进行日期和数字的格式化处理来适应世界上不同的用户。同时 JSTL 也提供 I18N 支持的标记，能够使页面的显示字符随不同的语言和国家进行自动地改变，因此不需要编写不同语言的 JSP 页面，只有 1 个页面就可以满足 I18N 的要求，简化了 Web 的开发。

　　要在 JSP 页面中使用格式化和 I18N 标记，需要引入标记库。

```
<%@ taglib uri="http://java.sun.com/jsp/jstl/fmt" prefix="fmt" %>
```

　　之后即可使用所有的格式化标记和 I18N 标记。

11.4.1 数值输出格式标记

　　JSTL 针对数值的格式输出提供了专门的标记＜fmt:formatNumber＞。该标记提供如下两种语法格式。

1. 无嵌套体语法

```
<fmt:formatNumber value="numericValue"
[type="{number|currency|percent}"]
[pattern="customPattern"]
[currencyCode="currencyCode"]
[currencySymbol="currencySymbol"]
[groupingUsed="{true|false}"]
[maxIntegerDigits="maxIntegerDigits"]
[minIntegerDigits="minIntegerDigits"]
```

```
[maxFractionDigits = "maxFractionDigits"]
[minFractionDigits = "minFractionDigits"]
[var = "varName"]
[scope = "{page|request|session|application}"]/>
```

该语法直接封闭标记,没有嵌套内容。

2. 有嵌套体语法

```
<fmt:formatNumber [type = "{number|currency|percent}"]
[pattern = "customPattern"]
[currencyCode = "currencyCode"]
[currencySymbol = "currencySymbol"]
[groupingUsed = "{true|false}"]
[maxIntegerDigits = "maxIntegerDigits"]
[minIntegerDigits = "minIntegerDigits"]
[maxFractionDigits = "maxFractionDigits"]
[minFractionDigits = "minFractionDigits"]
[var = "varName"]
[scope = "{page|request|session|application}"]>
    嵌套需要格式化的数字
</fmt:formatNumber>
```

该标记的功能是按照指定的格式输出数值。

<fmt:formatNumber>标记的各个属性及其意义如表 11-8 所示。

表 11-8　JSTL 数值格式标记属性和含义

属性名称	数据类型	功能描述
value	String,Number	指定要进行格式化的数值
type	String	数值类型,number,currency,percentage 之一
pattern	String	数值的显示格式模式
currencyCode	String	货币编码,只有 type 是 currency 有用
currencySymbol	String	货币符号,只有 type 是 currency 有用
groupingUsed	boolean	指定是否使用分组符号
maxIntegerDigits	int	指定最大的整数位数
minIntegerDigits	int	指定最小的整数位数
maxFractionDigits	int	指定最大的小数位数
minFractionDigits	int	指定最小的小数位数
var	String	指定保存到 scope 对象的属性名
scope	String	指定格式化后的字符串的保存对象

该标记也可以将格式化后的数字字符串保存到 scope 中,如果指定了 scope 属性,则必须指定 var 属性,因为这时要保存转化后的字符串。

value 属性指定要进行格式化的数值,当没有 value 属性时,则查找嵌套的数值体,如果 value 属性的值为 null 或空字符串,则无显示。

pattern 是关键属性,指定数值格式化字符串。如果 pattern 为 null 或空字符串,则该属性被忽略。

主要的格式有：

(1) ♯：表达一位数字。如果在尾部，则 0 不显示。

(2) 0：表达一位数字。如果在尾部，值为 0 则显示 0。

(3) .：小数位。

(4) ,：千分位。

(5) $：美元符号。

如下为常见的数值格式案例。

```
< fmt:formatNumber value = "12" type = "currency" pattern = "$.00"/> -- $12.00
< fmt:formatNumber value = "12" type = "currency" pattern = "$.0#"/> -- $12.0
< fmt:formatNumber value = "1234567890" type = "currency"/> -- $1,234,567,890.00(那个货币
的符号和当前 Web 服务器的 local 设定有关)
< fmt:formatNumber value = "123456.7891" pattern = "#,#00.0#"/> -- 123,456.79
< fmt:formatNumber value = "123456.7" pattern = "#,#00.0#"/> -- 123,456.7
< fmt:formatNumber value = "123456.7" pattern = "#,#00.00#"/> -- 123,456.70
< fmt:formatNumber value = "12" type = "percent" /> -- 1,200% type 可以是 currency, number
和 percent
```

11.4.2 日期输出格式标记

JSTL 另一个重要的格式标记是日期格式＜fmt:formatDate＞，用于进行日期的格式化输出，它的语法格式为：

```
< fmt:formatDate value = "date"
[type = "{time|date|both}"]
[dateStyle = "{default|short|medium|long|full}"]
[timeStyle = "{default|short|medium|long|full}"]
[pattern = "customPattern"]
[timeZone = "timeZone"]
[var = "varName"]
[scope = "{page|request|session|application}"]/>
```

该标记的功能是将日期按指定的格式进行显示。

＜fmt:formatDate＞标记的属性和含义如表 11-9 所示。

表 11-9　JSTL 日期格式标记属性和含义

属性名称	数据类型	功能描述
value	java.util.Date	指定要进行格式化的日期数据
type	String	指定日期的类型，time 或 date
dateStyle	String	日期的内置显示格式
timeStyle	String	时间的内置显示格式
pattern	String	指定日期或时间的显示格式
timeZone	boolean	指定时间的时区
var	String	指定保存到 scope 对象的属性名
scope	String	指定格式化后的字符串保存对象

（1）如果指定了 scope 属性,则必须指定 var 属性,表明要将格式化后的日期字符串保存到指定的 scope 对象中,提供 var 来指定属性名。如下示例代码将使用默认的日期格式转换当前日期,并以属性名称 currentDate 保存到请求对象中。

```
<jsp:useBean id="now" class="java.util.Date"/>
<fmt:formatDate value="${now}" var="currentDate" value="${now}"/>
```

（2）dateStyle 指定日期的内置显示格式,取值为:default,short,medium long 和 full。假如以 2007 年 7 月 23 日这个日期为例,使用不同的 dateStyle 属性值,它的日期显示如下:

```
short: 07-07-23
medium: 2007-07-23
long: 2007 年 07 月 23 日
full: 2007 年 07 月 23 日 星期一
```

使用不同 dateStyle 的案例 JSP 页面如程序 11-4 所示。

程序 11-4　fmt01.jsp

```
<%@ page language="java" import="java.util.*" pageEncoding="GBK"%>
<%@ taglib uri="http://java.sun.com/jsp/jstl/fmt" prefix="fmt" %>
<%@ taglib uri="http://java.sun.com/jsp/jstl/core" prefix="c" %>
<html>
  <head>
    <title>JSTL 日期格式案例</title>
  </head>
  <body>
    <h1>JSTL 日期格式标记</h1>
    <hr>
    <jsp:useBean id="now" class="java.util.Date"></jsp:useBean>
    <fmt:setLocale value="zh_CN"/>
    full 格式日期:<fmt:formatDate value="${now}" type="both" dateStyle="full" timeStyle="full"/><br>
    long 格式日期:<fmt:formatDate value="${now}" type="both" dateStyle="long" timeStyle="long"/><br>
    medium 格式日期<fmt:formatDate value="${now}" type="both" dateStyle="medium" timeStyle="medium"/><br>
    default 格式日期:<fmt:formatDate value="${now}" type="both" dateStyle="default" timeStyle="default"/><br>
    short 格式日期:<fmt:formatDate value="${now}" type="both" dateStyle="short" timeStyle="short"/><br>
    <hr>
  </body>
</html>
```

请求此 JSP 页面输出如图 11-8 所示。

（3）timeStyle 属性用于指定时间的内置显示格式,与 dateStyle 一样它的取值也为:default,short,medium long 和 full。

不同取值的时间输出如程序 11-4 所示。

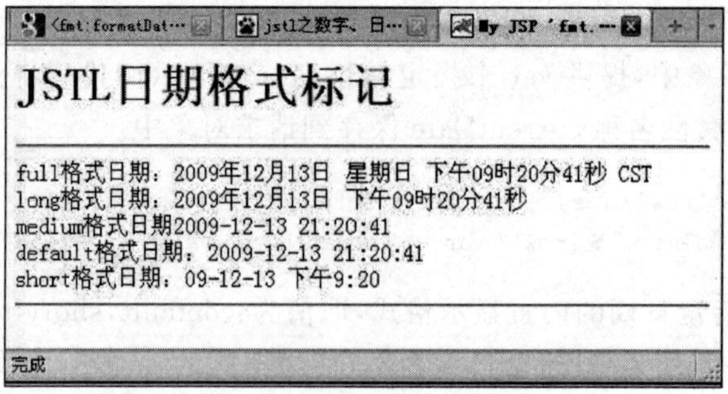

图 11-8　JSTL 日期标记的 JSP 案例页面输出

（4）pattern 属性用于指定自定义格式的日期和时间，使用 pattern 后则忽略 dateStyle 和 timeStyle 属性确定的值。

日期的格式字符串为：

yyyy：年份
MM：月份
E：星期
dd：日期
Z：时区
z：数字时区
/：间隔符
-：间隔符

时间的格式字符串为：

HH：小时
mm：分钟
ss：秒

使用自定义的日期格式的案例如程序 11-5 所示。

程序 11-5　fmt03.jsp

```
<%@ page language="java" import="java.util.*" pageEncoding="GBK"%>
<%@ taglib uri="http://java.sun.com/jsp/jstl/fmt" prefix="fmt" %>
<%@ taglib uri="http://java.sun.com/jsp/jstl/core" prefix="c" %>
<html>
 <head>
    <title>JSTL 日期格式案例</title>
 </head>
 <body>
    <h1>JSTL 日期自定义格式</h1>
    <hr>
    <jsp:useBean id="now" class="java.util.Date"></jsp:useBean>
    <fmt:setLocale value="zh_CN"/>
    <fmt:formatDate value="${now}" type="both" pattern="E, MM d, yyyy HH:mm:ss Z"/><br/>
    <fmt:formatDate value="${now}" type="both" pattern="yyyy-MM-dd, h:m:s a z Z" /><br/>
    <hr>
 </body>
</html>
```

请求此 JSP 页面,页面输出如图 11-9 所示。

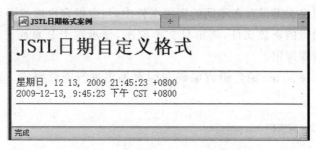

图 11-9　JSTL 日期自定义格式输出

11.4.3　国际化 I18N 标记

Web 应用一般部署在 Internet 上供全世界的用户访问,不同国家和不同语言的用户需要不同的字符集,因此要求 Web 应用能适应这种需求,会根据客户的国家和语言不同自动选择字符集和日期格式等,把这种适应能力称为国际化。

目前商业 Web 应用普遍采用两种方式来实现 I18N:

(1) 为不同的语言编写不同的网页,使用控制 Servlet,取得客户端的语言和国家,以此转发到不同语言编码集的 JSP 页面。这种方式需要编写大量的页面,代码重复,影响开发进度,不利于后期的维护。

(2) 使用 1 个 JSP 页面,页面中的各种提示信息使用能适应 I18N 的标记来输出,这种标记能根据语言和国家,自动定位各自字符集的消息文件,取出消息文本,显示在 JSP 页面上,实现 I18N 处理。这种方式只有一个 JSP 页面,利于后期维护,代码冗余少,开发进度快。

1. I18N 基础

国际化涉及 3 个重要的元素:本地化(locale)、资源绑定(resource bundle)、基础名称(base name)。

(1) 本地化(locale)

本地化表达 1 个专门的语言和区域。每个本地化使用两个关键要素来表达:

① 语言编码(Language Code)

语言编码使用小写的 2 位字符表达,由国际标准 ISO-639 确定,具体的语言编码请参阅网址 http://www.ics.uci.edu/pub/ietf/http/related/iso639.txt。

常见的语言编码如:

zh: Chinese 中文
en: English 英文

② 国家编码(Country Code)

国家编码以 2 位大写字母表达,由国际标准 ISO-3166 确定,详细的国家编码请参阅网址 http://www.chemie.fu-berlin.de/diverse/doc/ISO-3166.html。

常见的国家编码如:

CN: China 中国
US: USA 美国

（2）资源绑定（resource bundle）

不同语言的消息文本保存在不同的资源文件中，当取得客户端的语言和国家码后，就可以自动定位到该语言的资源文件，将消息文本取出，显示在 JSP 页面。这种自动定位资源文件的技术称为资源绑定。

JSTL 使用 Base Name 结合语言编码和国家编码进行资源绑定。资源文件的命名应该为：

基础名称_语言码_国家码.properties.

如存储中文的资源文件可以命名为：

messages_zh_CN.properties

而存储英文的资源文件命名为：

messages_en_US.properties

其中 messages 为基础名称。

（3）基础名称（base name）

基础名称用于确定资源文件的文件名称之一，与语言和国家码一起确定该语言字符编码的资源文件。具体使用参见上面的例子即可。

2. I18N 消息资源文件

资源文件保存不同语言和国家字符集的消息文本，这些消息文本会被 JSTL 标记读出并写入到 JSP 页面中，用于页面的标题文字。由于这些文字不是以硬编码格式写在 JSP 页面中，而是从资源文件读出，因此可以自动随不同的语言和国家进行改变，使得 Web 应用支持 I18N 特性。

资源文件的名称为：基础名称_语言码_国家码.properties。

基础名称可自由命名，由开发人员确定，语言码和国家码则来源于 ISO 国际标准组织。

资源文件的存储位置要在项目的 classpath 目录中，在 Web 应用中就是/WEB-INF/classes 目录下。如果使用 IDE 工具开发 Web 项目，应该把资源文件创建在 src 源代码目录下，如图 11-10 所示。

当项目部署时，src 目录下的资源文件会自动部署到 Web 应用的/WEB-INF/classes 目录下，JSTL 标记会自动在此目录下查找对应的资源文件。

资源文件内保存需要显示的消息文本，每个消息文本以如下格式存储：

key = 消息文本

其中 key 表达要显示文本的编号，用于 JSTL 标记查找，消息文本是要显示的内容。

如下为消息文件的内容例子：

```
消息文件：messages_en_US.properties
com.city.oa.user.id = USER ID
com.city.oa.user.password = USER PASSWORD
```

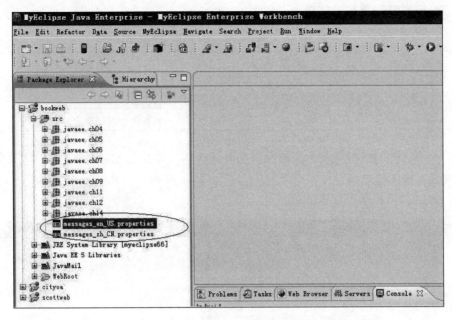

图 11-10　资源文件创建位置

对于汉字的消息文件,不能直接存储汉字编码,需要使用 J2SE 自带的资源文件字符编码转换程序 native2ascii 进行转换,将汉字编码转换为 ASCII 编码。转换的命令如下:

```
native2ascii – encoding GBK temp.properties messages_zh_CN.properties
```

其中 temp.properties 为存储汉字的临时资源文件,messages_zh_CN.properties 为真正的目标资源文件。

temp.properties 的内容如下:

```
com.city.oa.user.id = 用户账号
com.city.oa.user.name = 用户名称
```

转换后 messages_zh_CN.properties 的内容如下:

```
com.city.oa.user.id = \u5458\u5de5\u5e10\u53f7
com.city.oa.user.name = \u5458\u5de5\u59d3\u540d
```

创建好不同语言和国家的资源文件以后,就可以使用 JSTL 的 I18N 标记取得资源文件中的消息文本,实现自动的 I18N 支持。

3. <fmt:setLocale>标记

JSTL 提供了设置 locale 的标记,用于设定本地化,即语言码和国家码。该标记的语言如下:

```
< fmt:setLocale value = "locale"
[variant = "variant"]
[scope = "{page|request|session|application}"]/>
```

语法中的属性,取值类型和含义如表11-10所示。

表11-10 <fmt:setLocale>标记属性含义

属性名称	数据类型	功能描述
value	String	指定本地化的语言和国家编码
variant	String	浏览器类型
scope	String	本地化数据的保存对象

如果不使用此标记,则使用浏览器请求时发送的本地化信息。这时称为基于浏览器的I18N处理。每个浏览器都可以设置发送HTTP请求时的本地化信息。如图11-11所示是设置本地化信息,包括语言和国家。

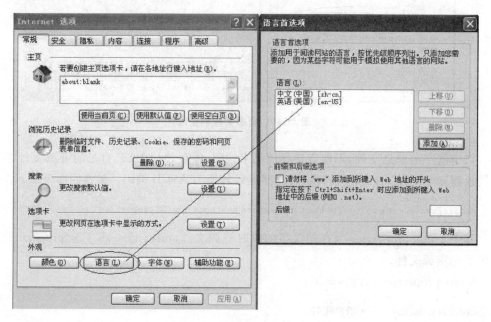

图11-11 浏览器的本地化设置

如果JSP页面中使用了<fmt:setLocale />标记,将忽略浏览器中设定的本地化信息,而使用此标记设定的语言和国家编码。其他I18N标记会根据此标记设定的本地化信息进行资源文件的定位和消息文本的输出。因此要求此标记一定要在页面的顶部,其他I18N标记之前。

(1) value属性用于指定本地化的语言编码和国家编码,格式为:

语言编码_国家编码

如:zh_CN,en_US。

(2) variant属性用于设置浏览器的类型,如:WIN代表Windows,Mac代表Macintonish,一般情况下不需要设置此属性。原则上开发Web应用要求是与浏览器无关的。

(3) scope属性用于设置国家(或地区)的有效范围,默认为page,即只在本页面内有效。如果属性value中的值为null或empty,将使用Web容器默认的语言与国家(或地区)代码设置。

如下代码将设定本地化为美国英语,且在整个 Session 期间有效。

```
<fmt:setLocale value = "en_US" scope = "session" />
```

4. <fmt:bundle>标记

创建了资源文件之后,在 JSP 页面中可以使用<fmt:bundle>进行资源文件的定位,该标记的属性含义如表 11-11 所示,该标记的语法为:

```
<fmt:bundle basename = "basename" [prefix = "prefix"]>
    body content
</fmt:bundle>
```

表 11-11 <fmt:bundle>标记属性含义

属 性 名 称	数 据 类 型	功 能 描 述
basename	String	指定资源文件的基础名称
prefix	String	指定消息 key 的前缀

该标记通过给定的基础名,再结合本地化的语言编码和国家编码,确定资源文件的名称。

(1) basename 属性确定基础名称。

如下代码将设定资源文件基础名为 messages:

```
<fmt:bundle basename = "messages">
    <fmt:message key = " com.city.oa.user.id "/>
    <fmt:message key = " com.city.oa.user.name "/>
</fmt:bundle>
```

在<fmt:bundle>标记中间嵌入的其他 I18N 标记将使用指定的资源文件中的消息文本。

(2) prefix 属性确定其他 JSTL 消息文本 key 的前缀。用于简化消息文本 key 的书写。在上例代码中所有消息 key 均以 com.city.oa 为开头,因此可以指定 prefix 属性,其他标记如<fmt:message>中的 key 可以 prefix 为基础进行命名,参见如下代码例子:

```
<fmt:bundle basename = "messages" prefix = " com.city.oa">
<fmt:message key = "user.id "/>
<fmt:message key = "user.name "/>
</fmt:bundle>
```

使用了 prefix 属性后,其他标记的 key 就可以省略 prefix 部分,简化了代码书写,提高了项目的开发效率。

5. <fmt:setBundle>标记

<fmt:setBundle>标记创建 1 个资源绑定定义,并保存在 scope 对象内。它的语法格式为:

```
<fmt:setBundle basename = "basename" [var = "varName"]
    [scope = "{page|request|session|application}"]/>
```

标记中每个属性的名称、取值类型和含义如表 11-12 所示。

表 11-12 ＜fmt:setBundle＞标记属性含义

属性名称	数据类型	功能描述
basename	String	指定资源文件的基础名称
var	String	指定资源文件定义的保存属性名称
scope	String	指定资源文件定义的保存 scope 对象

如下例子代码展示创建 1 个资源绑定,并存储在 Session 对象中:

```
<fmt:setBundle basename="info" var="infoBundle" scope="session"/>
```

JSTL 的 I18N 其他标记可以使用此资源绑定。

6. ＜fmt:message＞标记

＜fmt:message＞标记用于读取指定资源文件的消息文本并输出到 JSP 页面,它的语法格式如下:

```
<fmt:message key="messageKey" [bundle="resourceBundle"] [var="varName"]
[scope="{page|request|session|application}"]/>
```

标记中的属性名称、取值和含义如表 11-13 所示。

表 11-13 ＜fmt:message＞标记属性含义

属性名称	数据类型	功能描述
key	String	指定消息文本的 key
bundle	java.util.Locale	指定资源文件
var	String	定义取出的消息文本的存储对象属性名
scope	String	定义取出的消息文本的存储对象

该标记将从指定的资源文件中,取出指定的消息文本并显示。

(1) key:指定消息文本的 key。

(2) bundle:指定资源文件,要使用 EL 表达式 ${} 来定位＜fmt:setBundle＞标记定义的资源文件。如果省略则自动使用＜fmt:bundle＞定义的资源文件。

例如使用＜fmt:setBundle＞标记定义的资源绑定:

```
<fmt:setBundle basename="info" var="infoBundle" scope="session"/>
<fmt:message key="com.city.oa.user.name" bundle="${infoBundle}"/>
```

(3) var 属性表示从资源文件取出的消息文本保存到 scope 对象的属性中,属性名由 var 指定。

(4) scope 属性表示消息文本保存的对象。

如下代码演示,将取出的消息文本保存到 Session 对象的属性名为 username 的属性中。

```
<fmt:setBundle basename="info" var="infoBundle" scope="session"/>
<fmt:message key="com.city.oa.user.name" bundle="${infoBundle}" var="username" scope="session"/>
${sessionScope.username}
```

11.5 JSTL 数据库标记

为了简化操作数据库的编程,JSTL 提供了 SQL 标记库,以标签方式执行对数据库的操作。但是在 JSP 页面中直接执行对数据库的 SQL 操作是违背 MVC 模式的,实际开发项目中应尽可能避免使用 JSTL 的 SQL 标记。本节只是简单介绍一下 SQL 标记的使用,读者了解即可。

为了在 JSP 页面中使用 JSTL 的 SQL 标记库,需要使用 taglib 指令引入 SQL 标记。引入语句如下:

```
<%@ taglib uri="http://java.sun.com/jsp/jstl/sql" prefix="sql" %>
```

JSTL 分别提供了如下 SQL 标记:
(1) <sql:setDataSource>:设置数据源标记。
(2) <sql:query>:执行 select 查询标记。
(3) <sql:update>:执行 insert,update,delete 语句标记。

11.5.1 <sql:setDataSource>标记

使用 JSTL 的 SQL 标记执行 SQL 语句时,首先要设置连接数据库的数据源。标记<sql:setDataSource>用于设定与数据库的连接,其语法为:

```
<sql:setDataSource {dataSource="dataSource" |
url="jdbcUrl"
[driver="driverClassName"]
[user="userName"]
[password="password"]}
[var="varName"]
[scope="{page|request|session|application}"]/>
```

通过语法看到可以使用两种方式来取得数据库的连接。
(1) 通过配置数据源的 JNDI 取得与数据库的连接。这需要使用 dataSource 属性进行配置。
(2) 通过配置驱动、URL、账号和密码等参数取得数据库连接,需要设置属性 driver,url,user 和 password 的值。

取得的数据库数据源以 var 指定的名称为属性保存在 scope 对象中。

标记的属性、取值和含义如表 11-14 所示。

表 11-14 <sql:setDataSource>标记属性含义

属 性 名 称	数 据 类 型	功 能 描 述
dataSource	String	指定配置数据连接池的 JNDI 名称
driver	String	数据库 JDBC 驱动类
url	String	数据库的 URL 地址
user	String	数据库用户名称
password	String	数据库用户密码
var	String	数据源保存属性名
scope	String	数据源保存 scope 对象

如下示例代码使用 JNDI 方式配置数据源,并保存在 Session 对象中,属性名为 myData:

```
< sql:setDataSource dataSource = "java:comp/env/cityoa"
  var = "myData" [scope = "session" ] />
```

如下示例代码使用直接配置方式取得数据源。使用 JDBC-ODBC 桥方式驱动、配置的 ODBC 数据源为 cityoa,SQL Server 的账号为 sa,密码为 sa,数据源保存在 Session 对象中,属性名为 infoData:

```
< sql:setDataSource url = "jdbc:odbc:cityoa" driver = "sun.jdbc.odbc.JdbcOdbcDriver"
  user = "sa" password = "sa" var = "infoData" scope = "session" />
```

配置的数据源可用于其他 SQL 标记来执行 SQL 语句完成对数据库的 insert,update,delete 和 select 操作。

11.5.2 ＜sql:query＞标记

＜sql:query＞标记使用配置的 DataSource 来执行 select 查询操作。它的语法为:

1. select 语句无参数的语法

```
< sql:query sql = "sqlQuery"
var = "varName" [scope = "{page|request|session|application}"]
[dataSource = "dataSource"]
[maxRows = "maxRows"]
[startRow = "startRow"]/>
```

此语法中的 select 语句无参数。

2. select 语句有参数的语法

```
< sql:query sql = "sqlQuery"
var = "varName" [scope = "{page|request|session|application}"]
[dataSource = "dataSource"]
[maxRows = "maxRows"]
[startRow = "startRow"]>
< sql:param > actions
</sql:query >
```

此语法用于执行 select 语句带参数的执行。

＜sql:query＞标记中的属性、取值和含义如表 11-15 所示。

表 11-15 ＜sql:query＞标记属性含义

属 性 名 称	数 据 类 型	功 能 描 述
sql	String	要执行的 select 语句
dataSource	String	配置的数据源的 var 名称
maxRows	int	查询结果集中包含的最大个数
startRow	int	查询结果集中开始的记录数,第一个记录为 0
var	String	查询结果集保存的属性名
scope	String	查询结果集保存 scope 对象

如下示例代码为查询员工的所有记录,将结果集保存在 request 中,属性名为 emplist:

```
<sql:query sql="select * from EMP" dataSource="${infoData}"
    var="emplist"  scope="request"  maxRows="10" startRow="2" />
```

下面示例代码为执行带参数的 select 语句,需要使用<sql:param>为 SQL 语句中的参数赋值:

```
<sql:query sql="select * from EMP where deptno=?" dataSource="${infoData}"
    var="emplist"  scope="request"  maxRows="10" startRow="2" >
    <sql:param value="${deptNo}" />
</sql:query>
```

其中 deptNo 为保存在 scope 中的属性,可以由控制 Servlet 保存到 scope 对象中,再转发到包含上述代码的 JSP 页面。

使用<sql:query>标记生成的查询结果集可以使用<c:forEach>标记进行遍历得到所有的记录并进行显示。示例代码如下:

```
<c:forEach var="row" items="${infoData.rows}">
<tr>
<td><c:out value="${row.ame}"/></td>
<td><c:out value="${row.age}"/></td>
</tr>
</c:forEach>
```

程序 11-6 为可以访问的执行 select 语句的 JSP 页面代码。

程序 11-6　sql01.jsp

```
<%@ page language="java" import="java.util.*" pageEncoding="GBK"%>
<%@ taglib uri="http://java.sun.com/jsp/jstl/core" prefix="c" %>
<%@ taglib uri="http://java.sun.com/jsp/jstl/fmt" prefix="fmt" %>
<%@ taglib uri="http://java.sun.com/jsp/jstl/sql" prefix="sql" %>
<%@ taglib uri="http://java.sun.com/jsp/jstl/xml" prefix="x" %>
<%@ taglib uri="http://java.sun.com/jsp/jstl/functions" prefix="fn" %>
<!DOCTYPE HTML PUBLIC "-//W3C//DTD HTML 4.01 Transitional//EN">
<html>
<head>
    <title>使用 JSTL SQL 标记</title>
</head>
<body>
    <!-- 设定数据源 -->
<sql:setDataSource driver="sun.jdbc.odbc.JdbcOdbcDriver"
    url="jdbc:odbc:cityoa"  var="infoData" scope="request" />
    <!-- 取得查询结果集 -->
<sql:query sql="select * from emp" dataSource="${infoData}"
    var="emplist" scope="request">
</sql:query>
<h1>员工列表</h1>
<hr>
<table width="100%"  border="0">
    <tr bgcolor="#99FFFF">
```

```
        <td width = "25%"><div align = "center">姓名</div></td>
        <td width = "25%"><div align = "center">年龄</div></td>
        <td width = "14%"><div align = "center">性别</div></td>
        <td width = "14%">操作</td>
      </tr>
    <c:forEach var = "row" items = "${emplist.rows}">
      <tr>
        <td><a href = "toview.do?id = ${row.empid}">${row.name}</a></td>
        <td>${row.age}</td>
        <td>${row.sex}</td>
        <td><a href = "toModofy.do?id = ${row.empid}">修改</a>
        <a href = "toDelete.do?id = ${row.empid}">删除</a></td>
      </tr>
    </c:forEach>
  </table>
  <hr/>
  </body>
</html>
```

将包含此 JSP 页面的 Web 项目部署到 Tomcat，请求此 JSP 页面，显示结果如图 11-12 所示。

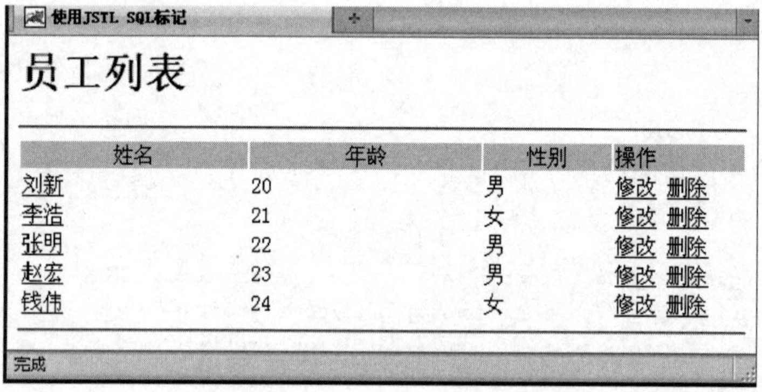

图 11-12 <sql:query>标记执行结果

11.5.3 <sql:update>标记

<sql:update>标记用于执行 insert，update，delete 等 DML SQL 语句，完成对数据表的增、改和删除操作。<sql:update>的语法格式如下。

1．SQL 语句无参数的格式

```
<sql:update sql = "sqlUpdate"
[dataSource = "dataSource"]
[var = "varName"] [scope = "{page|request|session|application}"]/>
```

2．SQL 语句有参数的格式

```
<sql:update sql = "sqlUpdate"
[dataSource = "dataSource"]
```

```
[var = "varName"] [scope = "{page|request|session|application}"]>
    <sql:param> actions
</sql:update>
```

标记语法中的属性、值类型和含义如表 11-16 所示。

表 11-16 <sql:update>标记属性含义

属性名称	数据类型	功能描述
sql	String	要执行的 select 语句
dataSource	String	配置的数据源的 var 名称
var	String	SQL 语句执行结果保存的属性名
scope	String	SQL 语句执行结果保存 scope 对象

下面代码为执行增加员工的<sql:update>使用例子,并把执行结果保存在请求对象中,属性名为 result:

```
<!-- 先定义数据库连接数据源 -->
<sql:setDataSource driver = "sun.jdbc.odbc.JdbcOdbcDriver"
url = "jdbc:odbc:cityoa"  var = "infoData" scope = "request" />
<!-- 使用定义的数据源执行 insert SQL 语句 -->
<sql:update sql = "insert into EMP (EMPID,PASSWORD,NAME,AGE) values ('9001','9001','吴维新',
20)"   dataSource = "${infoData}" var = "result" scope = "request" />
增加员工个数: ${result}<br/>
```

此案例没有传递参数。如下代码演示使用参数的<sql:update>的使用:

```
<!-- 先定义数据库连接数据源 -->
    <sql:setDataSource driver = "sun.jdbc.odbc.JdbcOdbcDriver"
     url = "jdbc:odbc:cityoa"  var = "infoData" scope = "request" />
    <!-- 使用定义的数据源执行 insert SQL 语句 -->
    <sql:update sql = " insert into EMP (EMPID, PASSWORD, NAME, AGE) values (?,?,?,?)"
dataSource = "${infoData}" var = "result" scope = "request" >
        <sql:param value = "9002" />
        <sql:param value = "9002" />
        <sql:param value = "刘名新" />
        <sql:param value = "25" />
</sql:update>
增加员工个数: ${result}<br/>
```

此案例使用了内嵌的<sql:param>标记为 SQL 中的问号参数进行赋值,参数的先后顺序与问号的位置顺序相同。

11.6 JSTL 应用实例:使用 JSTL 标记显示数据库记录列表

本节中将介绍一个实际项目中使用 JSTL 的案例,并使用 MVC 模式实现各个组件功能的分解,有利于进行团队开发。

11.6.1 案例功能简述

本案例的核心功能是使用 JSTL 标记进行 OA 数据库中员工表的记录显示。编写 JavaBean 实现对员工记录的封装;设计业务 JavaBean 完成将所有员工记录读取并保存到

JavaBean 对象中,以容器方式返回所有员工的记录;编写 Servlet 接收客户端的请求,调用业务 JavaBean 取得员工列表,并保存到 request 对象中,转发到员工列表显示 JSP 页面;最后员工显示 JSP 页面使用 JSTL 标记完成员工列表的显示。

11.6.2 案例中组件设计与编程

为完成此案例的功能,将采用 JSP+Servlet+JavaBean 的组合方式进行设计,JSP 负责显示,Servlet 负责接收客户请求,调用 JavaBean 功能,JavaBean 负责连接数据库取得员工列表。案例编程如下:

1. 封装员工记录的 JavaBean 类

此 JavaBean 类用于封装员工表 EMP 中每个记录的字段,每个字段对应此类的 1 个属性,并且每个属性都有一对 get/set 方法。此类的代码如程序 11-7 所示。

程序 11-7 EmployeeValue.java

```java
package com.city.oa.value;
//员工记录封装类,它的每个对象对应一条记录
public class EmployeeValue
{
    private String id = null;
    private String password = null;
    private String name = null;
    private int age = 0;

    public String getId() {
        return id;
    }
    public void setId(String id) {
        this.id = id;
    }
    public String getPassword() {
        return password;
    }
    public void setPassword(String password) {
        this.password = password;
    }
    public String getName() {
        return name;
    }
    public void setName(String name) {
        this.name = name;
    }
    public int getAge() {
        return age;
    }
    public void setAge(int age) {
        this.age = age;
    }
}
```

2. 员工业务类 JavaBean

此 JavaBean 负责连接数据库,执行 Select 查询,将所有员工的记录分别写入员工封装 JavaBean 对象中,并存入 List 容器。此 JavaBean 代码如程序 11-8 所示。

程序 11-8 EmployeeBusiness.java

```java
package com.city.oa.dao.impl;
import java.sql.*;
import java.util.*;
import com.city.oa.value.*;
//员工业务处理 JavaBean 类,完成连接数据库,执行 SQL 语句
public class EmployeeBusiness
{
    //取得所有员工列表
    public List getList() throws Exception
    {
        List empList = new ArrayList();
        String sql = "select * from EMP";
        Connection cn = null;
        try {
            Class.forName("sun.jdbc.odbc.JdbcOdbcDriver");
            cn = DriverManager.getConnection("jdbc:odbc:cityoa");
            PreparedStatement ps = cn.prepareStatement(sql);
            ResultSet rs = ps.executeQuery();
            while(rs.next())
            {
                //每个记录创建 1 个员工封装 JavaBean 对象
                EmployeeValue ev = new EmployeeValue();
                //从数据库表的记录中读取字段值写入到 JavaBean 中
                ev.setId(rs.getString("EMPID"));
                ev.setPassword(rs.getString("Password"));
                ev.setName(rs.getString("NAME"));
                ev.setAge(rs.getInt("AGE"));
                //员工封装 Bean 加入 List 容器
                empList.add(ev);
            }
            rs.close();
            ps.close();
        } catch(Exception e) {
            throw new Exception("取得员工列表错误:" + e.getMessage());
        } finally {
            cn.close();
        }
        return empList;
    }
}
```

3. 员工请求主 Servlet

此 Servlet 担当控制器的角色,接收客户端的 HTTP 请求,调用员工业务 Bean 的方法,

取得包含所有员工列表容器对象后,将其保存到 request 对象,转发到员工显示 JSP 页面。此 Servlet 的代码如程序 11-9 所示。

程序 11-9　EmployeeMainAction.java

```java
package com.city.oa.action;
import java.io.IOException;
import java.util.*;
import javax.servlet.RequestDispatcher;
import javax.servlet.ServletException;
import javax.servlet.http.HttpServlet;
import javax.servlet.http.HttpServletRequest;
import javax.servlet.http.HttpServletResponse;
import com.city.oa.business.*;
//员工请求主 Servlet
public class EmployeeMainAction extends HttpServlet
{
    public void doGet(HttpServletRequest request, HttpServletResponse response)
        throws ServletException, IOException
    {
      Try {
        //创建员工业务类对象
        EmployeeBusiness emp = new EmployeeBusiness();
        //调用它的业务方法
        List empList = emp.getList();
        //员工列表容器对象保存到请求对象中,便于使用 JSTL 标记遍历
        request.setAttribute("empList",empList);
        //实现到员工显示页面的转发,必须使用转发,因为员工列表保存在 request 中
        RequestDispatcher rd = request.getRequestDispatcher("employeemain.jsp");
        rd.forward(request, response);
      } catch(Exception e) {
        String mess = e.getMessage();
        response.sendRedirect("../error.jsp?mess = " + mess);
      }
    }
    public void doPost(HttpServletRequest request, HttpServletResponse response)
        throws ServletException, IOException {
        doGet(request,response);
    }
}
```

4. 员工列表显示 JSP 页面

此页面接收 Servlet 保存到 request 中的容器对象,并使用＜c:forEach＞标记进行遍历,实现所有员工列表的显示。页面代码如程序 11-10 所示。

程序 11-10　employeemain.jsp

```jsp
<%@ page language = "java" import = "java.util.*" pageEncoding = "GBK" %>
<%@ taglib uri = "http://java.sun.com/jsp/jstl/core" prefix = "c" %>
<!DOCTYPE HTML PUBLIC " - //W3C//DTD HTML 4.01 Transitional//EN">
```

```html
<html>
<head>
<meta http-equiv="Content-Type" content="text/html; charset=gb2312">
<title>员工管理主菜单</title>
<link rel="stylesheet" type="text/css" href="../css/site.css">
</head>
<body>
<table width="100%" height="200" border="0">
  <tr>
    <td width="19%" valign="top" bgcolor="#99FFFF">
        <jsp:include page="../common/left.jsp"></jsp:include>
    </td>
    <td width="81%" valign="top"><table width="100%" border="0">
      <tr>
        <td><span class="style4">员工列表</span></td>
        <td></td>
      </tr>
    </table>
    <table width="100%" border="0">
      <tr bgcolor="#99FFFF">
        <td width="25%"><div align="center">账号</div></td>
        <td width="25%"><div align="center">姓名</div></td>
        <td width="14%"><div align="center">年龄</div></td>
        <td width="14%">操作</td>
      </tr>
      <c:forEach var="emp" items="${empList}">
      <tr>
        <td><span class="style2"><a href="toview.do?id=${emp.id}">${emp.id}</a></span></td>
        <td><span class="style2">${emp.name}</span></td>
        <td><span class="style2">${emp.age}</span></td>
        <td><span class="style2"><a href="toModofy.do?id=${emp.id}">修改</a> <a href="toDelete.do?id=${emp.id}">删除</a></span></td>
      </tr>
      </c:forEach>
    </table>
    </td>
  </tr>
</table>
<jsp:include page="../common/bottom.jsp"></jsp:include>
</body>
</html>
```

11.6.3 项目部署和测试

将包含此案例代码的 Web 项目部署到 Tomcat 中,请求员工显示 Servlet,在调用业务 JavaBean 方法取得员工列表后,会自动转发到员工列表显示 JSP 页面。此 JSP 页面显示结果如图 11-13 所示。

通过案例可以看到初步的 MVC 模式应用,以及 JSTL 如何简化 JSP 页面的编写。

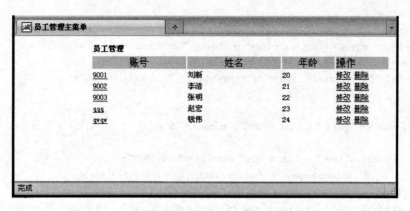

图 11-13 案例 JSP 页面输出结果

习 题 11

1．思考题

（1）简要说明 JSTL 的优点有哪些。
（2）写出 JSP 页面中引入 JSTL 核心、SQL 和 I18N 的指令语句。

2．编程题

参考 11.6 节的案例，按 MVC 模式并结合 JSTL 编程实现 SQL Server 2000 数据库 NorthWind 样本数据库中产品表的所有产品显示。注：只显示产品的编号、名称、单价和库存数量这 4 个字段。

第12章

JNDI命名服务编程

本章要点

- 什么是命名服务(Naming Service);
- 什么是目录服务(Directory Service);
- 什么是 JNDI;
- JNDI API 组成;
- 命名服务 JNDI 应用编程;
- 目录服务 JNDI 应用编程;
- 数据库连接池 JNDI 应用案例。

开发 Java SE 应用时,所有 Java 类对象都运行在一个 JVM 中,基本上都在一个对象内直接使用 new 创建其他对象,然后调用它的方法。

而开发基于 Java EE 规范的企业级应用系统时,很多应用类的对象并不与调用者运行在相同 JVM 中,无法按照常规的 new 构造方法来得到它的对象实例。因为这些对象可能被创建在企业级应用的其他地方,要调用这些对象,必须通过某种机制得到这些对象,即进行查找和定位分布在企业服务平台上的各种分布式对象,然后调用它们的方法,实现与这些对象的消息传递。Java EE 应用中命名和目录服务系统就提供了管理和查找这些分布式对象的机制,同时 Java EE 规范提供了一个统一的接口 JNDI 来访问命名和目录服务系统。

12.1 Naming Service 概述

使用 Java EE JNDI 编写访问命名和目录系统之前,首先需要了解命名服务系统的核心概念和基本功能。

12.1.1 命名服务核心概念

按照 Java 编程思想,一切皆为对象。现实世界也是如此,世界上的万物都以对象存在。为科学地管理对象,人类研究出各种各样的对象管理系统,如管理居民而建立的户籍系统,管理汽车建立的机动车注册管理系统等。

人们为管理对象的方便,都对对象进行命名,如当婴儿出生后,父母立即为孩子起名,以后这个名字会一直跟随这个孩子的一生,使用这个名字代表这个人。这个名字会随着孩子的成长,注册到各种各样的系统中,如学籍管理、医疗保险、银行账户和股票市场等,都会使用名字来定位这个人。以上这些系统就是命名服务系统。

1. 命名

将一个名字与一个对象进行关联,称为命名(Naming)。如在操作系统的文件系统中,为每个文件对象起一个文件名;DNS 域名系统,为每个 IP 地址分配一个域名;户籍管理系统为每个居民分配一个唯一的身份证号码。

2. 上下文

经过命名的对象,需要某种存储机制,来保存对象—名字的映射关系,这个保存的地点称为命名服务上下文(Context),也称环境。每个命名服务系统都需要由 Context 来存储名字—对象映射对集合。

3. 命名服务

命名对象需要保存到 Context 中,同时 Context 需要某种机制进行管理,这种管理命名对象的机制称为命名服务系统(Naming Service)。任何一个命名服务系统都必须提供命名对象的注册、查找和注销的服务。

例如操作系统的文件管理系统,提供文件的保存、检索、移动和删除操作。

4. 绑定

将对象命名并注册到命名服务系统,称为绑定(binding)。例如文件系统中文件名对文件的绑定;户籍系统中身份证号码与居民的绑定。

5. 解绑

将对象从命名服务系统中注销并解除与名字的关联,称为解除绑定(unbinding)。如 OS 文件系统中将文件删除;户籍中将某居民注销。

12.1.2 命名服务系统的基本功能

从 12.1.1 节命名服务核心概念中就可以大概了解命名服务的基本功能。

1. 命名对象注册

将对象与一个唯一的名字进行关联,并保存到命名服务系统中。命名服务系统需要提供相关的方法来实现此功能。

2. 命名对象查找

命名服务系统提供各种查找已经注册的命名对象的方法,从而返回已经注册的对象实例,进而可以调用此对象的方法。

它是命名服务系统的核心功能，可以通过查找而不是创建就得到对象实例，毕竟查找对象比创建要快得多。如果某个对象创建时间较长，而且又是经常使用的情况下，将此对象注册到命名系统，需要时进行查找，将会极大提高系统的运行速度，改善系统的整体性能，这是需要命名服务的真正原因。

在 Java EE 应用开发中，一般将数据库连接池对象放到命名服务系统，可以极快地取得数据库连接对象，因为连接对象取得是相当缓慢的；EJB 对象也注册到命名服务系统中，可以进行远处访问。

3. 命名对象注销

将名字和对象解除关联，并从命名服务系统中删除。当应用中某个注册的对象不再需要时，为节省服务器内存，使用命名服务系统提供的服务将命名对象注销。

4. 命名服务定位

命名服务系统本身要提供方法供其他对象找到命名服务系统。如公安部门公布户籍查询的网址，每个人访问户籍网站进行个人命名信息的查询；OS 文件系统提供资源管理系统来访问文件命名管理系统，进行文件管理。

12.2 Directory Service 概述

当命名服务系统中需要管理的命名对象过多，不利于对象的管理和查找时，就需要某种机制根据命名对象的某些特征进行分类管理，这种分类管理机制就是目录服务。如在文件系统中，不能把过多文件都存放在一个目录中，而是根据每个文件的特征，如用途、厂家等分别创建不同的目录来存放不同类型的文件，方便文件的管理和查找。这些除名字之外的其他特征就构成了目录服务的基础。

12.2.1 目录服务系统基本概念

要理解目录服务系统，需要了解目录的基本概念、目录对象和命名对象的区别、目录服务系统和命名服务系统的相同点和不同点等。

1. 目录对象

当对象命名时，不但需要名字，还需要其他属性时，将对象的名字和其他属性合称为目录对象（Directory Object）。

目录对象包含对象的名称之外，还包含对象的其他属性。

如在文件系统中，每个文件不但有文件名，还有文件的大小、创建日期、只读属性和隐藏属性等，这些信息是命名服务系统无法实现的，必须提供目录对象表达，即每个文件就是一个目录对象。实际上文件系统是一个目录服务系统，我们在资源管理器中不但能看到每个文件的名字，还有文件的其他属性。

命名服务系统则只能看到文件名字，无法得到文件的其他特征属性。可以认为目录服务系统是命名服务系统的扩展，命名服务是目录服务的子集。

2. 属性

目录对象不但有名称,还有额外的属性(Attribute)来进一步标识对象的其他特征。如户籍管理中,居民不但有名字,还有性别、年龄、住址、电话和 Mail 等。

每个属性都有属性标识名和值。如年龄是属性标识,男是属性值。

3. 目录

将保存目录对象的上下文称为目录(Directory)。目录保存目录对象的集合。目录由目录服务系统进行管理和维护。

4. 目录服务

维护和管理目录的机制称为目录服务(Directory Service)。目录服务不但管理目录对象,而且管理目录对象的属性。

12.2.2 目录服务基本功能

目录服务提供了对目录和目录对象的全面管理。具体的功能如下。

1. 目录对象创建

将对象创建为目录对象,注册到目录服务,并设置目录的相关属性。以后可以通过目录服务提供的接口对目录对象进行查找和过滤。

2. 目录对象属性管理

可以对目录服务中注册的目录对象的属性进行增加、修改和删除。

3. 目录对象删除

当某个对象不再需要时,目录服务可以删除(注销)目录对象。

4. 目录对象查找

目录服务提供了与命名服务相同的按目录名称进行查找的功能,同时提供了命名服务没有的可按其他属性进行目录对象查找和定位的功能,称为检索过滤。如 DNS 目录服务可以查找所有财务部门的共享打印机,这是命名服务无法提供的。

5. 目录服务系统定位

目录服务本身会提供自身定位功能,客户提供定位功能连接到目录服务,使用目录服务完成目录对象及其属性的管理。如提供目录服务企业管理器程序等,也可以提供编程得到目录服务的接口对象引用,进而通过编程实现目录对象的管理,本章的核心 JNDI API 就提供了 Java 编程接口来连接并使用目录服务。

12.2.3 常见的目录服务

无论在现实社会还是在计算机领域,目录服务随处可见,应用普遍,可以说生活中目录服务无处不在。以下就是计算机领域著名的目录服务系统。

1. 操作系统文件系统(File System)

任何计算机操作系统都提供文件目录服务功能,完成对所有文件的管理,提供了对文件多种方式的检索,可以创建、移动、修改、删除、查询文件和目录。

2. DNS 系统

DNS 目录服务提供了将互联网上的联网 PC 的域名地址和 IP 进行关联映射的管理,并提供同步服务,在新的域名增加到 1 个 DNS 中后,将会自动在其他 DNS 服务器中进行复制。

3. Novell DNS

DNS 是 Novell 公司提供的著名网络管理目录服务系统,它将 Novell 网络上的每个对象,包括服务器、客户机、打印机、用户、群组等都作为一个目录对象进行管理,以目录树的方式进行管理,每个目录对象都创建在目录树上。在网络上任何地点都可以使用用户目录对象进行登录,可以使用网络上的任何打印机,访问任何服务器,只要管理员进行了授权。DNS 目录服务极大简化了网络的管理和维护,方便了网络用户访问网络上的共享资源。

4. Microsoft Domain Active Directory

微软公司提供了活动目录服务,用于 Windows PC 和服务器的联网和管理,它使用基于目录服务的目录树管理网络上的所有 Server、PC、各种设备、用户、群组和权限管理。基于此目录服务可以实现用户在任何连接到 Domain 中的客户端进行登录和实现网络共享。

12.3 JNDI 概述

Java EE 应用编程中使用命名服务和目录服务主要使用其 Java 对象注册和查找功能。通过命名或目录服务,可以将各种对象按统一模式注册到目录服务系统中,其他对象要使用此对象,只需连接命名或目录服务,使用目录服务提供的查找功能,找到该对象并调用它的方法,完成应用的开发。这种工作模式在 Java EE 企业分布式应用中使用最为广泛。

同时为屏蔽每种不同命名和目录服务系统的差异性,Java EE 提供了 JNDI API 以统一的方式连接各种命名和目录服务,如同使用 JDBC 连接不同的数据库一样,只是驱动和地址的不同,一旦连接建立,操作的方法是相同的。

图 12-1 和图 12-2 为 JDBC 与 JNDI 的直观比较。

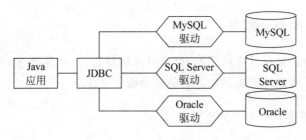

图 12-1　JDBC 工作示意图

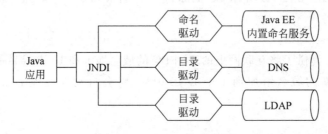

图 12-2　JNDI 工作示意图

12.3.1　JNDI 基础

JNDI(Java Naming and Directory Interface)是 Java EE 规范提供的连接命名服务和目录服务的 Java 编程接口,提供 1 个统一的模式来操作各种命名目录或目录服务系统。通过 JNDI,各种类型的命名服务和目录服务系统向 Java 应用暴露了相同的功能和方法,可以使用统一的编程模式来操作不同的命名服务或目录服务系统,简化了企业级项目的开发。

12.3.2　JNDI API 组成

JNDI 从 Java 2 SDK 1.3 开始引入,并可以在后续版本使用,JNDI 以标准 JDK 的扩展方式存在,因此它的包开头都是 javax,而不是一般的 java。

学习 JNDI 需要了解 JNDI 框架结构,包括程序包组成和常用的接口和类。

1. JNDI 框架结构

JNDI 架构提供了一组标准的独立于命名系统和目录服务的编程 API,它们构建在命名系统和目录服务系统驱动上层。JNDI 有助于将应用与实际的命名服务和目录服务分离,因此不管应用访问的是 LDAP,RMI,DNS 还是其他的目录服务,都使用相同的编程接口。

JNDI 框架组成主要包含两个组成部分:
(1) Java JNDI API:定义了 JNDI 接口和常见实现类。
(2) Service Provider Interface（SPI）:定义了服务提供者接口和驱动类。

JNDI 框架结构如图 12-3 所示。

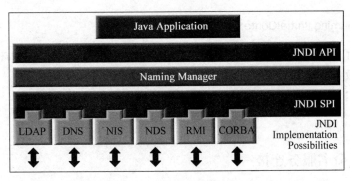

图 12-3　JNDI 框架结构

2. JNDI 包结构

Sun 在如下包中定义了 JNDI API 接口和相关的类,如表 12-1 所示。

表 12-1　JNDI 包和相关的接口和类

包	说　明
javax.naming	提供接口和类用于访问简单的命名服务系统
javax.naming.directory	访问目录服务的接口和类
javax.naming.event	处理访问命名服务和目录服务的异常信息类
javax.naming.ldap	访问遵守 LDAP 协议的目录服务的接口和类
javax.naming.spi	提供实现 LDAP 协议的目录服务的驱动实现

12.4　命名服务 JNDI 编程

　　命名服务虽然没有目录服务应用那么广泛,但它由于使用简单、配置方便、编程容易,被所有的 Java EE 服务器采用,在服务器内部作为一个简单的对象管理器使用。目前无论是商业化的高性能服务器如 WebLogic、WebSphere,还是轻量级开源服务器,如 JBoss、Tomcat 都内置一个命名服务,用于关键对象的引用管理。

　　Java EE 服务器内置的命名服务管理着许多在服务器内部配置的对象,如数据库连接池、EJB、JMS 消息存储器等,当服务器启动后,这些预先配置的对象被服务器创建,并按事先配置的名称注册到命名服务中。由于这些对象一直被命名服务引用,所以一直处于引用有效状态,不会被垃圾收集器收回。

　　另外这些预先注册在命名服务中的对象可以被服务器上驻留的所有应用访问,不论是 Web 项目,还是 EJB 项目,从而实现对象的跨应用使用。

　　但需要注意的是在某个应用内部通过编程注册的对象是无法被其他应用访问的。

　　命名服务的编程任务主要有:对象注册到命名服务,注册对象查找和注册对象注销。

12.4.1　命名服务 API

　　在 javax.naming 包中定义了连接命名服务的接口和类。

1. javax.naming.Context 接口

　　该接口定义了命名服务系统应该完成的功能。编写命名服务首先要取得该接口的对象。

2. javax.naming.InitialContext 类

该类实现了 Context 接口,表达所连接的命名服务系统的起始上下文环境,类似于使用文件系统访问文件的根目录,只有通过根目录才能访问子目录。

在编写 JNDI 应用时,要引入包含这两个类的包:

import javax.naming.*;

12.4.2 命名服务连接

对命名服务编程,首先要连接到命名服务,并定位到目录服务的根目录后,才可以实现对目录的访问和操作。

连接命名服务分为本地连接和远程连接两种。

1. 本地连接

在服务器应用内部连接内置的命名服务较为简单,代码如下:

```
try {
    Context ctx = new InitialContext();
    ctx.close();
} catch(NamingException e) {
    //处理 NamingException
}
```

由于没有为 InitialContext 提供任何参数,将自动与内置的命名服务取得连接,并自动定位在命名服务的根目录。

取得与命名服务的连接对象后,可以对命名服务系统进行操作,包括注册对象、查找注册对象、注销对象、创建子目录等。

最后要关闭此连接对象,释放所占的资源。关闭 Context 对象,不会关闭命名服务,如同关闭数据库连接 Connection,不会关闭数据库系统一样。

2. 远程连接

在开发企业级分布式 Java EE 应用时,经常需要访问远程服务器上的 EJB 组件或 RMI 远程对象,就需要连接远程的命名服务。

切记:一般的 Java 对象是不能远程调用的,需要进行 RMI 改造。

要连接远程命名服务,需要提供如下参数:

(1) java.naming.factory.initial 命名服务工厂类名;
(2) java.naming.provider.url 命名服务地址;
(3) java.naming.securiry.principal 连接账号;
(4) java.naming.securiry.credentials 连接密码。

如下为连接远程 WebLogic 命名服务的示例代码:

```
try {
    Properties properties = new Properties();
    //设置命名服务工厂类名
```

```
        properties.put(Context.INITIAL_CONTEXT_FACTORY,    "weblogic.jndi.WLInitialContextFactory");
        //命名服务协议、地址、端口
        properties.put(Context.PROVIDER_URL," t3://192.168.1.99:7001");
        //WebLogic 账号
        properties.put(Context.SECURITY_PRINCIPAL, "admin");
        //Weblogic 密码
        properties.put(Context.SECURITY_CREDENTIALS, "12345678");
        Context ctx = new InitialContext(properties);
        //命名服务业务处理
        //编写命名服务操作代码
        ctx.close();
} catch(NamingException e) {
        //处理 NamingException
}
```

不同的服务器需要不同的参数,请参见相应产品的技术手册,查阅这些参数的具体值。

12.4.3　命名服务注册编程

连接命名服务并取得 Context 接口的对象后,就可以将对象注册到命名服务系统。注册对象使用 Context 接口定义的方法：

```
public void bind(String name,Object obj) throws NamingException
```

将对象使用 name 指定的名称注册到命名服务。如果命名服务中已经注册了相同名字的对象,将抛出 NamingException 异常。

对象注册示例代码如下：

```
try {
        Context ctx = new InitialContext();
        String username = "lvhaidong";
        ctx.bind("username",username);
        ctx.close();
} catch(NamingException e)
{
        //处理 NamingException
}
```

12.4.4　命名服务注册对象查找编程

当对象被注册到命名服务中以后,其他应用组件可以连接到命名服务系统,查找已经注册的对象,取得对象的引用,调用对象的方法。

查找注册对象,使用 Context 接口定义的 lookup 方法：

```
public Object lookup(String name) throws NamingException
```

如果指定的注册名存在,则返回注册的对象,类型是 Object,需要对其进行强制转换,得到注册时的初始类型。如果注册名不存在,则抛出 NamingException 异常,显示注册名不存在。

如下为查找命名服务系统中注册对象的示例代码：

```
try {
    //连接内置命名服务
    Context ctx = new InitialContext();
    //查找注册名为 username 的对象
    String username = ctx.lookup("username");;
    System.out.println(username);
    ctx.close();
} catch(NamingException e) {
    //处理 NamingException
    System.out.println("注册名查找错误:" + e.getMessage());
}
```

12.4.5　命名服务注册对象注销编程

当命名服务中注册的对象不需要时，可以通过编程进行注销。注销使用 Context 接口定义的方法：

```
public void unbind(String name) throws NamingException
```

将指定注册名的对象从命名服务系统中删除，如果注册名不存在则抛出 NamingException 异常，指出注册 name 不存在。

如下为命名服务系统中注销已注册对象的示例代码：

```
try {
    //连接内置命名服务
    Context ctx = new InitialContext();
    //注销已经注册的"username"的对象
    ctx.unbind("username");
    ctx.close();
} catch(NamingException e) {
    //处理 NamingException
    System.out.println("注销错误:" + e.getMessage());
}
```

12.4.6　命名服务注册对象重新注册编程

已有的注册对象，可以使用相同的名字重新注册其他对象，实现注册的替换，也称为重新绑定。重新绑定使用 Context 接口定义的方法：

```
public void rebind(String name,Object obj) throws NamingException
```

将已经注册的对象注销，并使用相同的注册名重新注册新的对象，如果注册名不存在则抛出 NamingException 异常，指出注册 name 不存在。

如下为命名服务系统中注册对象重新注册的示例代码：

```
try {
    //连接内置命名服务
```

```
        Context ctx = new InitialContext();
        //重新注册已经注册的"username"的对象
        ctx.rebind("username","LiMingCai" );
        //关闭与命名服务的连接
        ctx.close();
} catch(NamingException e) {
        //处理 NamingException
        System.out.println("注销错误:" + e.getMessage());
}
```

12.4.7 命名服务子目录编程

命名服务也有子目录的概念,当命名服务系统中注册的对象过多时,需要对注册对象进行分类管理,即创建不同的子目录,按注册对象的特征分别注册到不同子目录中。使用 Java EE 服务器自带的 JNDI 浏览工具,就可以看到整个命名服务的目录树结构,不少目前流行的 Java EE 服务器都提供了 JNDI 目录查看工具,来查看 JNDI 目录结构和每个目录下注册的所有对象。如图 12-4 所示是 WebLogic Server 中的 JNDI 目录查看结果。

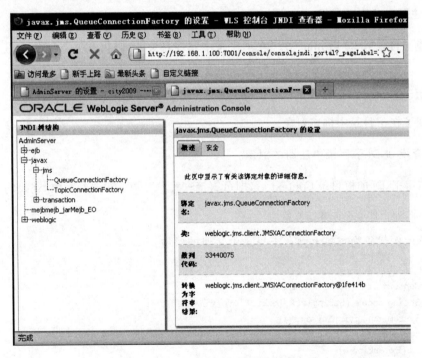

图 12-4　WebLogic Server JNDI 目录查看

通过 WebLogic Server 提供的 JNDI 工具,可以查看指定服务器上所有的 JNDI 目录结构和所有注册的命名服务对象。

使用 Context ctx＝new InitialContext();取得命名服务连接对象后,自动定位在命名服务的根目录即"/"。然后可以使用 Context 提供的方法创建新的子目录,切换到子目录,注册对象到子目录,最后删除子目录。

1. 创建子目录

通过 Context 接口提供的创建子目录的方法：

```
public Context createSubcontext(String name) throws NamingException
```

可以在当前目录服务下，创建新的 JNDI 子目录，创建子目录的示例代码如下：

```
try {
    Context ctx = new InitialContext();
    Context ctx01 = ctx.createSubcontext("erp");
    ctx01.bind("finance",new String("FINANCE"));
    ctx01.close();
    ctx.close();
} catch(Exception e) {
    System.out.println("JNDI 错误:" + e.getMessage());
}
```

此代码在 JNDI 根目录下，创建子目录，并在子目录 erp 下注册新的对象。

2. 注册对象到子目录

创建子目录后，使用 bind 方法在子目录中实现对象的绑定，参见上面的示例代码，其中语句：

```
ctx01.bind("finance",new String("FINANCE"));
```

实现了在子目录中绑定对象。

3. 查找 JNDI 子目录中注册的对象

在取得 JNDI 的根目录 Context 后，即可直接查找子目录下注册的对象，查找的格式是：

子目录名/子目录名/对象注册名

如下示例代码为查找上面在子目录中注册的对象：

```
try {
    Context ctx = new InitialContext();
    String name = (String)ctx.lookup("erp/finance");
    System.out.println(name);
    ctx.close();
} catch(Exception e) {
    System.out.println("JNDI 错误:" + e.getMessage());
}
```

通过 String name=(String)ctx.lookup("erp/finance");将子目录中注册的命名对象找到。

4. 删除子目录

当子目录不需要时，可以使用 Context 接口提供的方法：

```
public void destroySubcontext(Name name) throws NamingException
```

将创建的子目录删除。如下为删除子目录的示例代码：

```java
try {
    Context ctx = new InitialContext();
    ctx.destroySubcontext("erp");//删除子目录
    ctx.close();
} catch(Exception e) {
    System.out.println("JNDI 错误:" + e.getMessage());
}
```

通过子目录名可以直接使用 destroySubcontext 方法将其删除。

习 题 12

1．思考题

（1）简述命名服务的功能和优点。
（2）举例说明 Java 编程中得到一个类对象的几种方法。

2．编程题

编写一个监听 Web 服务器启动的监听器类，当 Web 服务启动后，取得一个到数据库的连接，将此连接注册到命名服务的 jdbc 子目录中。

第13章

JDBC 数据库连接编程

本章要点

- JDBC 基础；
- JDBC 驱动类型；
- JDBC 框架结构；
- JDBC 的核心接口和类；
- JDBC 版本；
- 数据库连接池；
- JDBC 和 JNDI 结合。

开发企业级应用系统离不开数据存储和检索，这都需要数据库的参与。现代软件开发几乎100％都是基于某种数据库的。

为统一并简化 Java 语言操作各种各样的数据库，Sun 公司提供了 JDBC 框架，用于所有 Java 应用以统一的方式连接所有遵循 ANSI SQL 标准的数据库产品，适用于 Java SE 和 Java EE 平台。在 Java EE 平台中 JDBC 以服务形式融入到整个企业级架构中。

13.1 JDBC 基础和结构

JDBC 的目的是简化 Java 操作各种数据库，因为市场上存在太多的数据库产品，从适用于企业级的 Oracle、DB2、SQL Server，到中型应用的 MySQL、Oracle XE，最后是适用于小型个人应用的 Access、FoxPro 等。如果为不同的数据开发不同的操作类，要求开发人员针对不同的数据库单独学习和编程，导致学习和开发成本的上升。为此 Sun 制定了 JDBC 规范，要求所有数据库厂家都要提供对 Java 语言相同的接口方法来实现对数据库的操作，即实现 SQL 语句的执行。

13.1.1 JDBC 基本概念

JDBC(Java DataBase Connectivity，Java 数据库连接)是 Sun 公司制定的连接和操作数据的 Java 接口。

通过JDBC，Java语言以相同的方法操作所有市场上的数据库产品，这极大地简化了项目开发，提高了代码开发的效率，加快了软件项目的开发进度。

JDBC通过使用数据库厂家提供的数据库JDBC驱动器类，可以连接到任何流程的数据库上。如图13-1所示是JDBC工作原理图。

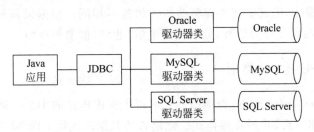

图 13-1　JDBC工作原理图

从图13-1中可以看到，Java应用使用JDBC可以操作任何数据库产品，只要提供该数据库的JDBC驱动即可，而在Java编程中是完全相同的，隐藏了每个特定数据库的细节，这样最大的好处是开发的Java应用可以在不同的数据库之间进行移植。如项目开发阶段我们可以在小型数据库上进行测试，实际部署时可以在大型数据库上运行，Java代码是不需要修改的。

13.1.2　JDBC框架结构

JDBC框架由JDBC API、数据库驱动管理器DriverManager和数据库厂家驱动组成，如图13-2所示。

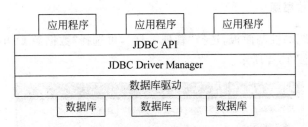

图 13-2　JDBC体系结构

JDBC API定义了所有数据库都需要支持的Java应用接口，通过这些接口，Java应用以统一的方式连接和操作所有数据库，屏蔽了不同数据库的差异性，简化了数据库的编程。

数据库驱动类一般由厂家提供，驱动器类实现了API的接口功能，不同数据库的驱动类以不同的方式实现了API中接口的方法。这些驱动器类可以在数据库厂家的网站上下载，将驱动器类的JAR文件导入到应用中的classpath目录即可。

Sun在Java EE SDK中只提供了一个ODBC的驱动器类，在使用此驱动连接数据库时不需要引入JAR文件，直接使用即可。

不同数据库的驱动器类由驱动器管理器DriverManager负责装入并进行初始化，当某种数据库的驱动类载入后，就可以使用DriverManager取得到此类型数据库的连接Connection。

13.2 JDBC 驱动类型

不同的数据库需要各自的驱动器类,用于取得数据库的连接。虽然 JDBC API 以统一的方式操作不同数据库,但其实现类即驱动器类却各不相同。根据以何种方式管理与数据库的连接,JDBC 驱动器类分为四种,分别称为Ⅰ型、Ⅱ型、Ⅲ型和Ⅳ型。

13.2.1 TYPE Ⅰ(1)类型

Sun 将通过 Microsoft ODBC 数据源模式取得数据库连接的 JDBC 驱动称为 TYPE Ⅰ 型驱动,也称为 JDBC-ODBC 桥连接模式。此模式的数据库连接如图 13-3 所示。

图 13-3　TYPE Ⅰ型 JDBC 驱动器工作模式

TYPE Ⅰ型 JDBC 驱动类由 Sun 公司提供,直接内置在 Java SE 的类库中,使用时不需要导入类库文件。

使用此类型驱动,必须首先在 Windows 中配置 ODBC 服务,由此可见此类型驱动只能在 Windows 平台中使用,无法在其他系统平台上应用,如 Linux,UNIX 等,这是它最大的缺陷。有的数据库本身没有自己的 JDBC 驱动类,这时就要考虑使用 JDBC-ODBC 桥模式,这是它的一个优点。

1. 配置 ODBC 数据源

在 Windows 系统的控制面板,选择"管理工具",再选择"数据源 ODBC",即进入 ODBC 数据源配置界面,如图 13-4 所示。

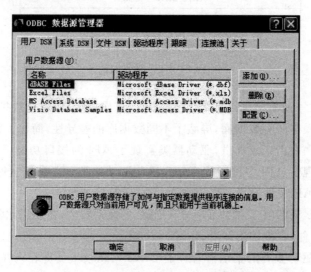

图 13-4　数据源 ODBC 配置主界面

在图 13-4 的 ODBC 数据源主管理页面,可看到已经配置的数据源名称和数据库驱动类型,并分别以用户 DSN(Data Source Name)、系统 DSN 和文件 DSN 进行分类。

用户 DSN 表示只能是 Windows 系统登录用户自己专有的数据库源,其他用户无法访问并使用。

系统 DSN 同样将有关的配置信息保存在系统注册表中,但是与用户 DSN 不同的是系统 DSN 允许所有登录服务器的用户使用。系统 DSN 对当前机器上的所有用户都是可见的,包括 NT 服务。也就是说在这里配置的数据源,只要是这台机器的用户都可以访问。另外,如果用户要建立 Web 数据库应用程序,应使用此数据源。

文件 DSN 把具体的配置信息保存在硬盘上的某个具体文件中。文件 DSN 允许所有登录服务器的用户使用,而且即使在没有任何用户登录的情况下,也可以提供对数据库 DSN 的访问支持。此外,因为文件 DSN 被保存在硬盘文件里,所以可以方便地复制到其他机器中(文件可以在网络范围内共享)。这样,用户可以不对系统注册表进行任何改动就可直接使用在其他机器上创建的 DSN。

在 ODBC 数据源主界面中,选择"类型"标签,如用户 DSN,选择"增加"操作,进入选择数据库驱动界面。如图 13-5 所示的是数据库 ODBC 驱动选择界面。

图 13-5　选择数据库驱动界面

选择数据库驱动后,进入数据源配置界面,请注意不同的数据库驱动有不同的配置流程,需要的界面格式和个数也不尽相同。如图 13-6 所示的为选择 Access 驱动的配置界面。

图 13-6　数据源参数配置界面

输入数据源名称,选择数据库后,单击"确定"按钮,完成数据源配置工作。

2. TYPE Ⅰ型驱动器类和连接 URL

TYPE Ⅰ类型的驱动器类为:sun.jdbc.odbc.JdbcOdbcDriver。

此驱动类通过 JDBC 类管理器载入内存后,就可以连接配置的 ODBC 数据源。

要取得与数据库的连接,需要提供数据库的位置信息,此信息统一使用 URL 表达,TYPE Ⅰ类型的数据库 URL 通过 ODBC 数据源名称获得,格式为:

Jdbc:odbc:数据源名称

加载 TYPE Ⅰ类型驱动并取得数据库连接的示例代码如下:

```
String driverClass = "sun.jdbc.odbc.JdbcOdbcDriver"; //驱动器类名称
String url = "jdbc:odbc:cityoa"; //数据库 URL 地址,cityoa 为数据源名称
try {
    Class.forName(driverClass);
    Connection cn = DriverManager.getConnection(url);
} catch(Exception e) {
    System.out.println("操作数据库错误:" + e.getMessage());
}
```

如果运行没有异常,则成功取得数据库连接,进入完成执行 SQL 语句,完成对数据库的操作,如 insert,update,delete 和 select 等。

13.2.2 TYPE Ⅱ(2)类型

TYPE Ⅱ(2)型驱动使用数据库厂家的本地服务,通过本地服务再连接到远程的数据库中,本地服务作为远程 DB 的一个代理,将接收 SQL 语句,发送到远程数据库,并保存数据库返回的查询结果。

几乎所有大型数据库都提供了本地客户端服务软件,数据库安装在服务器上,每个客户端 PC 安装客户端服务软件,通过在客户端上配置本地服务,与数据库服务器进行连接,执行 SQL 语句。如图 13-7 所示的为 Oracle10g 数据库的 C/S 结构的这种模式工作示意图。

图 13-7 Oracle 本地服务工作模式

客户端 SQL 工具如 TOAD,通过本地服务与远程 Oracle 数据库服务器连接,发送的 SQL 语句转换为本地请求,再由本地服务 SQL.NET,将此请求发送到服务器执行,返回结果后,由本地服务接收,再传送给 SQL 工具。

TYPE 2 类型的驱动可以直接与本地服务进行通信,性能要比 TYPE 1 型要好得多。可以直接支持数据库的特定数据类型。如图 13-8 所示展示了 TYPE 2 类型 JDBC 驱动器

的工作模式。

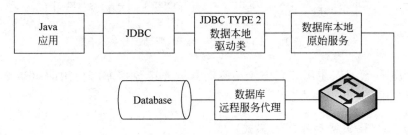

图 13-8　TYPE 2 类型驱动连接数据库工作模式

不同类型的数据库的 TYPE 2 类型驱动类是不同的,而 TYPE 1 类型是相同的,如表 13-1 所示为不同数据库的 TYPE 2 驱动器类名称和 URL 地址,编程时可以参阅。

表 13-1　不同数据库的 TYPE 2 驱动类和 URL

数据库	TYPE 2 驱动器类	URL 地址
Oracle	oracle.jdbc.driver.OracleDriver	jdbc:oracle:oci8:scott/tiger@database
DB2	COM.ibm.db2.jdbc.app.DB2Driver	jdbc:db2:databasename

13.2.3　TYPE Ⅲ(3)类型

TYPE 3 JDBC 驱动程序(JDBC Type 3 Drivers)是一种纯 Java 的体系结构。它由三个层次组成,分别是客户机,如 Java APPLET,JSP 和 Servlet 等;中间层服务器,如 WebLogic,JBoss 和数据库服务器等。

中间层服务器负责管理和维护与数据库的连接,客户端向中间层服务器申请取得数据库的连接,使用后返回给中间层服务器。此类型的工作模式如图 13-9 所示。

图 13-9　TYPE 3 类型 JDBC 驱动器工作模式图

中间层服务器内部再使用 TYPE 1,TYPE 2 或 TYPE 4 类型驱动去连接数据库,从这点来看它比其他类型的驱动都要复杂,一般中间层服务器都提供 TYPE 3 类型连接的配置软件或工具来简化 TYPE 3 类型数据库连接的管理和编程。

13.2.4　TYPE Ⅳ(4)类型

实际编程中使用最普遍的是 TYPE 4 类型的 JDBC 驱动,它是一种纯 Java 的驱动,直接与数据库相连,不通过任何其他环节,节省了连接步骤,提高了连接的效率,因此连接速度非常快。如图 13-10 所示为 TYPE 4 类型的 JDBC 驱动连接数据库的工作模式。

从图 13-10 中可以看到,TYPE 4 驱动类连接数据库方式较为简洁,因为简洁,性能较其他模式要好得多。几乎所有的数据库厂家都提供 TYPE 4 类型的 JDBC 驱动,开发人员需要到数据库厂家的网站上下载最新的 JDBC 驱动。

图 13-10　TYPE 4 类型 JDBC 驱动工作模式图

以下为不同数据库使用 TYPE 4 型驱动器类连接数据库时使用的驱动类和 URL 地址，供读者在开发应用时参考。

1. Oracle8/8i/9i 数据库（thin 模式）

```
Class.forName("oracle.jdbc.driver.OracleDriver").newInstance();
String url = "jdbc:oracle:thin:@localhost:1521:orcl";
//orcl 为数据库的 SID
String user = "test";
String password = "test";
Connection conn = DriverManager.getConnection(url,user,password);
```

2. DB2 数据库

```
Class.forName("com.ibm.db2.jdbc.app.DB2Driver ").newInstance();
String url = "jdbc:db2://localhost:5000/sample";
//sample 为你的数据库名
String user = "admin";
String password = "";
Connection conn = DriverManager.getConnection(url,user,password);
```

3. SQL Server7.0/2000 数据库

```
Class.forName("com.microsoft.jdbc.sqlserver.SQLServerDriver").newInstance();
String url = "jdbc:microsoft:sqlserver://localhost:1433;DatabaseName=mydb";
//mydb 为数据库
String user = "sa";
String password = "";
Connection conn = DriverManager.getConnection(url,user,password);
```

4. Sybase 数据库

```
Class.forName("com.sybase.jdbc.SybDriver").newInstance();
String url = " jdbc:sybase:Tds:localhost:5007/myDB";
//myDB 为你的数据库名
Properties sysProps = System.getProperties();
SysProps.put("user","userid");
SysProps.put("password","user_password");
Connection conn = DriverManager.getConnection(url, SysProps);
```

5. Informix 数据库

```
Class.forName("com.informix.jdbc.IfxDriver").newInstance();
String url =
```

```
"jdbc:informix-sqli://123.45.67.89:1533/myDB:INFORMIXSERVER=myserver;
user=testuser;password=testpassword";
//myDB 为数据库名
Connection conn = DriverManager.getConnection(url);
```

6. MySQL 数据库

```
Class.forName("org.gjt.mm.mysql.Driver").newInstance();
String url = " jdbc:mysql://localhost/myDB?user=soft&password=soft1234&useUnicode=
true&characterEncoding=8859_1"
//myDB 为数据库名
Connection conn = DriverManager.getConnection(url);
```

最后强调的是 TYPE 4 类型需要厂家的驱动器类库，将下载的驱动器类库保存到开发项目的 classpath 目录中即可使用，不需要额外的配置。

13.3 JDBC API

JDBC 编程的核心是使用 API 进行各种对数据库的操作，无论使用哪种驱动器类，一旦与数据库连接成功，使用 API 是没有区别的，通过 JDBC API 屏蔽了不同数据库的差异性以及不同连接类型的差异性，对任何数据库的操作都是一样的。

Sun 在 Java SE 类库 java.sql 包中提供了所有 JDBC API 的核心接口和类。

13.3.1 java.sql.DriverManager

DriverManager 类是 JDBC 的管理层，作用于 Java 程序和驱动类之间。它跟踪可用的驱动程序，并在数据库和相应驱动程序之间建立连接。另外，DriverManager 类也处理诸如驱动程序登录时间限制及登录和跟踪消息的显示等事务。编写数据库应用程序时，一般需要使用此类的方法 DriverManager.getConnection 来取得与数据库的连接，然后才能进行其他对数据库的操作。按照设计模式的观点，DriverManager 也称为 Connection 的工厂，负责连接的创建。

1. 管理并追踪可用驱动程序

DriverManager 类包含一系列的 java.sql.Driver 类，这些 Driver 类通过调用驱动器管理类的方法 DriverManager.registerDriver 对驱动进行注册。所有 Driver 类都必须包含一个静态部分。它创建该类的实例，然后在加载该实例时 DriverManager 类进行注册。这样，用户正常情况下将不会直接调用 DriverManager.registerDriver；而是在加载驱动程序时由驱动程序自动调用。加载 Driver 类，然后自动在 DriverManager 中注册的方式有两种：

（1）通过调用方法 Class.forName。这将显式地加载驱动程序类。由于这与外部设置无关，因此推荐使用这种加载驱动程序的方法。以下代码加载类 Class.forName("sun.jdbc.odbc.JdbcOdbcDriver")；将加载 TYPE 1 类型的 JDBC-ODBC 桥驱动类型。

（2）通过将驱动程序添加到 java.lang.System 的属性 jdbc.drivers 中。这是一个由 DriverManager 类加载的驱动程序类名的列表，由冒号分隔。初始化 DriverManager 类时，它搜索系统属性 jdbc.drivers,如果用户已输入了一个或多个驱动程序,则 DriverManager 类将试图加载它们。

实际编程中推荐使用第 1 种方式,并将 Class.forName 语句放在异常捕获代码中,因为注册驱动器类时,会抛出 ClassNotFoundException 异常,当你没有导入响应驱动类的类库 JAR 文件时,此异常就会被 JVM 抛出。

2. 建立与数据库的连接

加载 Driver 类并在 DriverManager 类中注册后,它即可用来与数据库建立连接。当调用 DriverManager.getConnection 方法发出连接请求时,DriverManager 将检查每个驱动程序,查看它是否可以建立连接。

有时可能有多个 JDBC 驱动程序可以与给定的 URL 连接。例如,与给定的远程数据库连接时,可以使用 JDBC-ODBC 桥驱动程序、JDBC 通用网络协议驱动程序或数据库厂商提供的驱动程序。在这种情况下,测试驱动程序的顺序至关重要,因为 DriverManager 将使用它所找到的第一个可以成功连接到给定 URL 的驱动程序。

首先 DriverManager 试图按注册的顺序使用每个驱动程序(jdbc.drivers 中列出的驱动程序总是先注册)。它将跳过代码不可信任的驱动程序,除非加载它们的源与试图打开连接的代码的源相同。

通过轮流在每个驱动程序上调用方法 Driver.connect,并向它们传递用户开始传递给方法 DriverManager.getConnection 的 URL 来对驱动程序进行测试,然后连接第一个识别该 URL 的驱动程序。

这种方法初看起来效率不高,但由于不可能同时加载数十个驱动程序,因此每次连接实际只需几个过程调用和字符串比较操作。

如下代码是用 TYPE 1 类型驱动程序(JDBC-ODBC 桥驱动程序)建立连接所需所有步骤的示例:

```
Class.forName("sun.jdbc.odbc.JdbcOdbcDriver");        //加载驱动程序
String url = "jdbc:odbc:cityoa";
DriverManager.getConnection(url, "userid", "password"); //账号和密码根据实际确定
```

13.3.2 java.sql.Connection

Connection 为一个接口,它表达所有与数据库连接的对象都应当具有的方法,它的对象就表示与数据库的连接通道,也是与数据库的一个会话的开始。Java 编写操作数据库应用程序都需要首先取得一个 Connection 的对象,这在 13.3.1 小节已经讲过,通过 DriverManager 的静态方法 getConnection 完成。

Connection 的方法非常之多,在此只介绍比较常用的方法,其他方法读者可以参考 Java SE API 手册,编写测试代码加以验证并使用。

(1) 取得 SQL 执行对象 Statement

方法:Statement createStatement() throws SQLException

取得执行 SQL 的 Statement 对象以后,就可以执行 SQL,完成对数据库的操作。

(2) 取得 SQL 预编译执行对象 PreparedStatement

方法：PreparedStatement prepareStatement(String sql) throws SQLException

当要执行的 SQL 语句需要多次运行时，最好使用预编译的 SQL 语句运行对象 PreparedStatement 以提高运行速度。

(3) 设置事务方式

方法：void setAutoCommit(boolean autoCommit) throws SQLException

设置事务提交方式，true 为自动提交；false 为手动提交；默认为自动提交。

在取得 Connection 后，需要立即设定事务提交方式，如下代码为设置手动事务提交：

```
Connection cn = DriverManager.getConnection("jdbc:odbc:cityoa");
cn.setAutoCommit(false); //设置为 false,表示手动事务提交
```

(4) 提交事务

方法：void commit() throws SQLException

提交事务，实现 DML 操作持久化。

(5) 回滚事务

方法：void rollback() throws SQLException

功能是回滚一个事务，取消事务中包含的所有 SQL DML 操作。

(6) 关闭连接

方法：void close() throws SQLException

将当前的数据库连接关闭，推荐在关闭连接之前，将事务进行提交或回滚，保证数据的一致性。

(7) 判断连接是否关闭

方法：boolean isClosed() throws SQLException

判断连接是否被关闭。

13.3.3 java.sql.Statement

Statement 对象用于执行一条静态的 SQL 语句并获取它产生的结果，即 SQL 语句中不能包含有动态参数，稍后参见 PreparedStatement。该对象提供了不同的方法来执行 DML(insert,update,delete)、DDL(create,alter,drop)语句和 DQL(select)语句。

Statement 对象通过 Connection 对象取得，Connection 对象是它的工厂，如下代码为取得 Statement 对象的示例代码，其中 cn 为已经建立的 Connection 对象：

```
Statement st = cn.createStatement();
```

取得 Statement 对象后，通过如下方法执行 SQL 语句：

(1) int executeUpdate(String sql) throws SQLException

执行 DML 或 DDL SQL 语句，如向部门表中增加一个新的部门：

```
st.executeUpdate("insert into DEPT values ('01','财务部','202',20)");
```

(2) ResultSet executeQuery(String sql) throws SQLException

执行 select 查询语句，返回以 ResultSet 类型表达的查询结果，如下代码为取得所有部

门列表的演示代码：

```
ResultSet rs = st.executeQuery("select * from DEPT");
```

（3）int getMaxRows() throws SQLException

取得执行 select 语句结果集中的最大记录个数，通过此方法可以在不遍历结果集的情况下立即得到记录个数。实例代码如下：

```
Int rowsnum = st.getMaxRows();
System.out.println(rowsnum);
```

（4）void close() throws SQLException

关闭 Statement 对象，释放其所占的内存。编程时要养成打开使用完立即关闭的好习惯，如下代码演示 Statement 对象的关闭：

```
st.close();
```

对 Statement 对象编程中需要注意的问题是 Back-Door 漏洞问题，也称为 SQL 安全注入漏洞，容易导致数据库执行非法操作。还有就是 Statement 会反复编译 SQL 语句，造成内存溢出，实际编程中应尽可能不使用 Statement，代之以 PreparedStatement。

13.3.4　java.sql.PreparedStatement

PreparedStatement 接口继承 Statement，它的实现类对象也是执行 SQL 语句的对象，拥有 Statement 的所有方法，并对其进行了扩充，增加了 SQL 语句中动态参数的设置功能。

PreparedStatement 实例包含已编译的 SQL 语句。这就是使语句"准备好"。包含于 PreparedStatement 对象中的 SQL 语句可具有一个或多个 IN 参数。IN 参数的值在 SQL 语句创建时未被指定。相反地，该语句为每个 IN 参数保留一个问号作为占位符。每个问号的值必须在该语句执行之前，通过适当的 setXxx 方法来提供。由于 PreparedStatement 对象已预编译过，所以其执行速度要快于 Statement 对象。因此，多次执行的 SQL 语句经常创建为 PreparedStatement 对象，以提高效率。

PreparedStatement 对象的取得也是通过 Connection 对象，如下为取得该对象的示例代码：

```
String sql = "insert into DEPT values (?,?,?,?)"; //每个?号为一个参数
PreparedStatement ps = cn.prepareStatement(sql);
```

在取得 PreparedStatement 后，可以通过它提供的方法完成 SQL 的执行。

1. void setDate(int parameterIndex, Date x) throws SQLException

对于 SQL 语句中包含的每个参数，都需要通过 PreparedStatement 的 setXxx 方法进行设置，Xxx 表示数据类型，如 setDate、setInt、setBoolean 等。第 1 个参数为 int 类型的整数，表示第几个参数，从 1 开始计数。如下代码分别设定部门的编号、名称、位置、部门人数：

```
ps.setString(1,"D01");
ps.setString(2,"财务部");
ps.setString(3,"201");
ps.setInt(4,20);
```

当 SQL 中含有参数时，一定要在执行 SQL 语句之前，将这些参数根据类型的不同使用不同的 set 方法进行设定，不能在缺少参数设定情形下执行，否则抛出 SQL 异常。当所有的参数都设定之后，就可以调用下面的执行方法，执行 SQL 语句。

2. int executeUpdate() throws SQLException

用于执行非 Select 的 SQL 语句，该方法返回 int 类型值，表达 SQL 语句影响的记录个数，如修改多少记录、删除多少记录等。当设定 PreparedStatement 参数后，即可调用该方法执行该 SQL 语句，示例代码如下：

```
st.executeUpdate();
```

3. ResultSet executeQuery() throws SQLException

执行 Select 查询语句，返回 ResultSet 类型的查询结果集，进而可以遍历此结果集，取得查询的所有记录信息。示例代码如下：

```
ResultSet rs = ps.executeQuery();
```

最好使用从 Statement 接口继承的 close() 方法，关闭此 PreparedStatement 对象。

```
st.close();
```

13.3.5 java.sql.CallableStatement

1. CallableStatement 基础

CallableStatement 对象为所有的 DBMS 提供了一种以标准形式调用已存储过程的方法。已存储过程存储在数据库中。对已存储过程的调用是 CallableStatement 对象所含的内容。这种调用是用一种换码语法来写的，有两种形式：一种形式带结果参数，另一种形式不带结果参数。结果参数是一种输出（OUT）参数，是已存储过程的返回值。两种形式都可带有数量可变的输入（IN 参数）、输出（OUT 参数）或输入和输出（INOUT 参数）参数。问号将用作参数的占位符。

在 JDBC 中调用已存储过程的语法如下所示。注意，方括号表示其间的内容是可选项；方括号本身并不是语法的组成部分。

{call 过程名[(?, ?, ...)]}

返回结果参数的过程的语法为：

{? = call 过程名[(?, ?, ...)]}

不带参数的已存储过程的语法类似：

{call 过程名}

通常，创建 CallableStatement 对象的人应当知道所用的 DBMS 是支持已存储过程的，并且知道这些过程都是些什么。然而，如果需要检查，多种 DatabaseMetaData 方法都可以提供这样的信息。例如，如果 DBMS 支持已存储过程的调用，则 supportsStoredProcedures 方法将返回 true，而 getProcedures 方法将返回对已存储过程的描述。CallableStatement 继承 Statement 的方法（它们用于处理一般的 SQL 语句），还继承了 PreparedStatement 的方法（它们用于处理 IN 参数）。

CallableStatement 中定义的所有方法都用于处理 OUT 参数或 INOUT 参数的输出部分：注册 OUT 参数的 JDBC 类型（一般 SQL 类型）从这些参数中检索结果，或者检查所返回的值是否为 JDBC NULL。

2. 取得 CallableStatement 对象

CallableStatement 对象是用 Connection 方法 prepareCall 创建的。下例创建 CallableStatement 的实例，用于调用存储过程 calTotalSalary。该过程有两个变量，但没有返回结果：

```
CallableStatement cstmt = con.prepareCall("{call calTotalSalary (?, ?)}");
```

其中？占位符为 IN、OUT 还是 INOUT 参数，取决于存储过程 calTotalSalary 的内部定义。接下来将详细叙述如何设定 IN 或 OUT 参数，为存储过程传递数据。

3. 设置传递到存储过程的参数

将 IN 参数传给 CallableStatement 对象是通过 setXxx 方法完成的。该方法继承自 PreparedStatement。所传入参数的类型决定了所用的 setXxx 方法（例如，用 setInt 来传入 int 类型的参数值等）。

如果存储过程返回 OUT 参数，则在执行 CallableStatement 对象以前必须先注册每个 OUT 参数的 JDBC 类型。

注册 JDBC 类型是用 registerOutParameter 方法来完成的。语句执行完后，CallableStatement 的 getXxx 方法将取回参数值。正确的 getXxx 方法是为各参数所注册的 JDBC 类型所对应的 Java 类型。换言之，registerOutParameter 使用的是 JDBC 类型，而 getXxx 将之转换为 Java 类型。

如下代码先注册 OUT 参数，执行由 cstmt 所调用的已存储过程，然后检索在 OUT 参数中返回的值。方法 getByte 从第一个 OUT 参数中取出一个 Java 字节，而 getBigDecimal 从第二个 OUT 参数中取出一个 BigDecimal 对象（小数点后面带三位数）：

```
CallableStatement cstmt = con.prepareCall("{call calTotalSalary (?, ?)}");
cstmt.registerOutParameter(1, java.sql.Types.TINYINT);
cstmt.registerOutParameter(2, java.sql.Types.DECIMAL, 3);
cstmt.executeQuery();
byte x = cstmt.getByte(1);
java.math.BigDecimal n = cstmt.getBigDecimal(2, 3);
```

CallableStatement 与 ResultSet 不同，它不提供用增量方式检索大 OUT 值的特殊机制。

13.3.6 java.sql.ResultSet

1. ResultSet 基础

结果集(ResultSet)是执行 Select 查询语句时返回结果的一种对象,它是一个存储查询结果的对象,但是结果集并不仅仅具有存储的功能,它同时还具有操纵数据的功能。

取得 ResultSet 结果集对象,通过 Statement 或 PreparedStatement 对象执行 select 语句的返回结果,如下代码通过 PreparedStatement 取得结果集。

```
String sql = "select * from DEPT";
PreparedStatement ps = cn.prepareStatement(sql);
ResultSet rs = ps.executeQuery();
```

取得 ResultSet 结果集对象之后,可以调用 ResultSet 接口定义的方法实现结果集的遍历和每个记录的字段的读取。

2. Result 的主要方法

执行 Select 查询语句取得结果集 ResultSet 后,数据表中的记录数据并没有立即进入 ResultSet 对象的内存中,首先要进行指针的移动,并判断指针是否指向真实记录,只有指针指向的记录才开始从数据库表中读出存入内存中,因此内存中只保留当前记录,通过 ResultSet 的 getXxx 方法取得的是当前指针所指记录的字段值。ResultSet 的这种工作模式节省大量内存,能读取任意大的记录集。

如图 13-11 所示展示了 ResultSet 工作模式原理,图 13-11 中假设 Select 语句返回两条记录。

图 13-11 ResultSet 工作模式图

当初次取得 ResultSet 对象时,指针指向 BOF(Begin Of File)位置,这时如果直接调用 get 方法去取字段值,会抛出异常,指出位置非法。

要读取 ResultSet 结果集,必须先执行 next(),移动指针,在 next()返回 true,表明有记录时,才能调用 getXxx 方法。因此 ResultSet 的编程模式都是:

```
ResultSet rs = ps.executeQuery();
while(rs.next())
{
    int no = rs.getInt(1); //取得第1个字段
    String name = rs.getString("username"); //读取 USERNAME 字段
}
rs.close();
```

结果集读取数据的方法主要是 getXxx(),参数可以使用整型表示第几列(是从1开始的),还可以是列名。返回的是对应的 Xxx 类型的值。如果对应那列是空值,Xxx 是对象的话返回 Xxx 型的空值,如果 Xxx 是数字类型,如 float 等则返回 0,boolean 返回 false。使用 getString()可以返回所有的列的值,不过返回的都是字符串类型的。Xxx 可以代表的类型有:基本的数据类型如整型(int),布尔型(Boolean),浮点型(Float,Double)等,字节型(byte),还包括一些特殊的类型,如:日期类型(java.sql.Date),时间类型(java.sql.Time),时间戳类型(java.sql.Timestamp),大数型(BigDecimal 和 BigInteger 等)等。还可以使用 getArray(int colindex/String columnname),通过这个方法获得当前行中,colindex 所在列的元素组成的对象的数组。

使用 getAsciiStream(int colindex/String colname)可以获得该列对应的当前行的 ascii 流。也就是说所有的 getXxx 方法都是对当前行进行操作。

3. 结果集的类型

结果集从其使用的特点上可以分为 4 类,这 4 类的结果集的所具备的特点都是和 Statement 语句的创建有关,因为结果集是通过 Statement 语句执行后产生的,所以可以说,结果集具备何种特点,完全决定于 Statement,当然我是说下面要讲的 4 个特点,在 Statement 创建时包括 3 种类型。首先是无参数类型的,对应的就是下面要介绍的基本的 ResultSet 对应的 Statement。下面代码中用到的 Connection 并没有对其初始化,变量 conn 代表的就是 Connection 对应的对象。SqlStr 代表的是相应的 SQL 语句。

(1)最基本的 ResultSet

之所以说是最基本的 ResultSet 是因为这个 ResultSet 起到的作用就是完成查询结果的存储功能,而且只能读取一次,不能够来回地滚动读取。这种结果集的创建方式如下:

```
Statement st = conn.CreateStatement
ResultSet rs = Statement.excuteQuery(sqlStr);
```

由于这种结果集不支持滚动读取功能,所以如果获得这样一个结果集,只能使用它里面的 next()方法,逐个地读取数据。

(2)可滚动的 ResultSet 类型

这个类型支持前后滚动取得记录 next(),previous(),回到第一行 first(),同时还支持要取得 ResultSet 中的第几行 absolute(int n),以及移动到相对当前行的第几行 relative(int n),要实现这样的 ResultSet 在创建 Statement 时用如下的方法:

```
Statement st = conn.createStatement(int resultSetType, int resultSetConcurrency)
ResultSet rs = st.executeQuery(sqlStr)
```

其中两个参数的意义是:

resultSetType 是设置 ResultSet 对象的类型为可滚动,或者是不可滚动。取值如下:

ResultSet.TYPE_FORWARD_ONLY 只能向前滚动
ResultSet.TYPE_SCROLL_INSENSITIVE
Result.TYPE_SCROLL_SENSITIVE

后 2 个参数设定都能够实现任意的前后滚动,使用各种移动 ResultSet 指针的方法。两者的区别在于前者对于修改不敏感,而后者对于修改敏感。

resultSetConcurency 是设置 ResultSet 对象能够修改的,取值如下:

① ResultSet.CONCUR_READ_ONLY 设置为只读类型的参数。

② ResultSet.CONCUR_UPDATABLE 设置为可修改类型的参数。

所以如果只是想要可以滚动的类型的 ResultSet 只要把 Statement 如下赋值就行了。示例代码如下:

```
Statement st = conn.createStatement(Result.TYPE_SCROLL_INSENSITIVE,
ResultSet.CONCUR_READ_ONLY);
ResultSet rs = st.excuteQuery(sqlStr);
```

用这个 Statement 执行的查询语句得到的就是可滚动的 ResultSet。

(3) 可更新的 ResultSet

这样的 ResultSet 对象可以完成对数据库中表的修改,但是 ResultSet 只是相当于数据库中表的视图,所以并不是所有的 ResultSet 只要设置了可更新就能够完成更新的,能够完成更新的 ResultSet 的 SQL 语句必须具备如下的属性:

① 只引用了单个表。

② 不含有 join 或者 group by 子句。

③ 哪些列中要包含主关键字。

具有上述条件的可更新的 ResultSet 可以完成对数据的修改,可更新的结果集的创建方法是:

```
Statement st = createstatement(Result.TYPE_SCROLL_INSENSITIVE, Result.CONCUR_UPDATABLE)
```

(4) 可保持的 ResultSet

正常情况下如果使用 Statement 执行完一个查询,又去执行另一个查询时第 1 个查询的结果集就会被关闭,也就是说,所有的 Statement 的查询对应的结果集是 1 个,如果调用 Connection 的 commit() 方法也会关闭结果集。可保持性就是指当 ResultSet 的结果被提交时,是被关闭还是不被关闭。

JDBC 2.0 和 1.0 提供的都是提交后 ResultSet 就会被关闭。不过在 JDBC 3.0 中,可以设置 JDBC Connection 接口中的 ResultSet 是否关闭。要完成这样的 ResultSet 对象的创建,要使用的 Statement 的创建要具有 3 个参数,这个 Statement 的创建方式也就是它的第 4 种创建方式。示例代码如下:

```
Statement st = createStatement ( int resultsetscrollable, int resultsetupdateable, int
resultsetSetHoldability)
ResultSet rs = st.excuteQuery(sqlStr);
```

JDBC Connection 接口中,前两个参数和两个参数的 createStatement 方法中的参数是完全相同的,这里只介绍第 3 个参数。

ResultSetHoldability:表示在结果集提交后结果集是否打开,取值有两个:

① ResultSet.HOLD_CURSORS_OVER_COMMIT:表示修改提交时,不关闭结果集。

② ResultSet.CLOSE_CURSORS_AT_COMMIT：表示修改提交时 ResultSet 关闭。

13.4 JDBC 编程

前面简单介绍了 JDBC API 中的核心接口和类库，下面再梳理一下 JDBC 连接数据库的详细编程步骤和过程，从而深入理解以上核心接口和类的使用。

从高度概括的角度讲 JDBC 编程主要区分为执行无结果集返回的非 Select 语句，包括 DDL 和 DML，还有就是有结果集返回的 Select 语句的执行，各自的编程任务和步骤会有所区别。

13.4.1 执行 SQL DML 编程

执行非 Select SQL 语句时，如 DML(insert,update,delete)语句执行时，数据库返回的是一个整数，表示此 SQL 语句影响的记录个数。而 DDL(create,alert,drop)语句执行时，数据库不返回任何信息，而 JDBC API 则以 0 返回。

执行 DML 语句的基本步骤如下：
(1) 加载 JDBC 驱动器类。
(2) 通过 DriverManager 取得数据库连接 Connection。
(3) 通过 Connection 对象创建 SQL 语句执行对象 Statement 或 PreparedStatement。
(4) 设置 PreparedStatement 的参数值。
(5) 执行 SQL 语句。
(6) 关闭 SQL 执行对象 Statement 或 PreparedStatement。
(7) 关闭数据库连接对象 Connection。

如下示例代码为 Statement 执行 insert 语句的例子，其中动态参数保存在局部变量中，实际应用可理解为方法参数，由调用者传入。

```
String id = "9001";
String password = "9001";
String name = "吴明";
int age = 22;
//将字段值以字符串合成方式传入 SQL 语句
String sql = "insert into EMP (EMPID,password,name,age) values ('" + id + "','" + password + "','" + name + "','" + age + "')";
Connection cn = null;
try {
    Class.forName("sun.jdbc.odbc.JdbcOdbcDriver");
    cn = DriverManager.getConnection("jdbc:odbc:cityoa"); //cityoa 为配置的数据源
    Statement st = cn.createStatement();
    st.executeUpdate(sql);
    ps.close();
} catch(Exception e) {
    throw new Exception("员工增加错误:" + e.getMessage());
```

```
    } finally {
        cn.close();
    }
```

如下示例代码为使用 PreparedStatement 执行 insert 语句的例子,完成的功能与上例代码一样,关键是植入 SQL 语句的参数方式发生根本性变化。

```
//员工信息
String id = "9001";
String password = "9001";
String name = "吴明";
int age = 22;
//使用带参数的 SQL 语句
String sql = "insert into EMP (EMPID,password,name,age) values (?,?,?,?)";
Connection cn = null;
try {
    Class.forName("sun.jdbc.odbc.JdbcOdbcDriver");
    cn = DriverManager.getConnection("jdbc:odbc:cityoa"); //cityoa 为配置的数据源
    PreparedStatement ps = cn.prepareStatement(sql);
    ps.setString(1, id);
    ps.setString(2, password);
    ps.setString(3, name);
    ps.setInt(4, age);
    ps.executeUpdate();
    ps.close();
} catch(Exception e) {
    throw new Exception("员工增加错误:" + e.getMessage());
}
finally {
    cn.close();
}
```

从代码可以看出,使用 Statement 和 PreparedStatement 执行 SQL 的区别是非常明显的,关键是动态数据进入 SQL 语句的方式差别巨大。

由于使用 Statement 执行 SQL 是将所有数据形成一个 String 类型的 SQL 语句,因此无法将大对象数据,如大文本、二进制等写入数据表,这是 Statement 的另一个缺点。而 PreparedStatement 将参数通过 set 方法植入,可以保存二进制数据到操作的表中,同时克服了 Statement 反复编译造成内存泄漏和安全漏洞等诸多缺点。因此推荐在编程时要使用 PreparedStatement 而不要使用 Statement。

13.4.2 执行 SQL Select 语句编程

执行 Select 查询时,返回查询的记录集,在 JDBC API 中使用 ResultSet 接口对象来接收返回的结果集,这一点与执行 DML 返回 int 类型不同。

使用 JDBC 编程执行 Select SQL 的步骤如下。

(1) 加载 JDBC 数据库驱动器类。

(2) 取得数据库连接。

(3) 创建 Select 的执行对象 Statement 或 PreparedStatement。
(4) 设定 Select 中参数。
(5) 执行 Select 语句,返回查询结果集 ResultSet。
(6) 循环遍历查询结果集中的每条记录,取出需要的字段值进行处理。
(7) 关闭 ResultSet 结果集。
(8) 关闭 SQL 执行对象 Statement 或 PreparedStatement。
(9) 关闭数据库连接 Connection。

如下示例代码演示使用 PreparedStatement 执行查询部门编号为 D01 的所有员工的 Select 语句,并显示每个员工的姓名和年龄。

```java
String deptNo = "D01";
String sql = "select * from EMPLOYEE where DEPTNO = ?";
Connection cn = null;
try {
    Class.forName("sun.jdbc.odbc.JdbcOdbcDriver");
    cn = DriverManager.getConnection("jdbc:odbc:cityoa");  //cityoa 为配置的数据源
    PreparedStatement ps = cn.prepareStatement(sql);
    ps.setString(1, deptNo);                               //设置 SQL 中的参数
    ResultSet rs = ps.executeQuery();
    while(rs.next()) {
        String name = rs.getString("NAME");
        int age = rs.getInt("AGE");
        System.out.println("员工:" + name + "年龄:" + age);
    } rs.close();
    ps.close();
} catch(Exception e) {
    throw new Exception("取得员工错误:" + e.getMessage());
} finally {
    cn.close();
}
```

在使用 ResultSet 取得每个记录的字段值的时候,要注意字段的前后顺序,不能先 get 后边的字段,再 get 前面的字段,这时会产生异常,提示非法的索引号(invalidate index)。如果需要先取记录后面的字段,在编写 Select 时,将字段放在前面就可以。例如:

语句:Select * from EMPLOYEE 将按表字段原始顺序,改为:Select age,sal,name,no from employee 则修改了检索字段的顺序。

13.4.3 调用数据库存储过程编程

现代软件项目开发中,存储过程正在占据越来越重要的地位,由于它直接在数据库内部执行,可以直接嵌入 SQL 语句,并具有逻辑判断和循环功能,不但功能日益强大,而且大大节省网络带宽,显著提高应用系统的性能,因此很多项目都将业务处理功能编写在存储过程中,使用 JDBC API 直接调用这些存储过程就可以了。

使用 JDBC 调用数据库存储过程编程步骤如下:
(1) 加载 JDBC 数据库驱动器类。

(2) 取得数据库连接。
(3) 创建执行存储过程对象 CallableStatement。
(4) 设定 IN 参数。
(5) 设定 OUT 参数,一般是返回值。
(6) 执行存储过程。
(7) 取得 OUT 参数。
(8) 关闭存储过程执行对象 CallableStatement。
(9) 关闭数据库连接 Connection。

如下代码为 Oracle10g 中编写的 1 个小型的存储过程,用于统计指定部门的员工人数,直接使用 Oracle 自带的 scott 演示数据,此存储过程只是演示目的,实际应用中是没有使用游标方式取得记录个数的。

```sql
create or replace function GetEmpNumByDept
(departmentno number)
return number
is
    empnum number(10);
    cursor empList is select * from emp where deptno = departmentno;
begin
    empnum: = 0;
    for employee in empList loop
        dbms_output.PUT_LINE(employee.ename);
        empnum: = empnum + 1;
    end loop;
    return empnum;
exception
  when others then
    dbms_output.PUT_LINE('Error');
end;
```

如下为执行上面存储过程的示例代码,有 1 个 IN 类型的参数,表示部门编码,1 个 OUT 类型的参数用于接收存储过程返回结果。

```java
String deptNo = "D01";
String sp = "{? = call GetEmpNumByDept(?)}";
Connection cn = null;
String driverClass = "oracle.jdbc.driver.OracleDriver";      //使用 TYPE 4 类型 Oracle 驱动
String url = "jdbc:oracle:thin:@localhost:1521:city2009";    //本地 Oracle,SID: city2009
try {
    Class.forName(driverClass);
    cn = DriverManager.getConnection(url);
    CallableStatement cs = cn.prepareCall(sp);               //取得执行对象
    cs.registerOutParameter(1, java.sql.Types.INT);          //定义 OUT 结果
    cs.setString(2, deptNo);                                 //注入 IN 参数
    cs.executeQuery();                                       //执行存储过程
    int empNum = cs.getInt(2);                               //取得存储过程返回的员工人数
    System.out.println(empNum);
    cs.close();
```

```
    } catch(Exception e) {
        throw new Exception("取得员工错误:" + e.getMessage());
    } finally {
        cn.close();
    }
```

13.5　JDBC 连接池

使用 JDBC 编写数据库应用时，最大的性能瓶颈就是当程序需要连接数据库时，使用 DriverManager 取得连接的速度非常慢，每次都是重新创建新的连接，需要与数据库之间返回多次认证，消耗大量的时间，引起应用系统性能急剧下降。

13.5.1　连接池基本概念

数据库连接池技术事先把与数据库的连接建立好，并且同时根据需要创建多个连接，将这些连接保存到一个缓冲池中，由一个统一对象进行管理。当应用程序需要调用一个数据库连接时，向连接池管理对象申请，从连接池中借用一个连接，代替重新创建一个数据库连接。通过这种方式，应用程序可以减少对数据库的连接操作，尤其在多层环境中多个客户端可以通过共享少量的物理数据库连接来满足系统需求。通过连接池技术 Java 应用程序不仅可以提高系统性能同时也为系统提高了可测量性。

连接池技术的核心思想是连接复用，通过建立一个数据库连接池以及一套连接使用、分配、治理策略，使得该连接池中的连接可以得到高效、安全的复用，避免了数据库连接频繁建立、关闭的开销。另外，由于对 JDBC 中的原始连接进行了封装，从而方便了数据库应用对于连接的使用（尤其是对于事务处理），提高了开发效率，也正是因为这个封装层的存在，隔离了应用本身的处理逻辑和具体数据库访问逻辑，使应用本身的复用成为可能。连接池主要由三部分组成：连接池的建立、连接池的管理和连接池的关闭。

13.5.2　连接池的管理

数据库连接池在初始化时将创建一定数量的数据库连接放到连接池中，这些数据库连接的数量是由最小数据库连接数来设定的。无论这些数据库连接是否被使用，连接池都将一直保证至少拥有这么多的连接数量。连接池的最大数据库连接数量限定了这个连接池能占有的最大连接数，当应用程序向连接池请求的连接数超过最大连接数量时，这些请求将被加入到等待队列中。数据库连接池的最小连接数和最大连接数的设置要考虑到下列几个因素：

（1）最小连接数是连接池一直保持的数据库连接，所以如果应用程序对数据库连接的使用量不大，将会有大量的数据库连接资源被浪费。

（2）最大连接数是连接池能申请的最大连接数，如果数据库连接请求超过此数，后面的数据库连接请求将被加入到等待队列中，这会影响之后的数据库操作。

（3）如果最小连接数与最大连接数相差太大，那么最先的连接请求将会获利，之后超过最小连接数量的连接请求等价于建立一个新的数据库连接。不过，这些大于最小连接数的数据库连接在使用完不会马上被释放,它将被放到连接池中等待重复使用或是空闲超时后被释放。

Sun 在 JDBC API 的扩展部分定义了一个连接池管理对象的接口 javax.sql.DataSource,在此接口中定义了所有连接池管理者都必须具有的方法。该接口提供的主要方法如下:

```
Connection getConnection() throws SQLException
```

通过 DataSource 对象取得数据库连接。此方法将从数据库连接池中返回一个空闲的数据库连接,这要比使用 DriverManager.getConnection 方法取得连接要快得多,性能有成百上千倍的增加,这是提高系统性能的关键。

连接池的建立和管理目前基本上由 Java EE 服务器负责,所有的符合 Java EE 规范的服务器都提供了数据库连接池配置和管理。

配置连接池时,与 DriverManager 取得 Connection 一样,需要提供驱动的类型、URL 地址、账号和密码,根据这些信息取得连接池中的每个连接。

另外还有连接池自身的配置信息,一般包含:
(1) 最大连接个数;
(2) 空闲连接个数;
(3) 空闲等待时间;
(4) 连接增加个数;
(5) 连接池管理器类型:一般就是 javax.sql.DataSource;
(6) 连接池管理器的 JNDI 注册名称:通过此名查找到管理器,进而取得数据库连接。

连接池配置成功后,当 Java EE 服务器启动时,自动根据连接池配置创建数据库连接,并放入到连接池,接受管理器 DataSource 的管理,同时将配置的 JNDI 名称注册到服务器内部的命名服务系统中。

连接池的使用者首先要连接命名服务系统,查找到连接池管理器,通过连接池管理器取得数据库连接。此过程的示例代码如下:

```
try {
    Context ctx = new InitialContext();
    DataSource ds = (DataSource)ctx.lookup("JNDI 名称");
    Connection cn = ds.getConnection();
} catch(Exception e) {
    System.out.println("连接数据库错误:" + e.getMessage());
}
```

通过 JNDI 和 DataSource 取得数据库连接,要比使用 DriverManager 性能提高许多倍,在开发 Web 应用时,应使用此方式,而屏蔽 DriverManager 方式。

13.5.3　Tomcat 6.x 连接池配置

Tomcat 作为 Java Web 服务器而被广泛使用,从 6.0 版开始,提供了非常简单配置数据库连接池的方式。

1. 连接池配置

Tomcat 6.x 采用 XML 格式的配置文件进行数据库连接池的配置,配置文件位置在子目录 conf 下的 context.xml，配置连接池内容如下：

```xml
<?xml version='1.0' encoding='utf-8'?>
<!-- The contents of this file will be loaded for each Web application -->
<Context>
    <!-- Default set of monitored resources -->
    <WatchedResource>WEB-INF/web.xml</WatchedResource>
    <Resource
    name="crm2009"
    auth="Container"
    type="javax.sql.DataSource"
    driverClassName="oracle.jdbc.driver.OracleDriver"
    maxIdle="2"
    maxWait="5000"    url="jdbc:oracle:thin:@localhost:1521:city2009"
    username="jycrm"
    password="jycrm"    maxActive="20" />
    <Resource
    name="cityoa"
    auth="Container"
    type="javax.sql.DataSource"
    driverClassName="sun.jdbc.odbc.JdbcOdbcDriver"
    maxIdle="2"
    maxWait="5000"    url="jdbc:odbc:cityoa"
    maxActive="20" />
</Context>
```

在此文件中配置了两个数据库连接池，每个连接池使用<Resource />标记进行配置，常用的属性如下：

(1) name：指定数据库连接池管理器的 JNDI 注册名。

(2) auth：验证方式，Container 为容器负责验证。

(3) type：数据库连接池管理器的类型，默认为 javax.sql.DataSource，即数据源。

(4) driverClassName：数据库的 JDBC 驱动器类型。

(5) url：数据库的 URL 地址。

(6) maxActive：连接池中最大连接个数。

(7) maxIdle：连接池中最大空闲连接个数。

(8) maxWait：最大空闲等待时间（毫秒）。

配置数据库连接池的同时，还需要将数据库的驱动器类库 JAR 复制到 Tomcat 的 lib 目录下。

2. 连接池中连接的取得

当 Tomcat 启动后，会自动读取配置的数据库连接信息，根据指定的参数创建需要的数据库连接，并将管理对象注册到 Tomcat 内部的命名服务中。注册的名称使用前缀 java:comp/env＋配置名。如上面代码配置的连接池的 name＝city，则它的实际 JNDI 注册名为：java:comp/env/cityoa。这是 Tomcat 特定的，其他服务器不一定遵循这个规律，不同 Java EE 服务器配置连接池的方式和 JNDI 名称请参阅产品的文档。

在 Tomcat 内部的 Web 应用中可以随时取得配置的所有数据库连接池中的连接，实现数据库 JDBC 编程。如下代码为取得 Tomcat 6.x 连接池中的连接：

```java
try {
    Context ctx = new InitialContext();
    DataSource ds = (DataSource)ctx.lookup("java:comp/env/cityoa");
    Connection cn = ds.getConnection();
} catch(Exception e) {
    System.out.println("连接数据库错误:" + e.getMessage());
}
```

13.5.4　JBoss 4.x 连接池配置

JBoss 产品也是非常流行的 Java EE 服务器，并且比 Tomcat 支持更多的 Java EE 规范，如 JMS，EJB 等。JBoss 配置数据库连接池与 Tomcat 区别较大。

1. JBoss 数据库连接池配置

JBoss 配置数据库连接池时每个连接池有一个单独的配置文件，文件的命名格式有特殊要求：任意名-ds.xml，即必须有-ds.xml，否则 JBoss 不会查找它。如下为一个数据库连接池的配置文件：

```
文件名：jycrm-local-ds.xml
位置：D:\app\jboss405\server\default\deploy
配置内容：
<?xml version="1.0" encoding="UTF-8"?>
<!-- The Hypersonic embedded database JCA connection factory config -->
<!-- $Id: hsqldb-ds.xml,v 1.15.2.1 2006/01/10 18:11:03 dimitris Exp $ -->
<datasources>
  <local-tx-datasource>
    <jndi-name>jycrm</jndi-name>
    <connection-url>jdbc:oracle:thin:@localhost:1521:city2009</connection-url>
    <driver-class>oracle.jdbc.driver.OracleDriver</driver-class>
    <user-name>jycrm</user-name>
    <password>jycrm</password>
    <min-pool-size>5</min-pool-size>
    <max-pool-size>20</max-pool-size>
    <idle-timeout-minutes>5</idle-timeout-minutes>
  </local-tx-datasource>
</datasources>
```

此内容配置一个到 Oracle 数据库的连接池，JNDI 名为 jycrm，最小连接池个数 5，最大连接池 20 个。

同样需要将数据库的 JDBC 驱动器类库 JAR 文件复制到 JBoss 默认服务器的类库目录 lib 中，本例为 D:\app\jboss405\server\default\lib。

2. 取得 JBoss 连接池中的数据库连接

同样需要命名服务和 JNDI API 取得 JBoss 配置的数据库连接池中的连接，与 Tomcat 不同，JBoss 命名服务 JNDI 名称为：java:配置名，如上例中配置的连接池，它的名称服务注册名为：java:jycrm，如下为取得连接的示例代码：

```
try {
    Context ctx = new InitialContext();
    DataSource ds = (DataSource)ctx.lookup("java:jycrm");
    Connection cn = ds.getConnection();
} catch(Exception e) {
    System.out.println("连接数据库错误:" + e.getMessage());
}
```

13.6 JDBC 新特性

在 Java SE 6.0 中引入了 JDBC 4.0 版本，较以前的 JDBC 做了丰富的改进。

借助 Mustang 中的 Java SE 服务提供商机制，Java 开发人员再也不必用类似 Class.forName( ) 的代码注册 JDBC 驱动来明确加载 JDBC。当调用 DriverManager.getConnection()方法时，DriverManager 类将自动设置合适的驱动程序。该特性向后兼容，因此无需对现有的 JDBC 代码作任何改动。

通过对 Java 应用程序访问数据库代码的简化，使得 JDBC 4.0 有更好的开发体验。JDBC 4.0 同时也提供了工具类来改进数据源和连接对象的管理，也改进了 JDBC 驱动加载和卸载机制。

有了 JDBC 4.0 传承自 Java SE 5.0（Tiger）版对元数据的支持功能，Java 开发人员可用 Annotations 明确指明 SQL 查询。基于标注的 SQL 查询允许我们通过在 Java 代码中使用 Annotation 关键字正确指明 SQL 查询字符串。这样，我们不必查看 JDBC 代码和它所调用的数据库两份不同的文件。例如，用一个名为 getActiveLoans()方法在贷款处理数据库中获取 1 个活跃贷款清单，你可以添加 @ Query (sql = " SELECT * FROM LoanApplicationDetails WHERE LoanStatus = 'A'")标注来修饰该方法。

并且，最终版的 Java SE 6.0 开发包(JDK 6)以及相应的执行期环境(JRE 6)会捆绑一个基于 Apache Derby 的数据库。这使得 Java 开发人员无需下载、安装和配置一款单独的数据库产品就能探究 JDBC 的新特性。

JDBC 4.0 中增加的主要特性包括：

（1）JDBC 驱动类的自动加载；

（2）连接管理的增强；

（3）对 RowId SQL 类型的支持；

（4）SQL 的 DataSet 实现使用了 Annotations；

（5）SQL 异常处理的增强；

（6）对 SQL XML 的支持；

（7）对 BLOB/CLOB 的改进支持；

（8）对国际字符集的支持。

具体每个新特性如何使用，请参阅 Sun 公司的 JDBC 规范。

习 题 13

1. 思考题

(1) 简述 JDBC 的优点。
(2) 简述 JDBC 的 API 结构,绘制核心接口和类的 UML 类图。

2. 编程题

(1) 配置 Tomcat 6.x 中连接到 MySQL 数据库的连接池,写出配置文件内容。
(2) 编写一个 Servlet 增加新的员工,创建员工数据表,包含账号、密码、姓名、年龄、工资、照片和照片文件类型共 7 个字段,数据库类型不限。图片来自本地目录即可。
(3) 根据题(2)存入的员工信息,编写一个 Servlet,功能根据取得的员工账号,取得员工的照片并显示出来。

第 14 章

JavaMail 编程

本章要点

- Mail 基础；
- Mail 协议类型；
- JavaMail 体系结构；
- JavaMail API 主要接口和类；
- JavaMail 发送 Mail 编程；
- JavaMail 接收 Mail 编程。

网络的迅速发展使得电子邮件已经成为我们必不可少的通信工具，而电子邮件的形式也从原来的纯文本方式变成现在的 HTML 页面并加载附件的多彩形式。电子邮件的普及性以及其数据的多样性使得它成为人们存储自己重要信息和数据的方式。

在开发动态 Web 应用中，经常需要 Web 应用能自动发送 Mail 邮件到指定的信箱，如在用户注册成功后，自动发送激活账号的 Mail；在线购物网站当客户购物结算生成订单后，发送订单确认邮件。这些都需要通过编程方式使 Web 应用能自动完成，而不是由人工来完成。

为使 Java 应用能实现 Mail 的各种功能，Sun 推出了 JavaMail API，帮助 Java 程序员使用 Java 语言完成各种 Mail 的处理功能。

14.1 Mail 基础

电子邮件是 Internet 应用最广的服务：通过网络的电子邮件系统，您可以用非常低廉的价格，以非常快速的方式，与世界上任何一个角落的网络用户联络，这些电子邮件可以是文字、图像、声音等各种方式。正是由于电子邮件的使用简易、投递迅速、收费低廉，易于保存、全球畅通无阻，使得电子邮件被广泛地应用，它使人们的交流方式得到了极大的改变。

每一个申请 Internet 账号的用户都会有一个电子邮件地址。它是一个很类似于用户家门牌号码的邮箱地址，或者更准确地说，相当于你在邮局租用了一个信箱。电子邮件地址的典型格式是 name@xyz.com，这里 @ 之前是您自己选择代表您的字符组合或代码，@ 之后是为您提供电子邮件服务的服务商名称，如 haidonglu@126.com。

14.1.1 电子邮件系统结构

1．E-Mail 邮件系统的结构

E-Mail 系统从物理结构上主要由 Mail Server 和 Mail Client 组成。

Mail Server 由连接到 Internet 上的计算机服务器运行 Mail Server 软件构成。每个 Mail Server 既可以作为发送服务器也同时作为 Mail 接收服务器。

Mail Server 负责所有 Mail 的存储、转发功能，同时完成 Mail 中账户的管理和存储。只有在 Mail 系统中有账户的用户才能使用此 Mail Server。

Mail 客户端运行能连接到 Mail Server 的 Mail 客户端软件，如 FoxMail、OutLook 等，能完成 Mail 的创建、发送和接收任务。

Mail 客户类型有 Web 应用类型和桌面应用类型。目前市场上所有 Mail Server 产品都提供 Web 模式的客户端用于连接 Mail 服务器，实现 Mail 的发送和接收。

Mail 系统的物理结构如图 14-1 所示。Mail 系统的核心是与 Internet 连接的 Mail Server。

图 14-1　E-Mail 系统物理结构

2．E-Mail 系统的工作流程

Mail 系统的核心任务是完成 Mail 的发送和接收。如图 14-2 所示是一个典型的 Mail 的发送和接收流程图。

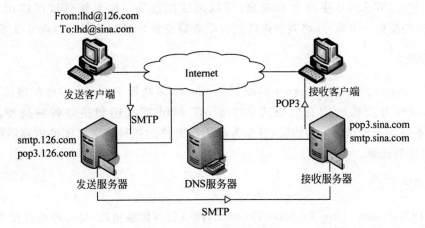

图 14-2　E-Mail 系统工作流程

在流程图 14-2 中用户吕海东在 Mail 发送客户端工具中书写新的 Mail,使用发送 Mail 账号 lhd@126.com,接收人为 lhd@sina.com。选择发送后,客户端使用 SMTP 协议与 126 邮局的发送服务器 smtp.126.com 连接,将 Mail 发送到 126 邮局中。

14.1.2 电子邮件协议

邮件协议完成与 Mail Server 的通信,这包括客户端与 Mail Server 通信,以及 Mail Server 之间的通信。所有 Mail 的功能处理,都需要与 Mail Server 进行通信,不同的功能处理采用不同的协议。

1. SMTP

SMTP(Simple Mail Transfer Protocol,简单 Mail 传输协议)的目标是向用户提供高效、可靠的邮件传输。SMTP 的一个重要特点是它能够在传送中接力传送邮件,即邮件可以通过不同网络上的主机接力式传送。工作在两种情况下:电子邮件从客户机传输到服务器;从某一个服务器传输到另一个服务器。SMTP 是请求/响应协议,它监听 25 号端口,用于接收用户的 Mail 请求,并与远端 Mail 服务器建立 SMTP 连接。

2. POP

POP3(Post Office Protocol 3,邮局协议的第 3 个版本)是规定怎样将个人计算机连接到 Internet 的邮件服务器和下载电子邮件的电子协议。它是 Internet 电子邮件的第 1 个离线协议标准,POP3 允许用户从服务器上把邮件存储到本地主机(即自己的计算机)上,同时删除保存在邮件服务器上的邮件,而 POP3 服务器则是遵循 POP3 协议的接收邮件服务器,用来接收电子邮件。

3. IMAP

IMAP (Internet Message Access Protocol) 是一种用于邮箱访问的协议,使用 IMAP 协议可以在 Client 端管理 Server 上的邮箱,它与 POP3 不同,邮件是保留在服务器上而不是 download 到本地,在这一点上 IMAP 是与 Webmail 相似的。但 IMAP 有比 Webmail 更好的地方,它比 Webmail 更高效和安全,可以离线阅读等。如果想试试可以用 Outlook Express,只要配好一个账号,将我的邮件接收服务器设置为 IMAP 服务器就可以了。

4. MIME

MIME(Multi-Purpose Internet Mail Extensions,多功能 Internet 邮件扩展协议)定义了 Mail 可以相互交换的信息的格式和类型,使 Mail 能发送和接收各种类型的文档。MIME 并不是用于传送邮件的协议,它作为多用途邮件的扩展定义了邮件内容的格式:信息格式、附件格式等。

5. NNTP

NNTP(Network News Transfer Protocol,网络新闻传输协议)是一种通过使用可靠的服务器/客户机流模式(如 TCP/IP 端口 119)实现新闻文章的发行、查询、修复及记录等过程的协议。借助 NNTP，新闻文章只需要存储在 1 台服务器主机上，而位于其他网络主机上的订户通过建立到新闻主机的流连接阅读到新闻文章。NNTP 为新闻组的广泛应用建立了技术基础。

14.1.3 主流的电子邮件服务器

目前市场上可供选择的 Mail Server 产品相当多，如下是几种比较主流的 Mail 服务器产品和它们的特点。

1. Microsoft Exchange Server

Microsoft Exchange Server 是一个全面的 Intranet 协作应用服务器，适合有各种协作需求的用户使用。Exchange Server 协作应用的出发点是业界领先的消息交换基础，它提供了业界最强的扩展性、可靠性、安全性和最高的处理性能。Exchange Server 提供了电子邮件、会议安排、团体日程管理、任务管理、文档管理、实时会议和工作流等丰富的协作应用，而所有应用都可以通过 Internet 浏览器来访问。

Exchange Server 是一个设计完备的邮件服务器产品，提供了通常所需要的全部邮件服务功能。除了常规的 SMTP/POP 3 协议服务之外，它还支持 IMAP4、LDAP 和 NNTP 协议。Exchange Server 服务器有两种版本，标准版包括 Active Server、网络新闻服务和一系列与其他邮件系统的接口；企业版除了包括标准版的功能外，还包括与 IBM OfficeVision、X.400、VM 和 SNADS 通信的电子邮件网关，Exchange Server 支持基于 Web 浏览器的邮件访问。

2. IBM/Lotus Domino

Lotus Domino R5 是集成的通信、协作和 Intranet/Internet 应用服务器。Lotus Domino R5 在全面继承原有版本优势功能的基础上，进一步提供了功能强大和易于使用的消息传递、创新的协作服务和 Web 应用开发能力，以及高度直观的管理工具，为企业级通信平台、面向工作流和知识管理的协同工作平台和 Internet/Intranet 应用平台提供了新的可靠、易管理、基于规则的安全和可扩展的标准。

（1）高保真的 Internet 邮件服务器。
（2）安全的基础设施。
（3）强劲、可扩展的目录服务。
（4）开放、安全的 Internet/Intranet 应用服务器。
（5）管理非结构化数据的文档数据库。
（6）先进的复制技术。
（7）可靠、可用、可伸缩。
（8）管理更简单、更灵活、更直观。

3. WinMail Server

1 个低成本的运行于 Windows NT/2000/XP/2003/Vista/2008 系统上的邮件服务器软件，运行和维护成本低廉，稳定，高性能，有非常友好的管理界面。

WinMail Server 既可以作为 Intranet 局域网邮件服务器、Internet 互联网 Email 服务器，也可以作为拨号 RAS/ISDN/ADSL 宽带/FTTB/PSTN/一线通（CableModem）/LAN 等接入方式的邮件服务器和邮件网关。它是公司企业、大专学院、中小学校、集团组织、政府部门、事业单位、报社和外贸公司理想的邮件服务器架设软件。

WinMail 支持 SMTP 服务、POP3 服务、IMAP 服务、邮件网关、远程管理、远程控制、过滤与监控、计划任务、系统备份和恢复等。

14.1.4 邮件服务器安装与配置

编写 Java Mail 应用，可以使用现有著名的各种 Mail 服务，如 126 邮箱、Sohu 和 Sina 邮箱等开发服务，也可以使用独立安装的 Mail Server 产品。本节将说明在国内市场比较流行的 Win Mail Server 产品的安装和配置。

1. WinMail 的安装

如果您还没有 WinMail Server 安装包，可以到 http://www.magicwinmail.com/ 去下载最新的安装程序，在安装系统之前，还必须选定操作系统平台，WinMail Server 可以安装在 Windows NT4、Windows 2000、Windows XP 和 Windows 2003/Vista/2008 等 Win32 操作系统。

在 WinMail 的网站上有详细的安装过程和屏幕截取界面，读者可按照具体步骤自行安装，系统安装成功后，安装程序会让用户选择是否立即运行 WinMail Server 程序。如图 14-3 所示的是安装成功提示界面。

2. WinMail 的配置

（1）快速向导设置

在安装完成后，管理员必须对系统进行一些初始化设置，系统才能正常运行。服务器在启动时如果发现还没有设置域名会自动运行快速设置向导，用户可以用它来简单快速地设置邮件服务器。如图 14-4 所示的是快速向导界面。

图 14-3 WinMail 安装完成界面

图 14-4 WinMail 邮箱设置向导界面

用户输入一个要新建的邮箱地址及密码，单击"设置"按钮，设置向导会自动查找数据库是否存在要建的邮箱以及域名，如果发现不存在向导会向数据库中增加新的域名和邮箱，同时向导也会测试 SMTP,POP3,ADMIN,HTTP 服务器是否启动成功。设置结束后,在设置结果栏中会报告设置信息及服务器测试信息,"设置结果"的最下面也会给出有关邮件客户端软件的设置信息。

(2) 服务状态检查

管理工具登录成功后,选择"系统设置"→"系统服务"查看系统的 SMTP,POP3,ADMIN,HTTP,IMAP,LDAP 等服务是否正常运行。绿色的图标表示服务成功运行;红色的图标表示服务停止。如图 14-5 所示的是 WinMail Server 运行监控界面。

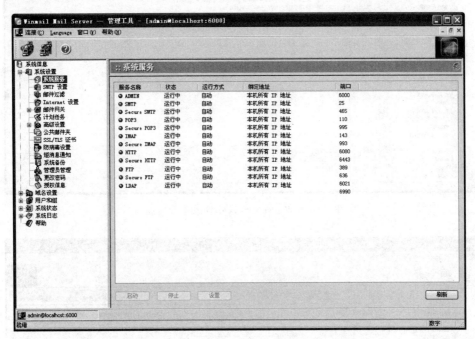

图 14-5　WinMail Server 运行监控界面

如果发现 SMTP,POP3,ADMIN,HTTP,IMAP 或 LDAP 等服务没有启动成功,请选择"系统日志"→SYSTEM 查看系统的启动信息。如图 14-6 所示的是日志监控界面。

如果出现启动不成功,一般情况都是端口被占用无法启动,请关闭占用程序或者更换端口再重新启动相关的服务。

(3) SMTP 基本参数设置

打开 WinMail 管理工具,在"系统设置"→"SMTP 设置"→"基本参数"下设置有关参数,这些参数关系到邮件能否正常收发,因此请根据具体情况合理、规范的设置。如图 14-7 所示的是 WinMail Server 参数配置界面。

3. WinMail 的使用

(1) 登录 WinMail 客户端-WebMail

正确安装、设置 WinMail 邮件系统后,用户可以使用 WinMail Server 自带的 Webmail 收发邮件,默认端口为 6080,登录地址为:http://yourserverip:6080,在这里的登录地址为 http://mail.magicwinmail.com:6080/。如图 14-8 所示的是 Web 客户端登录页面。

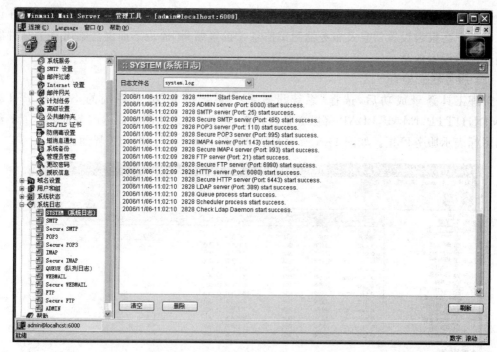

图 14-6　WinMail Server 日志查看界面

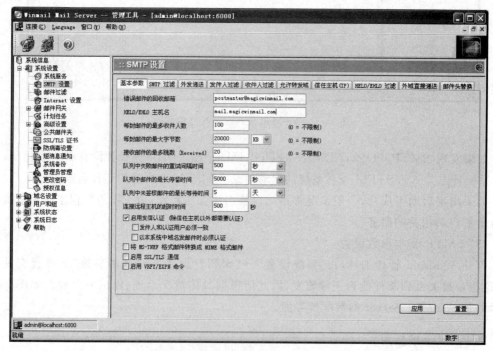

图 14-7　WinMail Server 参数配置界面

（2）撰写并发送邮件

使用 Mail Web 客户端可以撰写新的邮件，单击"写邮件"撰写发送邮件，如图 14-9 所示的是起草新邮件的页面。

图 14-8　WinMail 客户端登录页面

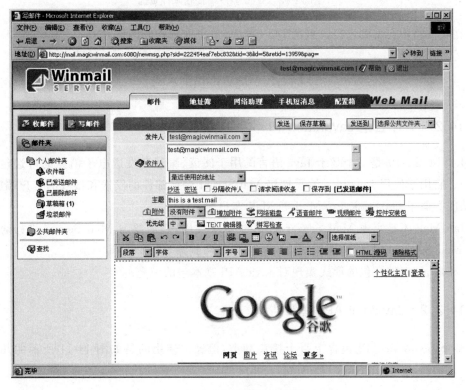

图 14-9　起草新邮件的客户页面

（3）查看接收邮件

单击"收件箱"查看接收到的邮件，如图 14-10 所示的是邮件接收页面。

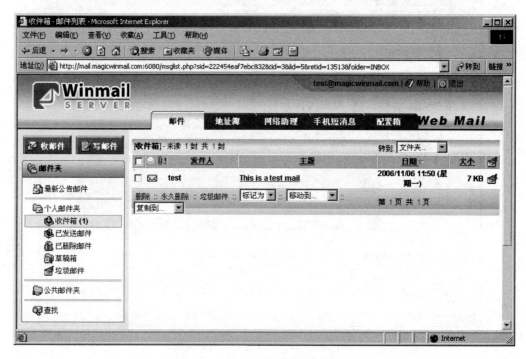

图 14-10　Web 客户端接收邮件页面

在收件箱中会看到已经收到的 Mail 列表，单击标题查看即可。

14.2　JavaMail API

14.2.1　什么是 JavaMail API

JavaMail API 是一个基于 Java 语言的用于阅读、编写和发送电子消息的可选包（标准扩展）。它用于使用 Java 语言编写连接 MailServer 进行邮件的发送和接收的客户端应用软件，功能类似于 OutLook，FoxMail 等 Mail 客户端系统。

JavaMail 不是实现 Mail Server 功能的 Java 类库，它需要与 Mail Server 进行通信，实现对 Mail Server 中邮件的操作，包括发送、接收和删除等。

JavaMail 以扩展包的形式实现对 Java API 基本包的扩充。

14.2.2　JavaMail API 框架结构

整个 JavaMail API 包含上百个接口和类，但经常使用的是如图 14-11 所示的几种，如 Session，Message，Address，Transport，Store 等。

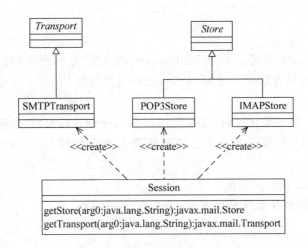

图 14-11 JavaMail API 框架结构

14.2.3 安装 JavaMail API

使用 JavaMail API 编写 Mail 应用程序，除需要 JavaMail 的类库之外，还需要 Sun 的 JavaBean Activation Framework 框架，它与 JavaMail 协作，完成多种类型格式的 Mail 的发送和接收。

1．JavaMail 的安装

要安装 JavaMail API，首先要到 Sun 公司的 JavaMail API 的下载主页 http://java.sun.com/products/javamail/downloads/index.html，目前最新版本是 1.4.2，下载 javamail-1.4.2.zip 压缩文件。解压此文件后，将 mail.jar 文件加入到 classpath 目录中即可。

2．JavaBean Activation Framework 的安装

Sun 公司的 JavaBean Activation Framework(JAF)框架是用来处理 MIME 类型的，可以用来处理附件的问题，提供读取二进制内容的高级机制，用于简化对各种类型的 MIME 文件的处理和访问。

JAF 的最新版本是 JAF 1.1.1 版本，下载地址是 Sun 公司的产品 JSF 下载地址：http://java.sun.com/javase/technologies/desktop/javabeans/jaf/downloads/。保存下载文件 jaf-1_1_1.zip，解压此下载文件，将 activation.jar 放置在 classpath 指定的目录中即可。如果使用开发工具如 MyEclipse 可以使用类库导入功能实现。在 mail.jar 和 activation.jar 两个类库的支持下，即可进行 JavaMail 应用的开发。

14.2.4 JavaMail API 主要接口和类

在开发 Mail 类型客户端应用软件时，主要使用如下核心 JavaMail 的接口和类，这些类和接口都定义在核心包 javax.mail 中和支持 Internet Mail 的 javax.mail.internet 包中。

1. Session 类

javax.mail.Session 类定义了与 Mail Server 的连接,它的作用与数据库框架 JDBC 中的 Connection 一样,只有取得了与 Mail Server 的连接对象 Session,才能进行邮件 Message 的发送和接收。

要取得 Session 的对象,必须首先确定 Mail Server 的连接参数,包括位置、协议、是否需要验证。如果需要验证,账号和密码。这些连接参数都使用 java.util.Properties 对象来保存。

(1) 无验证 Mail Server 连接

如下为无需验证模式情况下取得 Session 的示例代码:

```
properties props = new Properties();
props.put("mail.smtp.host","smtp.sina.com"); //Mail Server 位置
props.put("mail.transport.protocol","smtp");
props.put("mail.smtp.auth","false"); //不使用验证方式
Session session = Session.getDefaultInstance(props,null);
```

(2) 有验证 Mail Server 连接

一般情况下,Mail Server 在发送 Mail 时,只有合法的账号才能进行 Mail 的发送。这时发送邮件在取得 Session 对象时需要提供验证类。验证类要继承 javax.mail.Authenticator,并实现 public PasswordAuthentication getPasswordAuthentication()方法。

如下为需要 STMP 验证时的 Session 对象取得:

```
properties props = new Properties();
props.put("mail.smtp.host","smtp.sina.com");              //Mail Server 位置
props.put("mail.transport.protocol","smtp");
props.put("mail.smtp.auth","true");                        //需要使用验证方式
MyAuth auth = new MyAuth("lhd9001@sina.com","lhd9001");    //创建验证类对象
Session session = Session.getDefaultInstance(props,auth);  //使用验证模式取得连接
```

2. Message 类

Mail 应用中每个邮件也称为消息(Message),由 javax.mail.Message 类表达,此类是抽象类,泛指各种类型的消息邮件,实际编程中使用它的实现子类 javax.mail.internet.MimeMessage 来创建符合 MIME 协议的具体邮件消息。

为创建一个邮件消息,指定特定的 Mail Server,即使用连接 Session 对象,如下为创建一个新的邮件消息:

```
Message message = new MimeMessage(session);
```

在取得消息对象后,可以设定邮件的其他属性,如标题、发送日期、内容、发送人、接收人等。

```
message.setSubject("邮件的标题");      //设置邮件的标题
message.setSendDate(new Date());      //设置邮件的日期
```

而设置邮件的发送人和接收人要使用 Address 类对象,不能简单使用字符串。

3. Address 类

JavaMail 中，邮件的地址使用 javax.mail.Address 类来表达，包括发件人和接收人。Address 类也是一个抽象类，具体的地址需要使用它的非抽象子类 javax.mail.internet.InternetAddress。

创建收件人和发送人的代码：

```
Address from = new InternetAddress("lhd9001@sina.com");
Address to = new InternetAddress("haidonglu@126.com");
```

设置邮件的发送人：

```
message.setFrom(from);
```

设置邮件的接收人和接收方式：

```
message.setRecipient(Message.RecipientType.TO,to);
```

邮件的接收模式使用 Message.RecipientType 的如下常量来表达：

```
Message.RecipientType.TO 主接收人
Message.RecipientType.CC 附加接收人
```

Message.RecipientType.BCC 暗送附件接收人，在接收人地址不进行显示。

如以 CC 模式发送 Mail，创建如下地址：

```
message.setRecipient(Message.RecipientType.CC,to);
```

4. Authenticator 类

大部分 Mail Server 尤其是市场上的商业化产品，如 126，Sohu，Sina 等，在使用 SMTP 和 POP3 协议进行发送和接收邮件时，都需要使用合法的账号和密码进行验证，只有合法的用户才能进行 Mail 的发送和接收，防止垃圾邮件的泛滥。

Authenticator 类型是 javax.mail.Authenticator，表达与 Mail Server 的连接时的验证对象，每个验证对象保存了连接时的用户账号和密码。

Authenticator 是抽象类，创建实际验证类需要继承它并重写方法 protected PasswordAuthentication getPasswordAuthentication()。

如下为编写的验证类：

```
package javaee.ch14;
import javax.mail.Authenticator;
import javax.mail.PasswordAuthentication;
public class MailAuth extends Authenticator
{
    String userName = null;
    String password = null;
    public MailAuth(String userName,String password)
    {
        this.userName = userName;
```

```
            this.password = password;
        }
        public PasswordAuthentication getPasswordAuthentication()
        {
            return new PasswordAuthentication(userName,password);
        }
}
```

使用此验证类,就可以实现与需要验证的 Mail Server 的连接。连接示例代码如下:

```
props.put("mail.smtp.auth","true");                              //需要使用验证方式
MailAuth auth = new MailAuth ("lhd9001@sina.com","lhd9001");     //创建验证类对象
Session session = Session.getDefaultInstance(props,auth);        //使用验证模式取得连接
```

5. Transport 类

JavaMail API 最后的核心类是 javax.mail.Transport,它的任务是实现 Mail 的发送,可以将 Session 比作高速公路,它连接始发地和目的地,Message 看作要运输的货物,那么 Transport 就是公路上的汽车,实现货物 Message 的传输。

Transport 提供了如下发送 Mail 的方法,前两个方法为静态方法,直接使用 Transport 类进行调用,不需要实例化对象,而最后 1 个方法为非静态方法:

(1) public static void send(Message msg) throws MessagingException

以 Message 本身设定的收件人进行发送。

(2) public static void send(Message msg,Address[] addresses) throws MessagingException

以 Transport 指定的收件人地址进行发送,忽略 Message 创建时指定的收件人,同时在发送之前,调用 Message 对象的 saveChanges 方法,保存 Message 的所有更新信息。

(3) public abstract void sendMessage(Message msg,Address[] addresses) throws MessagingException

使用指定的收件人发送邮件,但发送之前不调用 saveChanges 方法,不保存 Message 的任何修改信息。

如使用 Transport 实现邮件的发送:

```
Transport.send(message);
```

6. Store 类

Store 类表示 Mail Server 的邮件存储器,类型是 javax.mail.Store,它本身也是 1 个抽象类,由它的子类来实现不同类型的邮件存储。

取得 Store 对象时,必须指定 Mail 邮件协议,如 POP3,IMAP 等。

如下为不同协议下取得 Store 的方式:

```
Store store01 = session.getStore("pop3");
Store store02 = session.getStore("imap");
```

在取得 Store 对象后,就可以取得某个指定邮件目录,如收件箱(INBOX)、发件箱(OUTBOX)等,每个不同的目录使用 Folder 来表达。

7. Folder 类

Folder 表达 Mail Server 上的邮件存储目录,而 Store 代表整个 Mail 的存储,在取得 Folder 后就可以对此目录进行 Message 邮件的读取。

Folder 的类型是 javax.mail.Folder,它也是抽象类,需要通过 Store 对象的 getFolder()方法得到 Folder 对象。

在取得 Folder 目录对象后,需要进行打开(open)操作,然后就可以读取此目录下的所有邮件。打开 Folder 时,要指定打开模式。Folder 提供了如下两种模式:

(1) Folder.READ_ONLY 只读模式,不能对 Folder 中内容进行修改。

(2) Folder.READ_WRITE 可读写模式,可以对 Folder 中的内容进行修改。

在打开 Folder 后,调用 Folder 的 public Message[] getMessages() throws MessagingException 方法,取得此目录下的所有邮件列表,以 Message 数组类型返回,可以对此数组进行遍历,取得每个邮件的信息,如标题、日期和发件人等。

如下为 Folder 的主要编程代码:

```
Folder inbox = store.getFolder("INBOX"); //取得收件箱目录
inbox.open(Folder.READ_ONLY);
Message[] messages = indox.getMessages();
for(int i = 0;i < messages.length;i++)
{
    //取得每个邮件的标题和发件人列表
    out.println(messages[i].getSubject() + "--" + messages[i].getFrom());
    out.println("<br/>");
}
```

以上两个核心类是 Java Mail 编程中最常用的,希望读者熟记并多加练习,彻底掌握。

14.2.5 JavaMail 的基本编程步骤

使用 JavaMail API 开发 Mail 客户应用程序,编程步骤按发送和接收任务而不同。

1. 发送 Mail 基本流程

(1) 设置 Mail Server 参数

```
Properties p = new Properties();
p.put("mail.transport.protocol", "smtp");
p.put("mail.smtp.host", "smtp.sina.com");
p.put("mail.smtp.port","25");
```

(2) 取得 Session 对象

```
Session session = Session.getInstance(p,null);
```

(3) 创建邮件消息 Message 对象

```
Message message = new MimeMessage(session);
```

（4）创建发送人地址

```
message.setFrom(new InternetAddress("lhd9001@sina.com"));
```

（5）创建接收人地址

```
message.setRecipient(Message.RecipientType.TO, new InternetAddress("aa@126.com"));
```

（6）设置邮件的标题、发送日期

```
message.setSubject("Test Mail");
message.setSentDate(new Date());
```

（7）设置邮件内容

```
message.setText("< h1 > Hello Haidong Lu < h1 >");
```

（8）发送邮件

```
Transport.send(message);
```

2. 接收 Mail 的编程步骤

（1）设置 Mail Server 连接参数。
（2）取得 Session 对象。
（3）指定接收协议并取得 Mail Server 的存储 Store 对象。
（4）取得指定目录的 Folder 对象。
（5）指定 Folder 打开模式并执行打开。
（6）取得指定 Folder 下的所有消息。
（7）遍历每个消息，取出消息的信息。
（8）关闭 Folder 对象。
（9）关闭 Store 对象。

14.3　JavaMail 编程实例：发送邮件

本节通过几个发送 Mail 的实例，来了解和掌握使用 Java Mail 发送邮件的编程过程和方法。

14.3.1　发送纯文本邮件

此案例提供最简单的纯文本消息的发送，并且没有使用验证方式，这就要求使用的 Mail Server 可以支持无验证的 SMTP 服务，具体请参阅所选 Mail 服务器的产品说明。

案例编写 1 个 Servlet，当请求时，将实现纯文本邮件的发送。代码如程序 14-1 所示。

程序 14-1　SendTextMail.java

```java
package javaee.ch14;
import java.io.IOException;
```

```java
import java.io.PrintWriter;
import java.util.*;
import javax.servlet.ServletException;
import javax.servlet.http.HttpServlet;
import javax.servlet.http.HttpServletRequest;
import javax.servlet.http.HttpServletResponse;
import javax.mail.*;
import javax.mail.internet.*;
import javax.activation.*;
//发送纯文本邮件 Servlet
public class SendTextMail extends HttpServlet
{
    public void doGet(HttpServletRequest request, HttpServletResponse response)
            throws ServletException, IOException
    {
        try {
            Properties p = new Properties();
            p.put("mail.transport.protocol", "smtp");
            p.put("mail.smtp.host", "smtp.sina.com");
            p.put("mail.smtp.port","25");
            //使用无验证方式
            Session session = Session.getInstance(p,null);
            Message message = new MimeMessage(session);
            message.setFrom(new InternetAddress("lhd9001@sina.com"));
            message.setRecipient(Message.RecipientType.TO, new InternetAddress("haidonglu@126.com"));
            message.setSubject("Test Mail");
            message.setSentDate(new Date());
            message.setText("< h1 > Hello Haidong Lu < h1 >");
            Transport.send(message);
            System.out.println("Send OK.........");

        } catch(Exception e)   {
            System.out.println("Error:" + e.getMessage());
        }
    }
    public void doPost(HttpServletRequest request, HttpServletResponse response)
            throws ServletException, IOException {
        doGet(request,response);
    }
}
```

测试此 Servlet,将向 haidonglu@126.com 发送 1 个纯文本电子邮件,通过 126 的 Web 客户端,查看收到的 Mail,可以看到收到的内容为<h1>Hello Haidong Lu<h1>,没有对 <h1>标记进行解析,因此也就没有显示 1 号标题的格式内容,如图 14-12 所示。

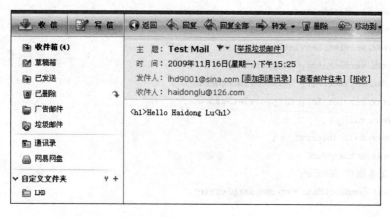

图 14-12　接收到的纯文本邮件

14.3.2　发送 HTML 邮件

商业 Web 应用发送 Mail 时最多是以 HTML 格式发送。例如企业定时发送的产品信息、会议信息、用户的订阅 mail，都以 HTML 格式发送，收件人可以在收到的 Mail 网页上单击超链接实现到指定信息的导航，这是纯文本邮件所不具备的。

发送 HTML 格式邮件的 Servlet 代码如程序 14-2 所示。

程序 14-2　SendHtmlMail.java

```java
package javaee.ch14;
import java.io.IOException;
import java.io.PrintWriter;
import java.util.*;
import javax.mail.*;
import javax.mail.internet.*;
import javax.servlet.ServletException;
import javax.servlet.http.HttpServlet;
import javax.servlet.http.HttpServletRequest;
import javax.servlet.http.HttpServletResponse;
//发送 HTML Mail 例程
public class SendHtmlMail extends HttpServlet
{
    public void doGet(HttpServletRequest request, HttpServletResponse response)
            throws ServletException, IOException
    {
        String host = "smtp.sina.com";
        String username = "lhd9001@sina.com";
        String password = "lhd9001";
        try {
            Properties p = System.getProperties();
            p.put("mail.smtp.host", host);
            //无验证连接
            Session session = Session.getDefaultInstance(p,null);
            //创建新的邮件消息
            MimeMessage message = new MimeMessage(session);
```

```java
            message.setFrom(new InternetAddress(username));
            message.setRecipient(Message.RecipientType.TO, new InternetAddress("haidonglu@126.com"));
            message.setSubject("注册账号激活");
            String content = "<h1>您好,欢迎您注册本系统</h1>点击链接,进行账号激活:<br/>" +
                "<a href='http://192.168.1.100:8080/web01/active.do?id=9001'>激活账号</a>";
            message.setContent(content, "text/html;charset=GBK");
            message.setSentDate(new Date());
            //
            Transport.send(message);
        } catch(Exception e) {
            System.out.println("发送HTML邮件错误:" + e.getMessage());
        }
    }
    public void doPost(HttpServletRequest request, HttpServletResponse response) throws ServletException, IOException
    {
        doGet(request,response);
    }
    public void destroy()    {
        super.destroy();    }
}
```

14.3.3 需要验证的发送邮件

当 Mail Server 使用 SMTP 协议发送邮件时需要先验证用户的账号和密码,这时需要使用验证类 Authenticator,使用前面创建的验证类 MailAuth 与 Mail Server 进行互连。使用验证模式发送邮件的 Servlet 代码如程序 14-3 所示。

程序 14-3 SendHtmlMail.java

```java
package javaee.ch14;
import java.io.IOException;
import java.io.PrintWriter;
import java.util.*;
import javax.mail.*;
import javax.mail.internet.*;
import javax.servlet.ServletException;
import javax.servlet.http.HttpServlet;
import javax.servlet.http.HttpServletRequest;
import javax.servlet.http.HttpServletResponse;
//使用验证模式的发送 HTML Mail 例程
public class SendHtmlMail extends HttpServlet
{
    public void init() throws ServletException
    {    }
    public void doGet(HttpServletRequest request, HttpServletResponse response)
            throws ServletException, IOException {
        String host = "smtp.sina.com";
        String username = "lhd9001@sina.com";
```

```java
            String password = "lhd9001";
            try {
                Properties p = System.getProperties();
                p.put("mail.smtp.host", host);
                p.put("mail.smtp.auth", "true");
                //创建验证类对象
                MailAuth auth = new MailAuth(username,password);
                //以验证方式取得连接
                Session session = Session.getDefaultInstance(p,auth);
                //创建邮件消息
                MimeMessage message = new MimeMessage(session);
                message.setFrom(new InternetAddress(username));
                message.setRecipient(Message.RecipientType.TO, new InternetAddress("haidonglu@126.com"));
                message.setSubject("注册账号激活");
                String content = "<h1>您好,欢迎您注册本系统</h1>点击链接,进行账号激活:<br/>" +
                "<a href = 'http://192.168.1.100:8080/web01/active.do?id = 9001'>激活账号</a>";
                message.setContent(content, "text/html;charset = GBK");
                message.setSentDate(new Date());
                //
                Transport.send(message);
            } catch(Exception e) {
                System.out.println("发送 HTML 邮件错误:" + e.getMessage());
            }
        }
        public void doPost(HttpServletRequest request, HttpServletResponse response) throws ServletException, IOException {
            doGet(request,response);
        }
        public void destroy()    {
            super.destroy();
        }
    }
```

14.3.4 发送带附件的邮件

发送 Mail 邮件时,经常在邮件中附带各种附件,如图片、Office 文档和 ZIP 压缩文件等。

JavaMail 结合 JAF 框架共同完成 Mail 内容的多样化,使得 Mail 不但含有邮件正文,还可以附带多个附件文件。

JavaMail 实现 Mail 中附带附件的核心类是 javax.mail.Multipart,它表达的邮件是由多个部分组成。每个组成部分表示为 javax.mail.BodyPart,每个 BodyPart 包含邮件要发送的部分,单独包含文本和附件。

多个 BodyPart 组成一个 Multipart,这个 Multipart 设置为邮件的内容 Content,即可实现邮件中嵌入多个附件。

Mail 中带附件文件的发送需要使用 JAF 框架中的 javax.activation.DataSource,javax.activation.DataHandler,javax.activation.FileDataSource 3 个类完成将文件注入到

BodyPart 对象中。

发送带附件 Mail 的 Servlet 如程序 14-4 所示。

程序 14-4 SendHtmlMailWithAttach.java

```java
package javaee.ch14;
import java.io.IOException;
import java.io.PrintWriter;
import java.util.Date;
import java.util.Properties;
import javax.activation.DataHandler;
import javax.activation.DataSource;
import javax.activation.FileDataSource;
import javax.mail.*;
import javax.mail.internet.*;
import javax.servlet.ServletException;
import javax.servlet.http.HttpServlet;
import javax.servlet.http.HttpServletRequest;
import javax.servlet.http.HttpServletResponse;
//带附件的 Mail 的发送
public class SendHtmlMailWithAttach extends HttpServlet
{
    public void doGet(HttpServletRequest request, HttpServletResponse response)
            throws ServletException, IOException
    {
        String host = "smtp.sina.com";
        String username = "lhd9001@sina.com";
        String password = "lhd9001";
        try {
            Properties p = System.getProperties();
            p.put("mail.smtp.host", host);
            p.put("mail.smtp.auth", "true");
            MailAuth auth = new MailAuth(username,password);
            Session session = Session.getDefaultInstance(p,auth);
            MimeMessage message = new MimeMessage(session);
            message.setFrom(new InternetAddress(username));
            message.setRecipient(Message.RecipientType.TO, new InternetAddress("haidonglu@126.com"));
            message.setSubject("测试发送带附件的 Mail");
            //邮件的内容,包括正文和附件
            Multipart messagePart = new MimeMultipart();
            //正文管理
            BodyPart messageBodyPart = new MimeBodyPart();
            messageBodyPart.setContent("< h1 >您好</h1 >", "text/html;charset = GBK");
            messagePart.addBodyPart(messageBodyPart);
            //附件管理
            BodyPart attachPart = new MimeBodyPart();
            DataSource ds = new FileDataSource("f:/100_0731.jpg");
            attachPart.setDataHandler(new DataHandler(ds));
            attachPart.setFileName("100 - 0731.jpg");
            messagePart.addBodyPart(attachPart);
```

```
                message.setContent(messagePart);
                message.setSentDate(new Date());
                Transport.send(message);
            } catch(Exception e) {
                System.out.println("发送 HTML 邮件错误:" + e.getMessage());
            }
        }
        public void doPost(HttpServletRequest request, HttpServletResponse response)
                throws ServletException, IOException    {
            doGet(request,response);
        }
    }
```

分析以上代码,邮件中的每个部分为 BodyPart 类的实现类 MimeBodyPart,多个 BodyPart 对象增加到 Multipart 的实现类 MimeMultipart 对象中,最终设置邮件 Message 的 Content 为此 Multipart 的对象,从而完成邮件中附带文件。

14.4 JavaMail 编程实例:接收邮件

使用 JavaMail 最多的应用是发送 Mail,是绝大多数 Web 应用必有的功能之一。但接收 Mail 的编程相对较少,原因是 Mail 的客户端软件已经相当丰富,功能非常完善,无论是桌面应用级,如 Outlook,Foxmail 等,还是 Web 级客户端,使用 JavaMail 再开发单独的 Web 客户端来接收 Mail 意义不大。

因此本节的所有案例都是简单展示一下 JavaMail 如何实现 Mail 的接收,没有进行深入的探讨和介绍。

Mail 的接收主要涉及的核心类就是 Store 和 Folder,使用的协议就是 POP3,当然也可以使用 IMAP 实现多文件夹的邮件接收。

14.4.1 接收纯文本邮件

接收邮件最简单的格式就是纯文本,程序 14-5 为接收收件箱中所有邮件的 Servlet 代码。

程序 14-5 ReceiveMail01.java

```
package javaee.ch14;
import java.io.IOException;
import java.io.PrintWriter;
import javax.mail.*;
import javax.mail.internet.*;
import java.util.*;
import javax.servlet.ServletException;
import javax.servlet.http.HttpServlet;
import javax.servlet.http.HttpServletRequest;
import javax.servlet.http.HttpServletResponse;
//接收并显示收件箱中所有 Mail 并显示标题和发件人
public class ReceiveMail01 extends HttpServlet
```

```java
{
    public void doGet(HttpServletRequest request, HttpServletResponse response)
            throws ServletException, IOException
    {
        Store store = null;
        Folder folder = null;
        response.setContentType("text/html");
        response.setCharacterEncoding("GBK");
        PrintWriter out = response.getWriter();
        out.println("<!DOCTYPE HTML PUBLIC \" - //W3C//DTD HTML 4.01 Transitional//EN\">");
        out.println("<HTML>");
        out.println(" <HEAD><TITLE> A Servlet </TITLE></HEAD>");
        out.println(" <BODY>");
        try {
            Properties p = new Properties();
            Session session = Session.getDefaultInstance(p,null);
            store = session.getStore("pop3");
            store.connect("pop.sina.com","lhd9001@sina.com","lhd9001");
            folder = store.getFolder("INBOX");
            folder.open(Folder.READ_ONLY);
            Message[] messages = folder.getMessages();
            for(int i = 0;i < messages.length;i++) {
                out.println(messages[i].getSubject() + " -- " + messages[i].getFrom());
                out.println("<br/>");
            }
            folder.close(false);
            store.close();
        } catch(Exception e) {
            out.println("接收 Mail 错误:" + e.getMessage());
        }
        out.println(" </BODY>");
        out.println("</HTML>");
        out.flush();
        out.close();
    }
    public void doPost(HttpServletRequest request, HttpServletResponse response)
            throws ServletException, IOException {
        doGet(request,response);
    }
}
```

14.4.2 接收带附件的邮件

接收带附件的邮件关键是取得邮件内容 Content 后,要判断其类型是否为 Multipart。如果类型为 Multipart,则它是 1 个含有附件的 Mail。

取得附件后,使用输出流将其存入磁盘的指定文件中,实现附件的下载。

程序 14-6 为读取新浪邮局收件箱中第 1 个 Mail 的 Servlet 代码,该代码会判断邮件是否含有附件,如果有附件会将附件保存到 D 盘中。

程序 14-6 ReceiveMailWithAttach.java

```java
package javaee.ch14;
import java.io.IOException;
import java.io.PrintWriter;
import java.io.FileInputStream;
import java.io.FileOutputStream;
import java.io.IOException;
import java.io.PrintWriter;
import java.util.Properties;
import java.util.Scanner;
import javax.mail.Folder;
import javax.mail.Message;
import javax.mail.MessagingException;
import javax.mail.Multipart;
import javax.mail.NoSuchProviderException;
import javax.mail.Part;
import javax.mail.Session;
import javax.mail.Store;
import javax.mail.internet.InternetAddress;
import javax.servlet.ServletException;
import javax.servlet.http.HttpServlet;
import javax.servlet.http.HttpServletRequest;
import javax.servlet.http.HttpServletResponse;
//接收带附件的 Mail 的 Servlet,只用于测试,使用价值一般
public class ReceiveMailWithAttach extends HttpServlet
{
    public void doGet(HttpServletRequest request, HttpServletResponse response)
            throws ServletException, IOException
    {
        try {
            //调用接收邮件方法,读取新浪网 lhd9001@sina.com 账号的第 1 个邮件
            this.receive("pop.sina.com","lhd9001@sina.com", "lhd9001");
        } catch(Exception e)  {
            System.out.println("接收 Mail 出现错误" + e.getMessage());
        }
    }
    public void doPost(HttpServletRequest request, HttpServletResponse response)
            throws ServletException, IOException
    {
        doGet(request,response);
    }
    //接收邮件方法
    public void receive(String popserver,String username,String password) throws Exception  {
        //创建 Store
        Store store = null;
        //创建 Folder
        Folder folder = null;
        //创建 Properties
        Properties props = System.getProperties();
        //创建 Session
```

```java
        Session session = Session.getDefaultInstance(props);
        session.setDebug(true);
        try  {
            //获取 Store
            store = session.getStore("pop3");
            // 打开通道
            store.connect(popserver, username, password);
            //获取 INBOX
            folder = store.getFolder("INBOX");
            if(folder == null)  {
                throw new Exception("INBOX 目录不存在");
            }
            //只读打开 INBOX
            folder.open(Folder.READ_ONLY);
            //获取内容
            Message[] msgs = folder.getMessages();
            if(msgs!= null)  {
                this.readMessage(msgs[0]);//只读取第 1 个 Mail
            }  else  {
                System.out.println("没有邮件接收!");
            }
        }  catch (Exception e)  {
            throw new Exception("接收 Mail 错误:" + e.getMessage());
        }
        finally  {
            folder.close(false);
            store.close();
        }
    }
    //读取指定消息的方法,读取一个邮件并显示
    private void readMessage(Message msg) throws Exception
    {
        PrintWriter out = null;
        Scanner in = null;
        try  {
            //获取发件人
            String from = ((InternetAddress)msg.getFrom()[0]).getPersonal();
            if(from == null)
            {  from = ((InternetAddress)msg.getFrom()[0]).getAddress();  }
            System.out.println("发件人:" + from);
            //主题
            System.out.println("主题:" + msg.getSubject());
            //主体
            Part msgPart = msg; //Message 继承 Part
            //获取邮件主体
            Object content = msgPart.getContent();
            if(content instanceof Multipart)  {
                msgPart = ((Multipart)content).getBodyPart(0);
                System.out.println("多部分 multipart:");
                //下载邮件
                out = new PrintWriter(new FileOutputStream("d:mail.txt",true),true);
```

```
                    in = new Scanner(msgPart.getInputStream());
                    while(in.hasNextLine())  {
                        out.println(in.nextLine());
                    }
                    out.close();
                    in.close();
                }
                //contentType
                String contentType = msgPart.getContentType();
                System.out.println("内容类型:" + contentType);
                //输出邮件正文文本
            if(contentType.startsWith("text/plain") || contentType.startsWith("text/html"))
                {
                    in = new Scanner(msgPart.getInputStream());
                    System.out.println("正文内容:");
                    while(in.hasNextLine())  {
                            System.out.println(in.nextLine());
                    }
                    System.out.println("结束");
                }
        } catch (Exception e)  {
            throw new Exception("读取Mail时错误:" + e.getMessage());
        }
    }
}
```

通过程序14-6可以了解和掌握如何使用JavaMail API进行邮件的发送和接收,在开发商业Web应用时经常需要使用JavaMail实现自动的邮件的发送和接收。

习 题 14

1. 思考题

(1) JavaMail API框架和JAF框架的关系是什么?
(2) POP3协议与IMAP协议有哪些区别?

2. 编程题

(1) 编写一个用户注册JSP页面,输入用户的账号、密码、姓名和邮箱。
(2) 编写注册处理Servlet,取得注册JSP页面提交的注册用户信息,存入到数据库的用户表中,再发送1个注册确认Mail给注册信箱。

第15章 Java EE 企业级应用 MVC 模式

本章要点

- 什么是 MVC 模式；
- MVC 模式的优点；
- MVC 模式的组成；
- Java EE 企业级应用 MVC 模式设计原则；
- Model 层设计；
- Control 层设计；
- View 层设计。

开发 Java EE 企业级应用时，需要设计各种组件，包括 JSP、Servlet 等 Web 组件和 EJB 企业组件，以及各种 JavaBean 类型的辅助类 Helper 组件。这些组件需要访问各种各样的 Java EE 服务，进而构成一个复杂的应用软件系统。如何合理设计，怎样优化设计这些组件和系统架构，来确保系统具有优良的性能和极佳的可维护性，成为系统设计师和架构师的主要职责。

经过无数项目的开发经验总结出软件开发的设计模式（Design Pattern）是解决软件系统成功的保证，设计模式中的 MVC 模式，是开发企业级 Web 应用中最常用的模式，熟练掌握 MVC 的应用是成功开发 Web 项目的保证。

15.1 MVC 模式概述

学习 MVC 模式，首先要了解 MVC 模式的发展、结构和优点，只有全面理解了 MVC 的各个组成部分的职责，才能在使用 Java EE 的组件和服务实现 MVC 结构的应用中条理清晰、逻辑合理。

15.1.1 MVC 模式基本概念

MVC（Model-View-Controller，模型—视图—控制器模式）用于表示一种软件架构模式。它把软件系统分为三个组成部分：模型（Model）、视图（View）和控制器（Controller）。

MVC 由 Trygve Reenskaug 提出，是 Xerox PARC 在 20 世纪 80 年代为程序语言 Smalltalk-80 发明的一种软件设计模式。模型—视图—控制器模式的目的是实现一种动态的程序设计，使后续对程序的修改和扩展简化，并且使程序某一部分的重复利用成为可能。除此之外此模式通过对复杂度的简化使程序结构更加直观。软件系统通过对自身基本部分分离的同时也赋予了各个基本部分应有的功能。MVC 在当今软件开发中被广泛使用，逐渐成为 Java EE 应用的标准设计模式。

从广义上讲，任何应用系统都是数据管理系统，它负责收集、存储外部的各种数据，对其进行加工，转换为各种形式。如图 15-1 所示的信息系统广义结构图，与不同的外部对象进行通信和数据交流。

从操作者和各种外部资源看，管理信息系统就像黑盒一样，不需要了解它的内部结构，只要使用系统的功能就可以了。

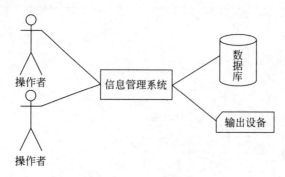

图 15-1 管理信息系统的黑盒结构

而内部结构是开发人员的职责所在，需要开发人员进行设计和开发，按照 MVC 模式原则，系统内部的组成只有 3 种类型组件，即 View 组件、Control 组件和 Model 组件，如图 15-2 所示。

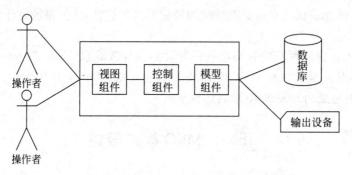

图 15-2 管理信息系统的 MVC 结构

15.1.2 MVC 模式各组成部分职责

1. 模型

数据模型（Model）用于封装与应用程序的业务逻辑相关的数据以及对数据的处理方法。模型有对数据直接访问的权利，例如对数据库的访问。模型不依赖视图和控制器，也就是说，模型不关心它会被如何显示或是如何被操作。但是模型中数据的变化一般会通过一种刷新机制被公布。为了实现这种机制，那些用于监视此模型的视图必须事先在此模型上注册，视图可以了解在数据模型上发生的改变。

实际开发中，模型组件的具体功能如下：

(1) 表达业务数据

一般管理系统的业务数据都存储在数据库中，而采用 Java EE 的企业级应用中都使用 Java 对象，因此需要 Model 类能表达存储在数据库的业务数据。

(2) 业务数据持久化

存储在 Model 对象中的数据是易失的，因此需要在适当时候将 Model 中的业务数据保存到数据库中，实现永久化存储，一般使用 JDBC 服务编程来实现。

(3) 业务处理实现

管理系统的核心功能是模拟实际业务处理，代替人工的处理模式，实现信息管理的高效率和低成本。Model 类要提供实现业务功能的处理方法，如审核单据、查询报表等。

2．视图

视图层能够实现业务数据的输入和显示，外部对象与系统进行交互和通信要通过视图层。一般情况下视图为操作者显示的窗口界面，使得操作者能通过这个窗口来进行系统内部数据的管理，但在 MVC 模式中所有外部对象访问和使用系统都要通过视图层，如与某个外部传感器进行数据传输，可以开发一个无显示的 View 组件，实现数据的输入和输出。

视图组件的主要功能如下：

(1) 提供操作者输入数据的机制，如 FORM 表单。

(2) 显示业务数据。通常以列表和详细两种方式，如新闻管理 Web 中显示新闻列表，选择 1 个标题后，进而显示详细的新闻信息。

3．控制器

控制器起到 View 组件和 Model 组件之间的组织和协调作用，用于控制应用程序的流程，它处理事件并作出响应。事件包括用户的行为和数据模型上的改变。

控制组件的主要功能如下：

(1) 取得 View 组件收集的业务数据。

(2) 验证 View 组件收集数据的合法性。分为格式合法性和业务合法性。

(3) 对 View 收集的数据进行类型转换。

(4) 调用 Model 组件的业务方法，实现业务处理。

(5) 保存给 View 显示的业务数据。

(6) 导航到不同的 View 组件上，显示不同的操作窗口。

15.1.3　Java EE 应用 MVC 模式实现

以 Java EE 框架为基础的企业级应用中，MVC 模式的实现结构如图 15-3 所示。

View 由 JSP 实现，并结合使用 EL 和 JSTL 标记。使用 EL 和 JSTL 是为消除视图 JSP 中的 Java 脚本代码和表达式代码，完全以标记实现 View 组件。

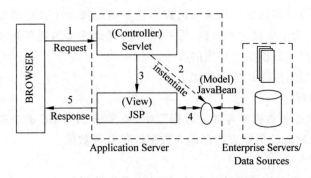

图 15-3 Java EE 的 MVC 实现模式

Controller 由 Servlet 实现，通过 Servlet 的 Request 请求对象取得 View 提交的数据，使用 Session 对象完成会话管理，使用 Response 响应对象完成 View 的重定向导航，使用 RequestDispatcher 完成 View 页面的转发，实现页面跳转。

Model 类由 JavaBean 类或 EJB 实现，通过 JDBC 连接数据库，使用 JNDI 连接命名服务，使用 JavaMail 连接外部 Mail 邮局，使用 JMS 连接外部消息服务系统。

15.2 MVC 模式实际应用设计

15.2.1 Java EE 应用 MVC 模式的分层结构

企业级 Java EE 应用开发中，按照 15.1.3 小节的 MVC 模式实现结构，还是不能很好地进行 Java 组件的职责的划分，尤其是 Model 类不能很好地适应软件应用的需求变化，为解决简单 MVC 模式的缺陷，Rod Johnson 在《J2EE Design and Development》一书中提出了 J2EE 设计模式的 5 层分层架构的 MVC 设计结构。

该 5 层 MVC 模式的特点是面向接口原则，将 Model 的业务数据表示、数据持久化和业务逻辑分离成独立的组件，进而形成如图 15-4 所示的 Java EE 分层模式架构。

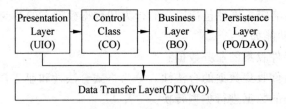

图 15-4 Java EE MVC 分层架构

此模式中，View 和 Control 层没有变化，将 MVC 模式的 Model 层细分为传输层 DTO(Data Transfer Object)、持久层 PO(Persistence Object)或 DAO(Data Access Object)和业务层 BO(Business Object)。

各层之间实现自上而下顺序进行访问，不允许跨层调用，如 View 层对象 UIO 只能调用 Control 层对象 CO，而控制对象 CO 只能调用业务层对象 BO，以此类推。

DTO 层为公共层，每个层的对象都可以访问 DTO 对象，使用 DTO 对象在各层之间进行数据传递。系统要求只能传递 DTO 对象，不允许传递数据库 JDBC 服务的 ResultSet 类型对象。必须把数据库中的记录字段值从 ResultSet 读出存入到 DTO 对象中，这个工作由 DAO 层完成，只有 DAO 对象可以连接数据库进行操作，其他层只能访问 DTO 对象来实现数据的管理。

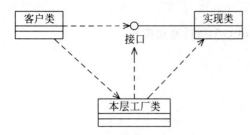

图 15-5　面向接口设计示意图

每层的设计都采用面向接口设计原则，每层都通过接口向上层暴露业务方法，如图 15-5 所示的是设计示意图。

每层都由接口、接口实现类和工厂类组成，将实现类与上层调用者进行分离，解除实现类之间的直接耦合，提高系统的可维护性。

依照面向接口的设计模式，整个 Java EE 企业级应用的整体框架结构如图 15-6 所示。

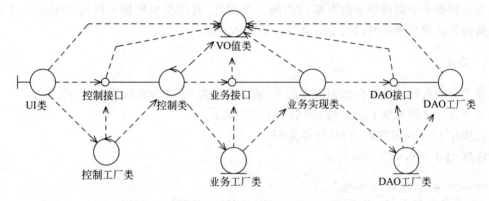

图 15-6　面向接口设计的 5 层 Java EE MVC 架构

但实际开发中如果使用 Servlet 作为控制器对象，则控制层不需要使用控制接口和控制工厂类，因为 Web 容器本身就作为 Servlet 控制器的工厂类和接口，通过 HTTP 协议和 URL 地址向 View 对象 JSP 暴露功能方法，即 GET 和 POST 方法。

15.2.2　传输层设计

传输层对象 DTO（Data Transfer Object），有的书籍也称之为值类 VO（Value Object）担当业务对象的数据表示职责，由于业务对象数据都保存在数据库表中，因此每个值类与数据库表对应。

VO 类与数据表的对应关系如图 15-7 所示。每个 VO 类对应一个业务表，表达一类业务对象，每个 VO 对象表达数据表的一个记录，代表一个业务对象；VO 类的每个属性与表的字段对应。这种对象关系称为 ORM（Object Relation Mapping，对象-关系映射）。

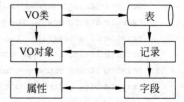

图 15-7　VO 类与数据表的对应关系

DTO 或 VO 类的设计规范如下。

1. 包：域名.项目名.模块名.value

如：com.neusoft.oa.note.value 表示东软公司 OA 项目通知模块。

2. 类名：业务对象名＋"Value"

如：NewsValue 新闻值类；
NewsCategoryValue 新闻类别值类。

3. 序列化

值类需要进行序列化，即实现 java.io.Serializable 接口。

4. 属性

业务数据表中的每个字段对应值类的一个属性，属性类型根据字段的类型进行确定。每个属性都必须是私有的，如：private int newsNo=0。

5. 方法

值类必须有默认无参数的构造方法，一般不需要提供，即为默认无参构造方法。
每个属性必须提供 public 的 set 和 get 方法对。
如程序 15-1 所示代码为 DTO 类实例。

程序 15-1　NewsValue.java

```java
package com.city.epcw.value;
import java.io.File;
import java.io.Serializable;
import java.util.Date;
import com.city.epcw.common.*;
//新闻表 DTO 类
public class NewsValue implements Serializable
{
    //属性,为新闻表对象
    private Integer newsNo = 0;
    private String title = null;
    private String newsContent = null;
    private Date newsDate = null;
    private String adminId = null;
    private String newsSource = null;
    private File newsfile = null;
    private String filetype = null;
    private String expname = null;
    private String strNewsDate = null;
    //get/set 方法
    public Integer getNewsNo() {
        return newsNo;
    }
    public void setNewsNo(Integer newsNo) {
```

```java
        this.newsNo = newsNo;
    }
    public String getTitle() {
        return title;
    }
    public void setTitle(String title) {
        this.title = title;
    }
    public String getNewsContent() {
        return newsContent;
    }
    public void setNewsContent(String newsContent) {
        this.newsContent = newsContent;
    }
    public Date getNewsDate() {
        return newsDate;
    }
    public void setNewsDate(Date newsDate) {
        this.newsDate = newsDate;
    }
    public String getAdminId() {
        return adminId;
    }
    public void setAdminId(String adminId) {
        this.adminId = adminId;
    }
    public String getNewsSource() {
        return newsSource;
    }
    public void setNewsSource(String newsSource) {
        this.newsSource = newsSource;
    }
    public File getNewsfile() {
        return newsfile;
    }
    public void setNewsfile(File newsfile) {
        this.newsfile = newsfile;
    }
    public String getFiletype() {
        return filetype;
    }
    public void setFiletype(String filetype) {
        this.filetype = filetype;
    }
    public String getExpname() {
        return expname;
    }
    public void setExpname(String expname) {
        this.expname = expname;
    }
    public String getStrNewsDate()
```

```
        {
            return strNewsDate;
        }
        public void setStrNewsDate(String strNewsDate) {
            this.strNewsDate = strNewsDate;
        }
}
```

15.2.3 持久层 DAO 设计

1. DAO 的职责

持久层(Persistence Layer)对象 DAO(Data Access Object),称为数据访问对象,有的资料也称为 PO(Persistence Object,持久对象)。

DAO 对象的职责是负责与数据库连接,将 DTO 对象代表的业务数据存入数据库表中,反之将表记录代表的业务数据读出写入到 DTO 对象中,即实现数据库数据 Relation 和 Java 对象 Object 的相互转换,也称之为 ORM 解决方案。如图 15-8 所示为 DAO 对象所处的位置和职责。

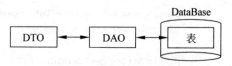

图 15-8 DAO 的位置和职责

2. DAO 的主要方法

DAO 的主要功能执行对数据表的 CUDR 操作:

(1) C(Create)操作

创建记录,将 DTO 表达的业务对象数据增加到数据表中,执行 insert into 语句。

(2) U(Update)操作

更新记录,将 DTO 对象属性值在业务表中对应记录进行更新,执行 update 语句。

(3) D(Delete)操作

删除记录,将 DTO 对象对应的记录删除,执行 delete 语句。

(4) R(Read)读取记录

将表中的记录读出,每个字段值写入到 DTO 对象的属性中,可以返回多个记录列表对应多个 DTO 对象的 List 容器,以及单个记录对象的 DTO 对象。

3. DAO 层设计模式

DAO 层设计需要采用接口设计原则,即 DAO 向 BO 层暴露 DAO 接口,BO 层通过 DAO 工厂取得 DAO 接口的对象,将 BO 层与 DAO 实现类进行分离,去除它们之间的耦合。如图 15-9 所示为 DAO 的结构类图。

4. DAO 接口

DAO 接口定义了 DAO 对象的 CUDR 方法,每个数据表都定义 1 个 DAO 接口,实现对此表的操作和对应的 DTO 对象的读写。

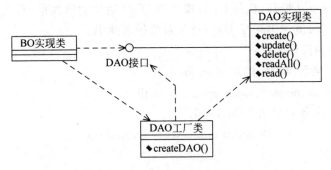

图 15-9　DAO 层结构类图

DAO 接口的设计规范如下：
(1) 包定义：域名.项目.模块.dao。
如：package com.neusoft.oa.admin.dao；
(2) 接口定义：I＋业务对象名＋DAO。
如：public interface INewsDao { }
(3) 方法定义。
DAO 接口定义对数据表的 CUDR 方法，如：

```
public void create(NewsValue news) throws Exception;    //创建方法
public void update(NewsValue news) throws Exception;    //更新方法
public void delete(NewsValue news) throws Exception;    //删除方法
```

DAO 接口设计实例如程序 15-2 所示。

程序 15-2　INewsDao.java

```
package com.neusoft.oa.admin.dao;
import java.util.List;
import com.neusoft.oa.admin.value.*;
//新闻 DAO 接口
public interface INewsDao
{
    //创建新对象记录
    public void create(NewsValue nv) throws Exception;
    //更新现有对象记录
    public void update(NewsValue nv) throws Exception;
    //删除现有对象记录
    public void delete(NewsValue nv) throws Exception;
    //取得所有对象记录
    public List findAll() throws Exception;
    //按起始日期和终止日期
    public List findByDate(String startDate,String endDate) throws Exception;
    //取得指定对象的记录
    public NewsValue findById() throws Exception;
}
```

5．DAO 实现类

DAO 实现类实现 DAO 接口定义的方法，与数据库相连，完成对数据表的 insert,

update,delete 和 select 操作,执行 CUD 操作将 DTO 对象的属性值,写入到表记录中,执行 R 操作将表记录字段值读出并写入到 DTO 对象的属性中。

DAO 实现类的设计规范:

(1) 包设计:域名.项目.模块.dao.impl。

如:package com.neusoft.oa.admin.dao.impl;

(2) 类设计:业务对象名+DaoImpl。

如:public class NewsDaoImpl implements INewsDao { }

(3) 方法设计。

方法实现 DAO 接口定义的方法即可。在 DAO 实现类的方法中可以使用各种技术实现对数据库的操作,包括 JDBC,Hibernate,TopLink,JPA 等框架技术。本书中使用 JDBC 技术实现 DAO 实现类。

(4) DAO 实现类实例。

员工 DAO 层实现类的示例代码如程序 15-3 所示。

程序 15-3　EmployeeDaoImpl.java

```java
//员工 DAO 实现类
public class EmployeeDaoImpl implements IEmployeeDao
{
    //创建新员工
    public void create(EmployeeValue ev) throws Exception
    {
        String sql = "insert into EMP (EMPID,password,name,age) values (?,?,?,?)";
        Connection cn = null;
        try {
            cn = ConnectionFactory.getConnection();
            PreparedStatement ps = cn.prepareStatement(sql);
            ps.setString(1, ev.getId());
            ps.setString(2, ev.getPassword());
            ps.setString(3, ev.getName());
            ps.setInt(4, ev.getAge());
            ps.executeUpdate();
            ps.close();
        } catch(Exception e) {
            throw new Exception("员工 DAO 增加错误:" + e.getMessage());
        } finally {
            cn.close();
        }
    }
}
```

6. DAO 工厂类

DAO 工厂类负责取得 DAO 实现类的对象,为上层业务层 BO 对象提供服务,避免了上层对象直接使用 new DAO 实现类的模式,解除了 BO 实现类对象与 DAO 实现类对象的耦合,提高了系统的可维护性。

DAO 工厂类设计规范:

(1) 包设计：域名.项目.模块.factory。

如：package com.neusoft.oa.admin.factory;

(2) 类设计：DaoFactory。

如：public class DaoFactory { }

(3) 方法设计。

规范：为每个 DAO 对象实现类设计 1 个静态的取得对象方法，并以 DAO 接口类型返回。

如：public static INewsDao createNewsDao() { }

(4) DAO 工厂类实例代码。

DAO 工厂的示例代码如程序 15-4 所示。

程序 15-4 DaoFactory.java

```java
package com.neusoft.oa.admin.factory;
import com.neusoft.oa.admin.dao.*;
import com.neusoft.oa.admin.dao.impl.*;
//DAO 工厂类
public class DaoFactory
{
    //取得新闻 DAO 实现类对象
    public static INewsDao createNewsDao()
    {
        return new NewsDaoImpl();
    }
    //取得员工 DAO 实现类对象
    public static IEmployeeDao createEmployeeDao()
    {
        return new EmployeeDaoImpl();
    }
}
```

(5) DAO 工厂类的使用。

在 BO 实现类中，可以通过此 DAO 工厂取得 DAO 实现类对象，如：

```java
INewsDao newsdao = DaoFactory.createNewsDao();
```

然后可以调用 dao 的方法，如：

```java
NewsValue nv = new NewsValue();        //创建 DAO 对象
nv.setNewsNo(1);                        //设置 DAO 属性
newsdao.delete(nv);                     //执行 DAO 的方法，完成对象记录的删除
```

15.2.4 业务层 BO 设计

1. 业务层对象功能和职责

Model 中的业务层对象主要实现应用系统的业务处理。所有软件应用系统都是对现实业务系统的模拟，将原来手工业务处理转移到计算机应用系统中，这样原来手工系统的业务

处理都需要在软件系统中进行实现，即业务对象的方法实现。

在 MVC 模式中，将 Model 层中的业务职责与它的数据表达功能（DTO）和数据持久化功能（DAO）进行分离，形成单独的业务对象（Business Object）层。在业务对象中定义此业务的所有业务方法。

2. 业务层设计模式

业务层设计也遵循面向接口的设计原则，设计业务接口、业务实现类和业务工厂。整个业务层的结构类图如图 15-10 所示。

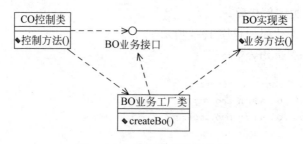

图 15-10　BO 业务层结构类图

3. 业务层对象接口

每个业务对象都需要定义业务接口，将对该业务对象的所有操作方法都定义在业务接口中，并且随着业务的更新，随时在接口中增加新的方法或扩展为新接口。

业务接口设计规范：

（1）包名：域名.项目名.模块名.business。

如：package com.city.oa.admin.business；即 CITY 公司、OA 项目和后台 admin 模块。

（2）接口命名：I+业务对象名。

如：IEmployee，IDepartment，INews 等分别表示员工、部门和新闻的业务接口。

（3）方法：即每个对象业务处理方法。为简化将来控制层的调用，业务接口可以考虑使用单独的业务数据作为参数，而不是使用 DTO 对象作为参数，这种模式称为细粒度设计，而传递 DTO 对象称为粗粒度设计。二者各有优点，需要针对不同的情况进行平衡考虑。对此议题的深入探讨，请参加相应的论坛主题。

如：public Boolean isValidate(String id, String password) throws Exception；为员工业务接口的验证员工是否合法的业务处理方法。

员工对象业务接口设计实例示例代码如程序 15-5 所示。

程序 15-5　IEmployee.java

```
package com.city.oa.business;
import java.util.List;
import com.city.oa.value.EmployeeValue;
//员工业务接口
public interface IEmployee
{
```

```
    //增加员工
    public void add(String id,String password,String name,int age) throws Exception;
    //修改员工
    public void modify(String id,String password,String name,int age) throws Exception;
    //删除员工
    public void delete(String id) throws Exception;
    //取得所有员工列表
    public List getList() throws Exception;
    //取得指定的员工
    public EmployeeValue getEmployee(String id) throws Exception;
    //验证员工是否合法
    public boolean check(String id,String password) throws Exception;
    //修改员工密码
    public void changePassword(String id,String password) throws Exception;
}
```

4．业务层对象实现类

业务实现类实现了业务接口的所有方法，完成业务的处理编程。业务实现类中主要调用 DAO 层的方法，完成数据的持久化操作。业务实现类不能直接操作数据库，而要通过调用 DAO 层对象来实现。

业务实现类设计规范：

（1）包名：域名.项目名.模块名.business.impl。

如：package com.city.oa.admin.business.impl；

（2）类名：业务对象名＋Impl。

如：public class EmployeeImpl implements IEmployee

（3）方法名：业务处理的方法名英文翻译。主要以动词开头，名词在后。

如：public void changePassword(String id,String password) throws Exception {}可见方法名为：changePassword,而不是 passwordChange,要求动词在前,因为方法表达一个动作。

一个员工业务对象实现类的案例代码如程序 15-6 所示。

程序 15-6 EmployeeImpl.java

```
package com.city.oa.business.impl;
import java.util.List;
import com.city.oa.business.IEmployee;
import com.city.oa.value.EmployeeValue;
import com.city.oa.dao.*;
import com.city.oa.factory.*;
//员工业务实现类
public class EmployeeImpl implements IEmployee
{
    //增加员工业务方法
    public void add(String id, String password, String name, int age) throws Exception
    {
        EmployeeValue ev = new EmployeeValue();
        ev.setId(id);
```

```java
        ev.setPassword(password);
        ev.setName(name);
        ev.setAge(age);
        IEmployeeDao edo = DaoFactory.getEmployeeDao();
        edo.create(ev);
    }
    //修改员工业务处理
    public void modify(String id, String password, String name, int age)
            throws Exception {
        EmployeeValue ev = new EmployeeValue();
        ev.setId(id);
        ev.setPassword(password);
        ev.setName(name);
        ev.setAge(age);
        IEmployeeDao edo = DaoFactory.getEmployeeDao();
        edo.update(ev);
    }
    //删除员工业务处理
    public void delete(String id) throws Exception     {
        EmployeeValue ev = new EmployeeValue();
        ev.setId(id);
        IEmployeeDao edo = DaoFactory.getEmployeeDao();
        edo.delete(ev);
    }
    //修改员工密码
    public void changePassword(String id, String password) throws Exception {
        IEmployeeDao edo = DaoFactory.getEmployeeDao();
        EmployeeValue ev = edo.get(id);
        if(ev!= null)
        {
            ev.setPassword(password);
            edo.update(ev);
        }
    }
    //验证用户是否合法
    public boolean check(String id, String password) throws Exception {
        boolean check = false;
        IEmployeeDao edo = DaoFactory.getEmployeeDao();
        EmployeeValue ev = edo.get(id);
        if(ev!= null)
        {
            if(ev.getPassword().equals(password))     {
                check = true;
            }
        }
        return check;
    }
    //取得指定ID的员工信息
    public EmployeeValue getEmployee(String id) throws Exception {
        IEmployeeDao edo = DaoFactory.getEmployeeDao();
        return edo.get(id);
```

```
    }
    //取得所有员工列表
    public List getList() throws Exception {
        IEmployeeDao edo = DaoFactory.getEmployeeDao();
        return edo.getList();
    }
}
```

通过分析此业务实现类代码,看到由于连接数据库执行 SQL 的操作已经封装在 DAO 层的对象中,业务方法的编写相当容易,非常易于修改和维护,提高了系统随业务变化的适应能力。

5. 业务层工厂类

控制层对象 CO 要得到业务层 BO 的对象,需要通过业务工厂类的静态方法取得指定的业务接口对象。工厂模式是设计模式中使用最广泛的模式之一,在 OOP 编程中应当避免直接使用 new 来创建对象,而是通过工厂类来取得。

业务工厂类设计规范:

(1) 包名:域名.项目.模块.factory

如:package com.neusoft.oa.admin.factory;

(2) 类名:businessFactory

如:public class BusinessFactory { }

(3) 方法设计

规范:为每个业务对象实现类设计 1 个静态的取得对象方法,并以业务接口类型返回。

如:public static INews createNewsDao()   //新闻业务接口对象取得方法
    {
        return new NewsImpl();   //创建新闻业务实现类对象
    }

某 OA Web 系统的业务工厂类实例代码如程序 15-7 所示。

程序 15-7 BusinessFactory.java

```
package com.city.oa.factory;
import com.city.oa.business.*;
import com.city.oa.business.impl.*;
//业务工厂类,可以取得所有业务接口的实现类的对象
public class BusinessFactory
{
    //取得员工业务对象
    public static IEmployee createEmployee() {
        return new EmployeeImpl();
    }
    //取得部门业务对象
    public static IDepartment createDepartment()    {
        return new DepartmentImpl();
    }
    //创建新闻业务实现类对象
```

```
    public static INews createNews() {
        return new NewsImpl();
    }
}
```

项目设计时,一般只有 1 个业务工厂类就可以了。当业务对象特别多时,如超过 100 个,就需要考虑分模块建立不同的业务工厂类,每个模块建立单独的业务工厂类。

15.2.5 控制层 CO 设计

在以 Java EE 为基础的 Web 应用系统中,控制对象 CO 由 Servlet 担当,因此控制层不需要像业务层和 DAO 层那样设计接口,实现类和工厂。只有 Servlet 类就可以了,Web 容器担任了 Servlet 控制器对象工厂的职责。Servlet 规范向 Servlet 的调用者发布 HTTP 请求地址和控制方法,即 doGet()和 doPost()。当以 GET 方式请求时,doGet 方法自动运行,而以 POST 请求时,doPost 方法自动运行。

控制器对象 CO 设计规范:

(1) 包名:域名.项目名.模块名.action。

如:package com.neusoft.oa.admin.action 东软公司 OA 项目后台 Admin 模块 CO 包。

(2) 类名:业务对象+处理名+Action。

如://员工增加处理控制器 Servlet 类

public class EmployeeAddAction extends HttpServlet {}

//新闻审核处理控制器 Servlet 类

public class NewsApproveAction extends HttpServlet {}

(3) 方法:按照 Servlet 规范,有 init(),destroy(),doGet()和 doPost()。

在第 3 章中已经有详细的介绍,在此不再赘述。

(4) 映射地址:/业务对象目录/业务处理名.do。

如:/employee/add.do 为员工增加处理 Servlet 类的映射地址。

/news/approve.do 为新闻审核处理 Servlet 类的映射地址。

总原则是将 Servlet 与业务对象的 JSP 页面映射在相同的目录下。

员工主管理控制器 Servlet 实例代码如程序 15-8 所示。

程序 15-8 EmployeeMainAction.java

```
package com.city.oa.action;
import java.io.IOException;
import java.io.PrintWriter;
import java.util.*;
import javax.servlet.RequestDispatcher;
import javax.servlet.ServletException;
import javax.servlet.http.HttpServlet;
import javax.servlet.http.HttpServletRequest;
import javax.servlet.http.HttpServletResponse;
import com.city.oa.business.*;
import com.city.oa.factory.*;
//员工主页控制 Action
```

```java
public class EmployeeMainAction extends HttpServlet
{
    public void doGet(HttpServletRequest request, HttpServletResponse response)
            throws ServletException, IOException   {
        try  {
            //取得员工业务对象
            IEmployee emp = BusinessFactory.createEmployee();
            //调用员工业务对象方法,取得所有员工列表
            List empList = emp.getList();
            //保存员工列表
            request.setAttribute("empList",empList);
            //到 View 对象/employee/main.jsp 的跳转(转发方式)
            RequestDispatcher rd = request.getRequestDispatcher("main.jsp");
            rd.forward(request, response);
        }  catch(Exception e)   {
            String mess = e.getMessage();
            //出现异常,重定向到错误页面
            response.sendRedirect("../error.jsp?mess = " + mess);
        }
    }
    public void doPost(HttpServletRequest request, HttpServletResponse response)
            throws ServletException, IOException   {
        doGet(request,response);
    }
    public void init() throws ServletException {
    }
}
```

在实现 CO 的跳转功能时,原则上从控制对象 CO 到 View 对象 UIO 尽可能使用转发,特别情况下使用重定向。

15.2.6　表示层 UIO 设计

View 层对象 UIO 担任与使用者交互的角色,基于 Java EE 规范的企业级 Web 应用系统中使用 JSP 实现,并结合 EL 表达式、JSTL 标记库,实现全标记的页面模式,避免了在 JSP 页面中使用 Java 代码脚本和表达式脚本。

UIO 的设计规范:

(1) 目录:/业务对象名

对不同的业务对象的操作页面,要放在不同的目录中,为各自的业务对象创建自己的目录,如:

/employee 员工管理目录
/news 新闻管理目录
/department 部门管理目录

(2) 文件名:业务处理名.jsp

由于业务对象已经有自己的目录名,JSP 页面文件名中一般不需要再出现业务对象名称,如下为员工的处理页面:

/employee/add.jsp 增加员工页面。

/employee/modify.jsp 修改员工页面。

/employee/delete.jsp 删除员工页面。

/employee/main.jsp 管理员工主页面。

/employee/changePassword.jsp 修改员工密码页面。

(3) UIO 的组成元素

在以 Java EE 为基础的 UIO 中，使用 HTML+JSP+EL+JSTL 来构成，不能使用 JSP <% %>代码脚本和<%= %>表达式脚本。

(4) UIO 的结构模式：聚合模式

在设计企业级 Web 的页面时，对于一个应用应该使用相同的布局和样式，给操作者一个统一的操作体验，不能每个网页一个布局，结构千变万化，让操作者难以适应。

如图 15-11 所示为 Oracle 技术网站的页面布局图，访问每个网页都使用相同的布局，便于操作者熟练查找目标信息。通过分析可以看到每个页面的顶部、左部、底部和右部内容基本相同，可以实现重用。如果每个网页都重复相同的内容代码，导致整个网站存在大量的冗余信息和代码，因此在 UIO 设计时都采用聚合模式，即一个页面是由多个页面组装而成。

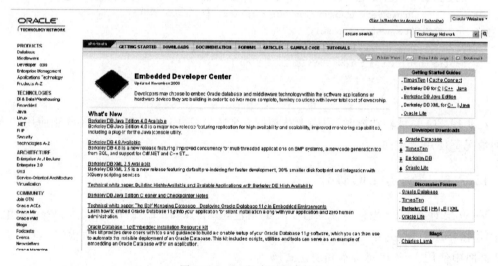

图 15-11　三段式页面布局

聚合模式的页面组装的类图如图 15-12 所示。将每个页面的共同部门内容保存到单独的页面中，如 top.jsp，left.jsp，bottom.jsp 和 right.jsp 等，再使用特定的组装机制，将这些页面嵌入到主页面中，形成统一的布局和样式。

Java EE 为实现这种聚合模式提供了多种方式来实现。

JSP 使用两种方式实现：

(1) include 指令：<%@ include file="../include/top.jsp" %>

(2) include 动作：<jsp:include page="../include/top" />

另外还有其他专门的框架来实现这种页面组装布局，如 Tiles，SiteMash 等，它们将页面的组成模式从 include 指令和动作提高到新的层次，有利于网站的设计。

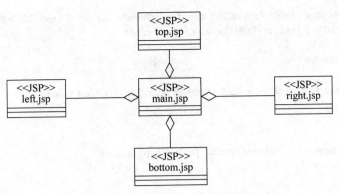

图 15-12 View 层 UIO 对象的聚合设计模式

某 OA 系统中员工管理主页面的代码如程序 15-9 所示,并使用 include 动作完成共同页面的引入。

程序 15-9 /employee/main.jsp

```
<%@ page language="java" import="java.util.*" pageEncoding="GBK"%>
<%@ taglib uri="http://java.sun.com/jsp/jstl/core" prefix="c" %>
<!DOCTYPE HTML PUBLIC "-//W3C//DTD HTML 4.01 Transitional//EN">
<html>
<head>
<meta http-equiv="Content-Type" content="text/html; charset=gb2312">
<title>新闻管理主菜单</title>
<link rel="stylesheet" type="text/css" href="../css/site.css">
</head>
<body>
<jsp:include page="../common/top.jsp"></jsp:include>
<table width="100%" height="448" border="0">
  <tr>
    <td width="19%" valign="top" bgcolor="#99FFFF">
        <jsp:include page="../common/left.jsp"></jsp:include>
    </td>
    <td width="81%" valign="top"><table width="100%" border="0">
      <tr>
        <td><span class="style4">首页-&gt;新闻管理</span></td>
        <td>更多</td>
      </tr>
    </table>
    <table width="100%" border="0">
      <tr bgcolor="#99FFFF">
        <td width="25%"><div align="center">账号</div></td>
        <td width="25%"><div align="center">姓名</div></td>
        <td width="14%"><div align="center">入职日期</div></td>
        <td width="14%">操作</td>
      </tr>
      <c:forEach var="emp" items="${empList}">
      <tr>
        <td><span class="style2"><a href="toview.do?id=${emp.id}">${emp.id}</a></span></td>
        <td><span class="style2">${emp.name}</span></td>
        <td><span class="style2">2006-03-19</span></td>
```

```
            <td><span class="style2"><a href="toModofy.do?id=${emp.id}">修改</a> <a href="toDelete.do?id=${emp.id}">删除</a></span></td>
          </tr>
        </c:forEach>
      </table>
      <span class="style2"><a href="toAdd.do">增加员工</a></span>
      </td>
    </tr>
  </table>
  <jsp:include page="../common/bottom.jsp"></jsp:include>
</body>
</html>
```

在此页面中,使用 JSP 的 include 动作来引入公共页面 top.jsp,left.jsp,bottom.jsp。

15.3 MVC 模式应用实例:企业 OA 的员工管理系统

本案例采用 15.2 节的 MVC 5 层设计模式,全面展示一个 OA 系统中员工管理的设计和实现,系统中其他数据信息管理程序的模式与此类似。

15.3.1 项目功能描述

本模块为一个办公室自动化 OA 项目中的员工管理模块,完成企业员工的增加、修改、删除和查看管理功能。

15.3.2 项目设计与编程

1. 页面流程设计

员工管理的页面流程如图 15-13 所示。

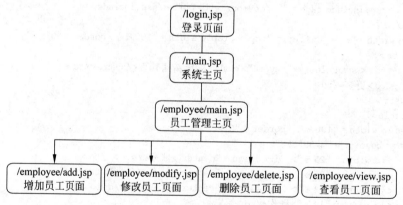

图 15-13 OA 系统员工管理页面流程图

2. 系统类结构设计

项目采用 Java EE 框架技术实现,使用 MVC 5 层结构设计,其中 DAO 层和 BO 层采用面向接口设计。设计成果如表 15-1 所示。

表 15-1　OA 系统员工管理子模块组件结构表

类　名　称	类型	属性	方　　法
1. DTO 层设计 package com.city.oa.value;			
EmployeeValue //员工值类	JavaBean	private String id; private String password; private String name; private int age;	setId()/getId() setPassword()/getPassword() setName()/getName() setAge()/getAge()
2. DAO 接口设计 package com.city.oa.dao;			

IEmployeeDao	interface		//创建新员工
			public void create(EmployeeValue ev);
			//修改现有员工
			public void update(EmployeeValue ev);
			//删除现有员工
			public void delete(EmployeeValue ev);
			//取得所有员工列表
			public List findAll();
			//取得指定账号的员工信息
			public EmployeeValue getEmployee(String id);

3. DAO 实现类设计 package com.city.oa.dao.impl;			

EmployeeDaoImpl	JavaBean		//创建新员工
			public void create(EmployeeValue ev);
			//修改现有员工
			public void update(EmployeeValue ev);
			//删除现有员工
			public void delete(EmployeeValue ev);
			//取得所有员工列表
			public List findAll();
			//取得指定账号的员工信息
			public EmployeeValue getEmployee(String id);

4. DAO 工厂类设计 package com.city.oa.factory;			
DaoFactory	JavaBean		//创建员工 DAO 实现类对象 Public static IEmployeeDao createEmployeeDao()

续表

类 名 称	类型	属性	方 法
5. BO 层接口设计 package com.city.oa.business;			

IEmployee	interface		//增加新员工
			public void add(String id, String password, String name, int age);
			//修改现有员工
			public void modify(String id, String password, String name, int age);
			//删除现有员工
			public void delete(String id);
			//修改员工密码
			public void changePassword(String id, String password);
			//取得所有员工列表
			public List getAll();
			//取得指定的员工信息
			public EmployeeValue getEmployee(String id);
			//验证员工是否合法
			public boolean validate(String id, String password);

6. BO 实现类设计 package com.city.oa.business.impl;			

EmployeeImpl
//员工业务实现类
	JavaBean		//增加新员工
			public void add(String id, String password, String name, int age);
			//修改现有员工
			public void modify(String id, String password, String name, int age);
			//删除现有员工
			public void delete(String id);
			//修改员工密码
			public void changePassword(String id, String password);
			//取得所有员工列表
			public List getAll();
			//取得指定的员工信息
			public EmployeeValue getEmployee(String id);
			//验证员工是否合法
			public boolean validate(String id, String password);

续表

类 名 称	类型	属性	方 法
7. BO 工厂类设计 package com.city.oa.factory;			
BusinessFactory	JavaBean		//员工业务实现类对象 public IEmployee createEmployee();
8. CO 类设计 package com.city.oa.action;			
LoginAction //登录处理控制	Servlet	/login.do	public void doGet() public void doPost()
MainAction //主页控制	Servlet	/main.do	public void doGet() public void doPost()
EmployeeMainAction //员工主页控制	Servlet	/employee/main.do	public void doGet() public void doPost()
EmployeeAddAction //员工增加控制	Servlet	/employee/add.do	public void doGet() public void doPost()
EmployeeModifyAction //员工修改控制	Servlet		public void doGet() public void doPost()
EmployeeDeleteAction //员工删除控制	Servlet	/employee/modify.do	public void doGet() public void doPost()
EmployeeViewAction //员工查看控制	Servlet	/employee/delete.do	public void doGet() public void doPost()
LogoutAction //注销控制	Servlet	/logout.do	public void doGet() public void doPost()
9. UIO 层 JSP 页面设计			
login.jsp //登录页面	JSP	/	
main.jsp //主页面	JSP	/	
main.jsp //员工主页	JSP	/employee	
add.jsp //增加员工页面	JSP	/employee	
modify.jsp //修改员工页面	JSP	/employee	
delete.jsp //删除员工页面	JSP	/employee	
view.jsp //查看员工页面	JSP	/employee	
top.jsp //公共头部部分	JSP	/include	
left.jsp //左部功能导航部分	JSP	/include	
bottom.jsp //底部网站信息部分	JSP	/include	

OA 系统中员工模块的系统类结构如图 15-14 所示。

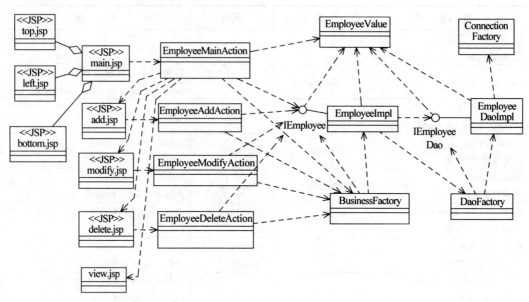

图 15-14　员工管理模块结构 UML 类图

3. 系统编程实现

根据设计结果，员工管理模块各层的类编程结果如下。

（1）DTO 层值类编程：EmployeeValue。

员工 DTO 类的代码如程序 15-10 所示。

程序 15-10　EmployeeValue.java

```
package com.city.oa.value;
//员工 DTO 类
public class EmployeeValue
{
    private String id = null;
    private String password = null;
    private String name = null;
    private int age = 0;
    public String getId() {
        return id;
    }
    public void setId(String id) {
        this.id = id;
    }
    public String getPassword() {
        return password;
    }
    public void setPassword(String password) {
        this.password = password;
    }
    public String getName() {
```

```java
        return name;
    }
    public void setName(String name) {
        this.name = name;
    }
    public int getAge() {
        return age;
    }
    public void setAge(int age) {
        this.age = age;
    }
}
```

(2) 数据库连接工厂：ConnectionFactory，类代码如程序 15-11 所示。

程序 15-11　ConnectionFactory.java

```java
package com.city.oa.factory;
import java.sql.*;
import javax.sql.*;
import javax.naming.*;
//数据库连接工厂类
public class ConnectionFactory
{
    public static Connection getConnection() throws Exception
    {
        Connection cn = null;
        try {
            Context ctx = new InitialContext();
            DataSource ds = (DataSource)ctx.lookup("java:comp/env/cityoa");
            cn = ds.getConnection();
            ctx.close();
        } catch(Exception e)          {
            throw new Exception("取得数据库连接错误:" + e.getMessage());
        }
        return cn;
    }
}
```

使用 Tomcat 中配置的数据库连接池和 JNDI 命名服务取得数据库连接，将大大提高系统的运行性能。

(3) DAO 接口：IEmployeeDao，接口代码如程序 15-12 所示。

程序 15-12　IEmployeeDao.java

```java
package com.city.oa.dao;
import java.util.List;
import com.city.oa.value.*;
//员工 DAO 接口
public interface IEmployeeDao
{
    //创建新员工
```

```
    public void create(EmployeeValue ev) throws Exception;
    //更新现有员工
    public void update(EmployeeValue ev) throws Exception;
    //删除现有员工
    public void delete(EmployeeValue ev) throws Exception;
    //取得所有员工列表
    public List getList() throws Exception;
    //取得指定的员工
    public EmployeeValue get(String id) throws Exception;
}
```

(4) DAO 接口实现类：EmployeeDaoImpl。

DAO 实现类实现 DAO 接口定义的所有方法，连接数据库，实现 DTO 到表的 ORM，类代码如程序 15-13 所示。

程序 15-13 EmployeeDaoImpl.java

```
package com.city.oa.dao.impl;
import java.util.*;
import java.sql.*;
import javax.naming.Context;
import javax.naming.InitialContext;
import javax.sql.DataSource;
import com.city.oa.dao.IEmployeeDao;
import com.city.oa.value.EmployeeValue;
import com.city.oa.factory.*;
//员工 DAO 实现类
public class EmployeeDaoImpl implements IEmployeeDao
{
    //创建新员工
    public void create(EmployeeValue ev) throws Exception
    {
        String sql = "insert into EMP (EMPID,password,name,age) values (?,?,?,?)";
        Connection cn = null;
        try {
            cn = ConnectionFactory.getConnection();
            PreparedStatement ps = cn.prepareStatement(sql);
            ps.setString(1, ev.getId());
            ps.setString(2, ev.getPassword());
            ps.setString(3, ev.getName());
            ps.setInt(4, ev.getAge());
            ps.executeUpdate();
            ps.close();
        } catch(Exception e) {
            throw new Exception("员工 DAO 增加错误:" + e.getMessage());
        } finally  {
            cn.close();
        }
    }
    //修改现有员工
    public void update(EmployeeValue ev) throws Exception
```

```java
{
    String sql = "update EMP set password = ?,name = ?,age = ?  where EMPID = ?";
    Connection cn = null;
    try {
        cn = ConnectionFactory.getConnection();
        PreparedStatement ps = cn.prepareStatement(sql);
        ps.setString(1, ev.getPassword());
        ps.setString(2, ev.getName());
        ps.setInt(3, ev.getAge());
        ps.setString(4, ev.getId());
        ps.executeUpdate();
        ps.close();
    } catch(Exception e)  {
        throw new Exception("员工 DAO 更新错误:" + e.getMessage());
    } finally  {
        cn.close();
    }
}
//删除现有员工
public void delete(EmployeeValue ev) throws Exception
{
    String sql = "delete from EMP where EMPID = ?";
    Connection cn = null;
    try {
        cn = ConnectionFactory.getConnection();
        PreparedStatement ps = cn.prepareStatement(sql);
        ps.setString(1, ev.getId());
        ps.executeUpdate();
        ps.close();
    } catch(Exception e) {
        throw new Exception("员工 DAO 增加错误:" + e.getMessage());
    } finally  {
        cn.close();
    }
}
//取得指定的员工信息
public EmployeeValue get(String id) throws Exception
{
    EmployeeValue ev = null;
    String sql = "select * from EMP where EMPID = ?";
    Connection cn = null;
    try {
        cn = ConnectionFactory.getConnection();
        PreparedStatement ps = cn.prepareStatement(sql);
        ps.setString(1,id);
        ResultSet rs = ps.executeQuery();
        while(rs.next())  {
            ev = new EmployeeValue();
            ev.setId(rs.getString("EMPID"));
            ev.setPassword(rs.getString("Password"));
            ev.setName(rs.getString("NAME"));
```

```java
                    ev.setAge(rs.getInt("AGE"));
                }
                rs.close();
                ps.close();
            } catch(Exception e) {
                throw new Exception("员工DAO增加错误:" + e.getMessage());
            } finally {
                cn.close();
            }
            return ev;
        }
        //取得所有员工列表
        public List getList() throws Exception
        {
            List empList = new ArrayList();
            String sql = "select * from EMP";
            Connection cn = null;
            try {
                cn = ConnectionFactory.getConnection();
                PreparedStatement ps = cn.prepareStatement(sql);
                ResultSet rs = ps.executeQuery();
                while(rs.next()) {
                    EmployeeValue ev = new EmployeeValue();
                    ev.setId(rs.getString("EMPID"));
                    ev.setPassword(rs.getString("Password"));
                    ev.setName(rs.getString("NAME"));
                    ev.setAge(rs.getInt("AGE"));
                    empList.add(ev);
                }
                rs.close();
                ps.close();
            } catch(Exception e) {
                throw new Exception("员工DAO增加错误:" + e.getMessage());
            } finally {
                cn.close();
            }
            return empList;
        }
    }
```

(5) DAO工厂类。

DAO工厂类完成DAO实现类对象的创建,业务层通过DAO工厂类取得DAO的对象,然后调用DAO对象的方法,完成对数据库的增、删、改和查操作。DAO工厂类代码如程序15-14所示。

程序 15-14 DaoFactory.java

```java
package com.city.oa.factory;
import com.city.oa.dao.*;
import com.city.oa.dao.impl.*;
//DAO工厂类
```

```java
public class DaoFactory
{
    //取得员工 DAO 对象
    public static IEmployeeDao getEmployeeDao()  {
        return new EmployeeDaoImpl();
    }
    //取得部门 DAO 对象
    public static IDepartmentDao getDepartmentDao()  {
        return new DepartmentDaoImpl();
    }
}
```

(6) 业务层 BO 接口。

员工业务接口 IEmployee 定义了员工业务对象的业务方法，完成对员工的所有业务操作。业务接口 IEmployee 的代码如程序 15-15 所示。

程序 15-15　IEmployee.java

```java
package com.city.oa.business;
import java.util.List;
import com.city.oa.value.EmployeeValue;
//员工业务接口
public interface IEmployee
{
    //增加员工
    public void add(String id,String password,String name,int age) throws Exception;
    //修改员工
    public void modify(String id,String password,String name,int age) throws Exception;
    //删除员工
    public void delete(String id) throws Exception;
    //取得所有员工列表
    public List getList() throws Exception;
    //取得指定的员工
    public EmployeeValue getEmployee(String id) throws Exception;
    //验证员工是否合法
    public boolean check(String id,String password) throws Exception;
    //修改员工密码
    public void changePassword(String id,String password) throws Exception;
}
```

(7) 业务实现类。

业务实现类实现业务接口定义的所有方法，业务实现中对数据库的操作通过 DAO 对象来实现，员工业务实现类 EmployeeImpl 的代码如程序 15-16 所示。

程序 15-16　EmployeeImpl.java

```java
package com.city.oa.business.impl;
import java.util.List;
import com.city.oa.business.IEmployee;
import com.city.oa.value.EmployeeValue;
import com.city.oa.dao.*;
import com.city.oa.factory.*;
```

```java
//员工业务实现类
public class EmployeeImpl implements IEmployee
{
    //增加员工业务方法
    public void add(String id, String password, String name, int age)
            throws Exception {
        EmployeeValue ev = new EmployeeValue();
        ev.setId(id);
        ev.setPassword(password);
        ev.setName(name);
        ev.setAge(age);
        IEmployeeDao edo = DaoFactory.getEmployeeDao();
        edo.create(ev);
    }
    //修改员工密码
    public void changePassword(String id, String password) throws Exception {
        IEmployeeDao edo = DaoFactory.getEmployeeDao();
        EmployeeValue ev = edo.get(id);
        if(ev!= null){
            ev.setPassword(password);
            edo.update(ev);
        }
    }
    //验证用户是否合法
    public boolean check(String id, String password) throws Exception {
        boolean check = false;
        IEmployeeDao edo = DaoFactory.getEmployeeDao();
        EmployeeValue ev = edo.get(id);
        if(ev!= null)   {
            if(ev.getPassword().equals(password)){
                check = true;
            }
        }
        return check;
    }
    //删除员工业务方法
    public void delete(String id) throws Exception {
        EmployeeValue ev = new EmployeeValue();
        ev.setId(id);
        IEmployeeDao edo = DaoFactory.getEmployeeDao();
        edo.delete(ev);
    }
    //取得指定的员工信息
    public EmployeeValue getEmployee(String id) throws Exception {
        IEmployeeDao edo = DaoFactory.getEmployeeDao();
        return edo.get(id);
    }
    //取得所有员工列表
    public List getList() throws Exception {
        IEmployeeDao edo = DaoFactory.getEmployeeDao();
        return edo.getList();
```

```java
    }
    //修改员工信息方法
    public void modify(String id, String password, String name, int age)
            throws Exception {
        EmployeeValue ev = new EmployeeValue();
        ev.setId(id);
        ev.setPassword(password);
        ev.setName(name);
        ev.setAge(age);
        IEmployeeDao edo = DaoFactory.getEmployeeDao();
        edo.update(ev);
    }
}
```

(8) 业务工厂类。

业务工厂类用于取得业务实现类的对象,CO 对象通过业务工厂类取得业务对象实例,然后调用业务对象方法,实现业务处理。业务工厂类代码如程序 15-17 所示。

程序 15-17 BusinessFactory.java

```java
package com.city.oa.factory;
import com.city.oa.business.*;
import com.city.oa.business.impl.*;
//业务工厂类
public class BusinessFactory
{
    //取得员工业务对象
    public static IEmployee getEmployee()  {
        return new EmployeeImpl();
    }
    //取得部门业务对象
    public static IDepartment getDepartment()  {
        return new DepartmentImpl();
    }
}
```

(9) 控制类编程实现。

本例中列出员工主页的分发控制 Servlet,该控制器调用员工业务对象的取得所有员工列表方法,将取得的员工列表保存到 request 对象中,转发到员工主页面。员工主页控制器 Servlet 的代码如程序 15-18 所示。

程序 15-18 EmployeeMainAction.java

```java
package com.city.oa.action;
import java.io.IOException;
import java.io.PrintWriter;
import java.util.*;
import javax.servlet.RequestDispatcher;
import javax.servlet.ServletException;
import javax.servlet.http.HttpServlet;
import javax.servlet.http.HttpServletRequest;
import javax.servlet.http.HttpServletResponse;
```

```java
        import com.city.oa.business.*;
        import com.city.oa.factory.*;
        //员工主页控制 Action
        public class EmployeeMainAction extends HttpServlet
        {
            public void doGet(HttpServletRequest request, HttpServletResponse response)
                    throws ServletException, IOException   {
                try  {
                        //取得员工业务对象
                        IEmployee emp = BusinessFactory.getEmployee();
                        //取得所有员工列表
                        List empList = emp.getList();
                        //保存给 JSP 显示的列表对象
                        request.setAttribute("empList",empList);
                        //转发到员工主页 main.jsp
                        RequestDispatcher rd = request.getRequestDispatcher("main.jsp");
                        rd.forward(request, response);
                }  catch(Exception e)  {
                    String mess = e.getMessage();
                     response.sendRedirect("../error.jsp?mess = " + mess);
                }
            }
            public void doPost(HttpServletRequest request, HttpServletResponse response)
                    throws ServletException, IOException   {
                doGet(request,response);
            }
            public void init() throws ServletException {
            }
        }
```

(10) View 层 UIO 设计。

本案例使用 JSP+EL+JSTL 实现 View 的页面。JSTL 负责页面中包含的逻辑控制，如内容判断、循环遍历等，EL 负责数据的输出。如程序 15-19 所示为员工管理主页的代码，显示所有员工列表：

程序 15-19　/employee/main.jsp

```
<%@ page language = "java" import = "java.util.*" pageEncoding = "GBK" %>
<%@ taglib uri = "http://java.sun.com/jsp/jstl/core" prefix = "c" %>
<!DOCTYPE HTML PUBLIC " - //W3C//DTD HTML 4.01 Transitional//EN">
<html>
<head>
<meta http-equiv = "Content-Type" content = "text/html; charset = gb2312">
<title>新闻管理主菜单</title>
<link rel = "stylesheet" type = "text/css" href = "../css/site.css">
</head>
<body>
<jsp:include page = "../common/top.jsp"></jsp:include>
<table width = "100%" height = "448"  border = "0">
  <tr>
    <td width = "19%" valign = "top" bgcolor = "#99FFFF">
```

```jsp
        <jsp:include page="../common/left.jsp"></jsp:include>
      </td>
      <td width="81%" valign="top"><table width="100%" border="0">
        <tr>
          <td><span class="style4">首页-&gt;员工管理</span></td>
          <td></td>
        </tr>
      </table>
      <table width="100%" border="0">
        <tr bgcolor="#99FFFF">
          <td width="25%"><div align="center">账号</div></td>
          <td width="25%"><div align="center">姓名</div></td>
          <td width="14%"><div align="center">年龄</div></td>
          <td width="14%">操作</td>
        </tr>
        <c:forEach var="emp" items="${empList}">
        <tr>
          <td><span class="style2"><a href="toview.do?id=${emp.id}">${emp.id}</a></span></td>
          <td><span class="style2">${emp.name}</span></td>
          <td><span class="style2">${emp.age}</span></td>
          <td><span class="style2"><a href="toModofy.do?id=${emp.id}">修改</a> <a href="toDelete.do?id=${emp.id}">删除</a></span></td>
        </tr>
        </c:forEach>
      </table>
      <span class="style2"><a href="toAdd.do">增加员工</a></span>
      </td>
    </tr>
</table>
<jsp:include page="../common/bottom.jsp"></jsp:include>
</body>
</html>
```

员工主页中使用 JSP include 动作将页面的公共页面嵌入到此页面中，本页面共嵌入了 top.jsp，left.jsp 和 bottom.jsp 三个页面。

4．系统配置信息

在此案例中使用 Tomcat 6.x 的连接池取得数据库连接，系统需要在 Tomcat 中进行数据库连接的配置。

（1）数据库连接池配置 context.xml，其代码如程序 15-20 所示。

程序 15-20　/conf/context.xml

```xml
<?xml version='1.0' encoding='UTF-8'?>
<Context>
    <WatchedResource>WEB-INF/web.xml</WatchedResource>
    <Resource
     name="crm2009"
     auth="Container"
```

```
            type = "javax.sql.DataSource"    driverClassName = "oracle.jdbc.driver.OracleDriver"
            maxIdle = "2"
            maxWait = "5000"    url = "jdbc:oracle:thin:@localhost:1521:city2009"
            username = "jycrm"
            password = "jycrm"    maxActive = "20" />
        <Resource
            name = "cityoa"
            auth = "Container"
            type = "javax.sql.DataSource"    driverClassName = "sun.jdbc.odbc.JdbcOdbcDriver"
            maxIdle = "2"
            maxWait = "5000"    url = "jdbc:odbc:cityoa"
            maxActive = "20" />
</Context>
```

以上代码分别配置了到 Oracle 和通过 ODBC 数据源方式连接 SQL Server 的两个数据库连接池配置。本案例使用 cityoa，通过 JNDI 命名服务取得此连接池的 DataSource，进而取得数据库的连接 Connection。

（2）Web 应用的配置 web.xml。

在 Java EE Web 配置文件中对所有 Servlet、Filter 和 Listener 进行配置，本案例的 web.xml 的内容如程序 15-21 所示。

程序 15-21 web.xml

```
<?xml version = "1.0" encoding = "UTF-8"?>
<web-app version = "2.5"
    xmlns = "http://java.sun.com/xml/ns/javaee"
    xmlns:xsi = "http://www.w3.org/2001/XMLSchema-instance"
    xsi:schemaLocation = "http://java.sun.com/xml/ns/javaee
    http://java.sun.com/xml/ns/javaee/web-app_2_5.xsd">
    <servlet>
        <description>员工主页分发 Action</description>
        <servlet-name>EmployeeMainAction</servlet-name>
        <servlet-class>com.city.oa.action.EmployeeMainAction</servlet-class>
    </servlet>
    <servlet>
        <description>员工增加处理 Action</description>
        <servlet-name>EmployeeAddAction</servlet-name>
        <servlet-class>com.city.oa.action.EmployeeAddAction</servlet-class>
    </servlet>
    <servlet>
        <description>员工修改处理 Action</description>
        <servlet-name>EmployeeModifyAction</servlet-name>
        <servlet-class>com.city.oa.action.EmployeeModifyAction</servlet-class>
    </servlet>
    <servlet>
        <description>员工删除处理 Action</description>
        <servlet-name>EmployeeDeleteAction</servlet-name>
        <servlet-class>com.city.oa.action.EmployeeDeleteAction</servlet-class>
    </servlet>
    <servlet>
```

```xml
      <description>登录处理Action</description>
      <servlet-name>LoginAction</servlet-name>
      <servlet-class>com.city.oa.action.LoginAction</servlet-class>
   </servlet>
   <servlet>
      <description>系统主页Action</description>
      <servlet-name>MainPageAction</servlet-name>
      <servlet-class>com.city.oa.action.MainPageAction</servlet-class>
   </servlet>
   <servlet>
      <description>注销处理Action</description>
      <servlet-name>LogoutAction</servlet-name>
      <servlet-class>com.city.oa.action.LogoutAction</servlet-class>
   </servlet>
   <servlet-mapping>
      <servlet-name>EmployeeMainAction</servlet-name>
      <url-pattern>/employee/main.do</url-pattern>
   </servlet-mapping>
   <servlet-mapping>
      <servlet-name>EmployeeAddAction</servlet-name>
      <url-pattern>/employee/add.do</url-pattern>
   </servlet-mapping>
   <servlet-mapping>
      <servlet-name>EmployeeModifyAction</servlet-name>
      <url-pattern>/employee/modify.do</url-pattern>
   </servlet-mapping>
   <servlet-mapping>
      <servlet-name>EmployeeDeleteAction</servlet-name>
      <url-pattern>/employee/delete.do</url-pattern>
   </servlet-mapping>
   <servlet-mapping>
      <servlet-name>LoginAction</servlet-name>
      <url-pattern>/login.do</url-pattern>
   </servlet-mapping>
   <servlet-mapping>
      <servlet-name>MainPageAction</servlet-name>
      <url-pattern>/main.do</url-pattern>
   </servlet-mapping>
   <servlet-mapping>
      <servlet-name>LogoutAction</servlet-name>
      <url-pattern>/logout.do</url-pattern>
   </servlet-mapping>
   <welcome-file-list>
      <welcome-file>login.jsp</welcome-file>
   </welcome-file-list>
</web-app>
```

15.3.3 项目部署与测试

1. 项目的部署

将项目部署在Tomcat下,即webapps目录下,如图15-15所示。

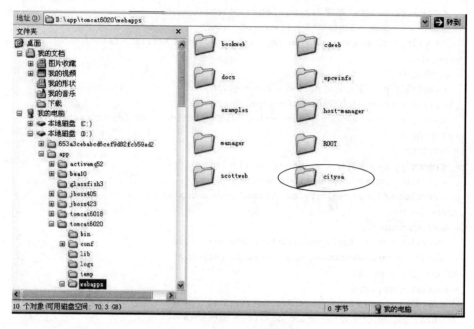

图 15-15　案例应用的部署

2．案例的测试

（1）员工主页面

在项目的主页 main.jsp 中选择"员工管理"进入员工管理主页面，如图 15-16 所示。

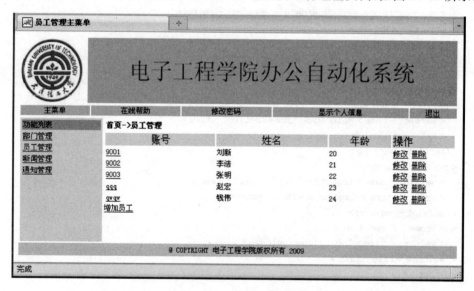

图 15-16　员工管理主页面

（2）员工增加页面

在员工主页面中选择"增加员工"，即进入增加员工页面，如图 15-17 所示。在进入员工增加页面之前的分发 Action，调用 Department 的业务对象方法，取得所有部门列表，并存入 Request 对象,转发到增加员工页面,实现下拉框中部门列表的选择。

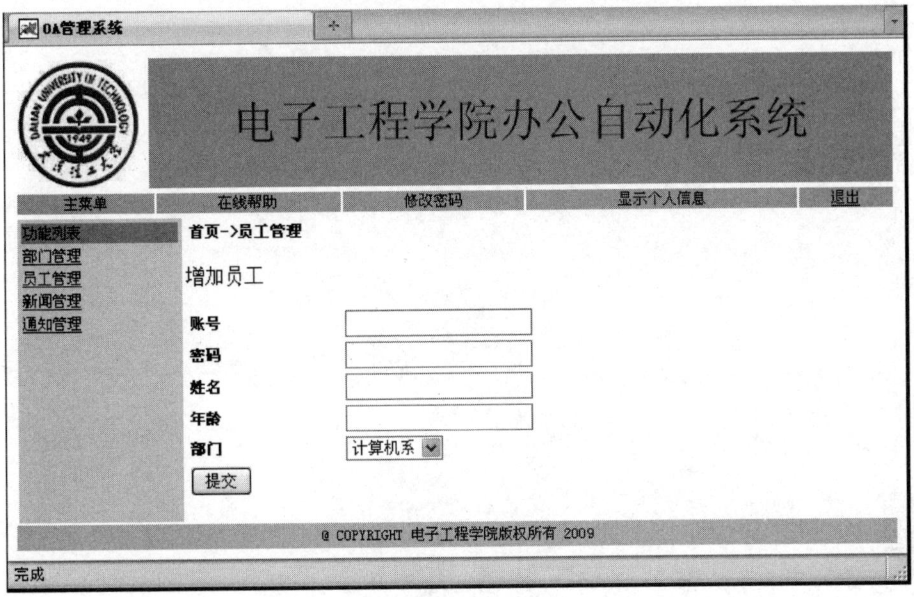

图 15-17　员工增加页面

其他页面基本类似,在此不再赘述。

15.3.4　案例项目开发总结

在实际应用项目开发时,确定系统的架构层次是非常关键的。本书中介绍的 5 层 MVC 架构是经过大量项目开发总结出来的,在著名软件专家 Rod 的专著《J2EE 程序设计开发指南》中对此架构有深入的论述,请读者参考和阅读。

在类设计时,需要将大量的业务处理方法分散到很多相关的类中,每个类只承担小部分的业务逻辑,这样有利于项目组的分工和协作。而不是编写几个有众多方法的超级类,会降低系统的可维护性和可升级性。

习　题　15

1. 思考题

(1) 请简述 MVC 模式在软件开发中的重要性。
(2) 分别简述 Java EE,MS.NET 和 PHP 技术各自的 MVC 解决方案。
(3) 分析几个常见的 DAO 框架各自的优点和缺点。

2. 编程题

使用本章介绍的 5 层 MVC 架构设计模式,设计部门的增加、修改和删除,查看全部业务的各层所有对象,并进行部署和测试。